常微分方程基础教程

工业和信息化部"十四五"规划教材
高等学校数学类专业系列教材

徐超江　徐　江　王春武
龚荣芳　曹红梅　编

Ordinary Differential Equation:
An Introduction to the Fundamentals

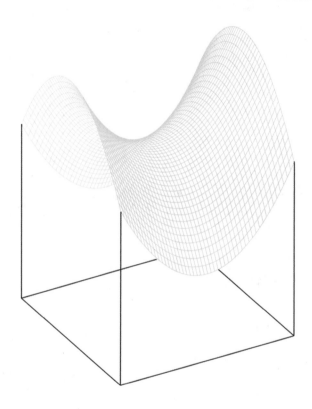

U0156138

中国教育出版传媒集团

高等教育出版社·北京

内容提要

本教程是由编者之一徐超江过去二十多年在法国鲁昂大学和南京航空航天大学为本科生讲授常微分方程课程的讲稿整理而成。教程的内容分成两大部分，第一部分是常微分方程课程的基本内容，包括常微分方程的基本概念；一阶常微分方程的初等解法；线性常微分方程和方程组的基础知识；常微分方程的基本定理、稳定性理论，以及运用常微分方程理论研究一阶偏微分方程。第二部分是关于常微分方程的数值解法，介绍求解常微分方程常用的数学软件和实际问题中的常微分方程数学模型，以及其定性分析和数值解法。本教程还提供各章小结、练习题和作业的部分参考答案、部分图形的清晰彩色原图等作为配套数字资源以方便教学。

本教程可作为高等学校数学与应用数学、信息与计算科学等数学类专业以及工科类、师范类等各专业本科生常微分方程课程的教材，也可以作为数值计算和数学建模课程的基础教材和参考书。

图书在版编目（CIP）数据

常微分方程基础教程 / 徐超江等编 . -- 北京：高等教育出版社，2023.7
ISBN 978-7-04-060724-6

Ⅰ.①常… Ⅱ.①徐… Ⅲ.①常微分方程 - 高等学校 - 教材 Ⅳ.① O175.1

中国国家版本馆 CIP 数据核字（2023）第 113832 号

Changweifen Fangcheng Jichu Jiaocheng

策划编辑	田 玲	责任编辑	田 玲	封面设计	张申申		版式设计	马 云
责任绘图	杨伟露	责任校对	张 薇	责任印制	赵义民			

出版发行	高等教育出版社	网　址	http://www.hep.edu.cn	
社　址	北京市西城区德外大街4号		http://www.hep.com.cn	
邮政编码	100120	网上订购	http://www.hepmall.com.cn	
印　刷	北京盛通印刷股份有限公司		http://www.hepmall.com	
开　本	787mm×1092mm　1/16		http://www.hepmall.cn	
印　张	19.75			
字　数	450 千字	版　次	2023 年 7 月第 1 版	
购书热线	010-58581118	印　次	2023 年 7 月第 1 次印刷	
咨询电话	400-810-0598	定　价	41.90 元	

本书如有缺页、倒页、脱页等质量问题，请到所购图书销售部门联系调换
版权所有　侵权必究
物 料 号　60724-00

常微分方程基础教程

徐超江　徐　江
王春武　龚荣芳
曹红梅　编

1　计算机访问http://abook.hep.com.cn/1264061，或手机扫描二维码、下载并安装 Abook 应用。

2　注册并登录，进入"我的课程"。

3　输入封底数字课程账号（20位密码，刮开涂层可见），或通过 Abook 应用扫描封底数字课程账号二维码，完成课程绑定。

4　单击"进入课程"按钮，开始本数字课程的学习。

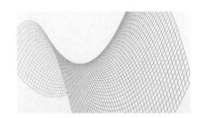

常微分方程基础教程

徐超江　徐　江　王春武
龚荣芳　曹红梅　编

常微分方程基础教程数字课程与纸质教材一体化设计，紧密配合。数字课程涵盖各章小结、练习题和作业的部分参考答案、部分图形的清晰彩色原图等数字资源，丰富了知识的呈现形式，拓展了教材内容，在提升课程教学效果的同时，为学生学习提供思考与探索的空间。

课程绑定后一年为数字课程使用有效期。受硬件限制，部分内容无法在手机端显示，请按提示通过计算机访问学习。

如有使用问题，请发邮件至 abook@hep.com.cn。

扫描二维码
下载 Abook 应用

http://abook.hep.com.cn/1264061

前言

　　微分方程是与微积分同时发展起来的现代数学理论，因此和微积分一样是自然科学各个专业的一门基础课程，特别是对数学类各专业和大部分工科类学生，微分方程是其必修课。简单地说，微积分研究函数的微分和积分运算，而微分方程则通过一个未知函数的微分满足的某个关系式来试图确定这个函数。因此研究常微分方程可以看做是微积分的直接应用，而进一步的深入研究则需要用到诸如近代调和分析、代数、拓扑、几何和数值分析等其他数学分支的理论。本教程只是这方面研究的入门教材，因此称之为"基础教程"，希望学生能够掌握常微分方程的基础理论、基本方法、初步的数值计算方法和一些基本的应用模型，为进一步学习其他课程打下必要的数学基础。

　　编者过去二十多年在法国鲁昂大学和南京航空航天大学一直为本科生讲授常微分方程课程，本教程是根据过去的讲稿整理而成的，因此同时吸取了法国和中国的课程特色和教学实践。我们的基本思路是：一方面，课程的总体设计和理论框架遵循微分方程发展的历史轨迹，从易到难、由简到繁；另一方面，基本的技巧方法则在不同的情况下反复讲解和使用，期望学生学习这个课程以后能够记住其基本理论，掌握基本技巧与方法。本教程的一个特色是，除了通常的练习题外，我们特别在大多数章末给出了"作业"。与通常的练习题不同，这些作业中的问题都是将比较难的一个大问题分解成若干小问题，一步一步地进行计算和证明，特别是后面的几个作业更像是微型研究课题。作业可以作为单元测验的题型模板。这种设置有助于从本科二年级开始就培养学生在证明过程中有严格推理、在计算过程中给出详细计算细节、条理清晰地叙述问题的习惯。本教程的另一个特色是，与大多数常微分方程教材仅仅关注常微分方程的理论分析不同，本教程用相当大的篇幅在第八章和第九章介绍了微分方程的若干实际背景和数值求解。这使得学生能更加系统、全面地认识常微分方程的知识体系，即包括微分方程建立、理论分析、数值求解、算法实现和方程应用等。同时，这一尝试充分发挥了常微分方程课程作为搭建数学分析、线性代数等基础理论知识与自然界客观现象的桥梁角色，对激发学生学习微分方程的兴趣、培养学生应用数学知识解决实际问题的能力从而培养学生的创新能力大有益处。即使对常用的数学软件是零基础或者不熟悉的，只要按照第八章和第九章的步骤和程序命令，也能够让学生较快学会如何利用计算机和数学软件解决实际的工程问题。

　　本教程的主要内容分成九章，前四章是常微分方程课程的基本内容，主要介绍常微分方程的基本概念、一阶常微分方程的初等解法、一阶线性常微分方程组以及高阶线性常微分方程的基础知识。第五章是常微分方程的基本定理，包括抽象的存在唯一性定理以及相关拓展。第六章介绍李雅普诺夫稳定性理论的基础知识。第七章侧重运用特征线法研究一阶偏微分方程,特别地研究伯格斯方程和可压缩流体欧拉方程的柯西问题。第八章针对一般的一阶和高阶常微分方程,介绍了几个经典的数值解法并通过这些简单方法介绍数值逼近的基本思想和基本概念。在第八章的 8.5 节还详细介绍了求解常微分方程的三个数学软件。第九章介绍几类实际问题中的常微分方程模型,并与前文呼应,给出解的定性分析、数值解法和软件实现。最后还有一个附录,为了读者方便阅读,简要地列出本教程需要用到的行列式、矩阵以及特征值、特征向量等基础知识。

本教程可作为高等学校数学与应用数学、信息与计算科学等数学类专业以及工科类、师范类等各专业本科生常微分方程课程的教材,也可以作为数值计算和数学建模课程的基础教材和参考书。

有关本教程的学习,我们给读者的建议是:认真地温习微积分和线性代数等基础课程。我们在附录部分简单地罗列了线性代数的基本内容。实际上,研究常微分方程理论的基本方法和工具就是微积分和线性代数。因为历史上常微分方程理论和微积分理论是同时而且互相推动形成的,因此研究微分方程的主要工具是微积分。同时,在使用这些微积分工具时也可以进一步掌握微积分理论。线性代数理论则提供研究常系数线性微分方程组的基本方法。

关于教程使用的建议:如果是通常 56 学时的常微分方程基础课程,建议选用第一章至第七章;如果是偏向于常微分方程数值计算及其应用的 56 学时课程,可以考虑选用这样的组合:第一章至第三章,内容适当压缩的第四章和第五章,再加上第八章和第九章;如果只是 40 学时的常微分方程入门课程,则可以选择第一章至第四章,以及第五章的前两节。我们也特别建议在每个章节的“作业”上使用一定的课时数进行课堂讲解。

此外,本教程还提供配套数字资源作为教学辅助材料,包含各章小结、练习题和作业的部分参考答案,以及部分图形的清晰彩色原图等。

如需本教程电子课件,请联系编辑或作者索取:
tianling@hep.com.cn, hmcao_91@nuaa.edu.cn。

编　者
2023 年 4 月于南京

目录

第一章 绪论 / 1

1.1 牛顿力学方程的数学建模 …………………………………………… 1

1.2 微分方程、微分方程组的基本概念 …………………………………… 2

1.3 微分方程组的标准形式 ………………………………………………… 5

1.4 小结和评注 ……………………………………………………………… 7

1.5 练习题 …………………………………………………………………… 7

第二章 一阶微分方程的初等解法 / 14

2.1 预备知识 ………………………………………………………………… 14

2.2 变量分离方程 …………………………………………………………… 16

2.3 齐次方程 ………………………………………………………………… 19

2.4 一阶线性微分方程 ……………………………………………………… 23

2.5 恰当方程和积分因子 …………………………………………………… 28

2.6 一阶隐式方程与参数表示 ……………………………………………… 40

2.7 小结和评注 ……………………………………………………………… 50

2.8 练习题 …………………………………………………………………… 51

第三章 一阶线性微分方程组 / 57

3.1 预备知识 ………………………………………………………………… 57

3.2 一阶线性微分方程组的基本定理 ……………………………………… 59

3.3 一阶齐次线性微分方程组 ……………………………………………… 62

3.4 非齐次线性微分方程组 ………………………………………………… 67

3.5 一阶常系数线性微分方程组 …………………………………………… 69

3.6 小结和评注 ……………………………………………………………… 79

3.7 练习题 …………………………………………………………………… 81

第四章　高阶线性微分方程　　　　　　　　　　　　　　　　　/ 94

4.1　高阶线性方程的一般理论‥‥‥‥‥‥‥‥‥‥‥‥‥‥‥‥‥　94

4.2　高阶常系数齐次线性方程‥‥‥‥‥‥‥‥‥‥‥‥‥‥‥‥　99

4.3　欧拉方程‥‥‥‥‥‥‥‥‥‥‥‥‥‥‥‥‥‥‥‥‥‥‥ 102

4.4　常系数非齐次线性方程的解法‥‥‥‥‥‥‥‥‥‥‥‥‥‥ 103

4.5　高阶微分方程的降阶解法‥‥‥‥‥‥‥‥‥‥‥‥‥‥‥‥ 106

4.6　二阶线性方程的幂级数解法‥‥‥‥‥‥‥‥‥‥‥‥‥‥‥ 111

4.7　二阶线性方程的边值问题‥‥‥‥‥‥‥‥‥‥‥‥‥‥‥‥ 116

4.8　小结和评注‥‥‥‥‥‥‥‥‥‥‥‥‥‥‥‥‥‥‥‥‥‥ 123

4.9　练习题‥‥‥‥‥‥‥‥‥‥‥‥‥‥‥‥‥‥‥‥‥‥‥‥ 123

第五章　微分方程的基本定理　　　　　　　　　　　　　　　　/126

5.1　预备知识‥‥‥‥‥‥‥‥‥‥‥‥‥‥‥‥‥‥‥‥‥‥‥ 126

5.2　存在唯一性定理‥‥‥‥‥‥‥‥‥‥‥‥‥‥‥‥‥‥‥‥ 127

5.3　局部解的延拓‥‥‥‥‥‥‥‥‥‥‥‥‥‥‥‥‥‥‥‥‥ 135

5.4　解对参数的连续性和可微性‥‥‥‥‥‥‥‥‥‥‥‥‥‥‥ 139

5.5　解对初值的连续性和可微性‥‥‥‥‥‥‥‥‥‥‥‥‥‥‥ 141

5.6　格朗沃尔不等式及其应用‥‥‥‥‥‥‥‥‥‥‥‥‥‥‥‥ 144

5.7　小结和评注‥‥‥‥‥‥‥‥‥‥‥‥‥‥‥‥‥‥‥‥‥‥ 151

5.8　练习题‥‥‥‥‥‥‥‥‥‥‥‥‥‥‥‥‥‥‥‥‥‥‥‥ 151

第六章　微分方程稳定性理论　　　　　　　　　　　　　　　　/156

6.1　预备知识‥‥‥‥‥‥‥‥‥‥‥‥‥‥‥‥‥‥‥‥‥‥‥ 156

6.2　李雅普诺夫稳定性‥‥‥‥‥‥‥‥‥‥‥‥‥‥‥‥‥‥‥ 158

6.3　李雅普诺夫 V 函数方法‥‥‥‥‥‥‥‥‥‥‥‥‥‥‥‥ 163

6.4　二次型 V 函数的构造‥‥‥‥‥‥‥‥‥‥‥‥‥‥‥‥‥ 165

6.5　小结和评注‥‥‥‥‥‥‥‥‥‥‥‥‥‥‥‥‥‥‥‥‥‥ 169

6.6　练习题‥‥‥‥‥‥‥‥‥‥‥‥‥‥‥‥‥‥‥‥‥‥‥‥ 169

第七章　一阶偏微分方程　　　　　　　　　　　　　　　　　　/174

7.1　基本概念‥‥‥‥‥‥‥‥‥‥‥‥‥‥‥‥‥‥‥‥‥‥‥ 174

7.2　一阶线性偏微分方程‥‥‥‥‥‥‥‥‥‥‥‥‥‥‥‥‥‥ 175

7.3　一阶拟线性偏微分方程‥‥‥‥‥‥‥‥‥‥‥‥‥‥‥‥‥ 179

7.4　伯格斯方程‥‥‥‥‥‥‥‥‥‥‥‥‥‥‥‥‥‥‥‥‥‥ 185

7.5　可压缩流体欧拉方程‥‥‥‥‥‥‥‥‥‥‥‥‥‥‥‥‥‥ 187

7.6　小结和评注 ···························· 192

7.7　练习题 ······························ 193

第八章　常微分方程数值解法　/196

8.1　欧拉法 ······························ 196

8.2　梯形法、隐式格式的迭代计算 ················ 202

8.3　一般单步法、龙格–库塔法 ················· 205

8.4　高阶常微分方程 (组) 的数值解法 ·············· 212

8.5　求解常微分方程的数学软件 ················· 214

8.6　小结和评注 ···························· 228

8.7　练习题 ······························ 229

第九章　常微分方程数学模型及应用　/232

9.1　振动力学中的常微分方程 ·················· 232

9.2　生物种群中的常微分方程 ·················· 241

9.3　传染病中的常微分方程 ··················· 257

9.4　经济数学中的常微分方程 ·················· 264

9.5　科学计算中的常微分方程 ·················· 266

9.6　小结和评注 ···························· 285

9.7　练习题 ······························ 286

第十章　附录　/289

10.1　线性空间 ····························· 289

10.2　矩阵 ······························· 290

10.3　行列式 ······························ 294

10.4　特征值和特征向量 ······················ 296

10.5　度量空间 ····························· 297

参考文献　/299

索引　/301

第一章　绪论

学习常微分方程课程的主要目的在于使用微积分的思想, 结合线性代数和解析几何等知识, 研究数学和其他学科中出现的若干最重要也是最基本的微分方程问题. 我们现在介绍相应的基本概念和简单的微分方程模型.

1.1　牛顿力学方程的数学建模

微分方程是联系自变量、未知函数及其导数的关系式.

为了定量地研究一些实际问题的变化规律, 往往要对所研究的问题进行适当的简化和假设, 从而建立数学模型. 当问题涉及因变量和函数的变化率时, 该模型实际上就是微分方程. 下面举例说明利用牛顿 (Newton) 运动学基本定律建立微分方程模型的过程.

1. 经典的牛顿力学: 质点的运动轨迹

牛顿力学的基本原理 (质点的运动: 牛顿第二定律)

$$F = ma,$$

这里 m 是质量, a 是加速度, F 是作用力.

- $x = (x_1, x_2, x_3)$ 表示一个质点在三维空间中的位置 (也可以考虑一般的 n 维空间).
- 质点的运动依赖于时间变量 t, 因此, $x(t) = (x_1(t), x_2(t), x_3(t))$ 表示质点在空间的运动轨迹.
- 关于时间变量 t 的一阶导数: $\dot{x}(t) = (\dot{x}_1(t), \dot{x}_2(t), \dot{x}_3(t)) = (v_1(t), v_2(t), v_3(t))$ 表示质点在空间的运动速度.
- 关于时间变量 t 的二阶导数: $\ddot{x}(t) = (\ddot{x}_1(t), \ddot{x}_2(t), \ddot{x}_3(t)) = (\dot{v}_1(t), \dot{v}_2(t), \dot{v}_3(t))$ 表示质点在空间的运动加速度.
- 因此, 牛顿力学的基本原理实际上是一个常微分方程 (含有未知函数及其导数的关系式)

$$\ddot{x}(t) = \frac{1}{m} F(t, x(t), \dot{x}(t)),$$

这里 $F(t, x(t), \dot{x}(t)) = (f_1(t, x(t), \dot{x}(t)), f_2(t, x(t), \dot{x}(t)), f_3(t, x(t), \dot{x}(t)),$ 表示作用力.

● 等价地, 牛顿力学的基本原理也可以由一个常微分方程组描述为

$$\begin{cases} \dot{x} = v, \\ \dot{v} = \dfrac{1}{m} F(t, x, v). \end{cases}$$

如果没有外力作用于该质点, 即

$$F \equiv 0 \ \Rightarrow \ \ddot{x}(t) = 0.$$

注意: 这里都是向量值函数, 关于 t 积分得

$$\ddot{x}(t) = (0, 0, 0) \ \Rightarrow \dot{x}(t) = v(t) = C = (C_1, C_2, C_3),$$

因此没有外力作用的质点是静止或匀速运动的. 再积分一次, 得到质点的运动轨迹:

$$x(t) = (C_1 t, C_2 t, C_3 t) + (B_1, B_2, B_3) \qquad (空间的一条直线).$$

因此运动质点的轨迹是直线.

由此导出牛顿第一定律: **没有外力作用且非静止状态的质点沿着直线匀速运动.**

2. 牛顿力学方程

为了完全确定该质点的运动轨迹, 还需要知道该质点在某一时刻 t_0 的位置和速度, 因此质点的运动轨迹由下列柯西 (Cauchy) 问题所确定:

$$\begin{cases} \ddot{x}(t) = \dfrac{1}{m} F(t, x(t), \dot{x}(t)), & 牛顿第二定律; \\ (x(t), \dot{x}(t))|_{t=t_0} = (x_0, v_0), & 初值条件. \end{cases}$$

牛顿第二定律描述了质点的运动规律, 是经典力学的基本方程. 其中作用力 $F(t, x, \dot{x})$ 是具体问题中的一个向量值函数, 有关工程、物理学和力学问题的数学建模就是确定向量函数 $F(t, x, \dot{x})$.

这里, 牛顿第一、第二定律刻画了单个质点的运动规律, 如果需要描述一个流体的运动规律, 也就是说要描述一族质点的运动规律, 问题就变得复杂多了, 需要涉及多个自变量的函数和偏导数, 这就是偏微分方程. 在流体力学中, 有著名的欧拉 (Euler) 方程和纳维–斯托克斯 (Navier-Stokes) 方程等一些偏微分方程.

1.2   微分方程、微分方程组的基本概念

现在引进微分方程的一些基本概念.

定义 1.1 (微分方程、微分方程的阶). 一个含有未知函数和未知函数导数的方程称为微分方程. 如果未知函数只有一个自变量, 则称为常微分方程; 如果未知函数是依赖于多个变量及其偏微分的, 则称为偏微分方程. 微分方程中出现的未知函数的最高阶导数 (或微分) 的阶数称为微分方程的阶. 本教程主要研究常微分方程理论, 简称微分方程.

例 1.1.

- $x\dfrac{\mathrm{d}y}{\mathrm{d}x} - y = 0$ 是一阶微分方程. 这里未知函数 y 是自变量 x 的函数. 这个方程也可以写成 $x\mathrm{d}y - y\mathrm{d}x = 0$, 这时我们不去特别地强调哪一个是未知函数, 哪一个是自变量.

- $\dfrac{\mathrm{d}^2x}{\mathrm{d}t^2} + tx\left(\dfrac{\mathrm{d}x}{\mathrm{d}t}\right)^3 + x = 0$ 是二阶微分方程. 这里未知函数 x 是自变量 t 的函数.

- $\dfrac{\mathrm{d}^4x}{\mathrm{d}t^4} + 5\dfrac{\mathrm{d}^2x}{\mathrm{d}t^2} + 3x = \sin t$ 是四阶微分方程. 这里未知函数 x 是自变量 t 的函数.

n 阶微分方程、线性微分方程

n 阶微分方程的一般形式为

$$F(x, y, y', \cdots, y^{(n)}) = 0,$$

这里 $F(x, z_0, z_1, \cdots, z_n)$ 是 $n+1$ 个变量的已知函数, 而且一定含有变量 z_n. 其中 y 是未知函数, x 是自变量.

如果上述方程中的 $F(x, z_0, z_1, \cdots, z_n)$ 关于 $(z_0, z_1, \cdots, z_n)$ 是一次有理整式 (即: 关于 $(z_0, z_1, \cdots, z_n)$ 是线性的), 则称该方程为 n 阶线性微分方程 (或简称 n 阶线性方程). 因此 n 阶线性方程的一般形式为

$$a_0(x)\frac{\mathrm{d}^n y}{\mathrm{d}x^n} + a_1(x)\frac{\mathrm{d}^{n-1}y}{\mathrm{d}x^{n-1}} + \cdots + a_n(x)y = f(x),$$

这里 $a_0(x), a_1(x), \cdots, a_n(x), f(x)$ 都是已知函数, $a_0(x) \neq 0$ (因此一般情况取 $a_0 = 1$).

定义 1.2 (微分方程的解). 假设 I 为实数域 $\mathbb{R}$ 的一个区间, φ 是定义在 I 上的一个函数, 称 (φ, I) 为 n 阶微分方程 $F(x, y, y', \cdots, y^{(n)}) = 0$ 的一个解, 是指

- $\varphi(x)$ 在 I 上有直到 n 阶的连续导数.
- 对于任意 $x \in I$, 有

$$F(x, \varphi(x), \varphi'(x), \cdots, \varphi^{(n)}(x)) = 0.$$

比如 $\sin x, \cos x$ 都是微分方程

$$y'' + y = 0$$

在 $I =]-\infty, +\infty[^{①}$ 上的解.

定义 1.3 (微分方程的隐式解). 如果关系式 $\Psi(x, y) = 0$ 确定一个隐函数 $y = \varphi(x), x \in I$, 且它是方程

$$F(x, y, y', \cdots, y^{(n)}) = 0$$

的一个解, 则称 $\Psi(x, y) = 0$ 是上述方程的一个隐式解. 而 (φ, I) 则称为显式解.

隐函数: 称 $y = \varphi(x), x \in I$ 为由关系式 $\Psi(x, y) = 0$ 所确定的隐函数, 是指

$$\Psi(x, y) = 0 \quad \Leftrightarrow \quad y = \varphi(x) \quad \Leftrightarrow \quad \Psi(x, \varphi(x)) = 0.$$

---

① 本教程使用诸如 $]a, b[$ 的记号表示开区间, 而非圆括号记法 (a, b) 混淆, 以避免与平面坐标记法 (a, b) 混淆.

如果 $\Psi(x,y)$ 关于变量 (x,y) 是一阶连续可微的, 则存在隐函数的一个充分条件是

$$\frac{\partial \Psi(x,y)}{\partial y} \neq 0.$$

同时

$$\frac{\partial \varphi(x)}{\partial x} = -\frac{\Psi_x(x, \varphi(x))}{\Psi_y(x, \varphi(x))}.$$

例 1.2. 对于一阶微分方程

$$\frac{\mathrm{d}y}{\mathrm{d}x} = -\frac{x}{y},$$

有显式解

$$y = \sqrt{1-x^2} \quad \text{和} \quad y = -\sqrt{1-x^2}$$

以及隐式解

$$x^2 + y^2 = C.$$

微分方程的通解、定解条件

从前面的例子已经看到微分方程的解不一定是唯一的, 事实上它依赖于一些常数. 如果通过这些常数的选取可以得到该微分方程的所有的解, 就称其为**通解**, 但是通解不包含微分方程的所有解. 满足特定条件的解称为特解. 从通解得到特解的条件称为定解条件. 最著名的定解条件有柯西条件、狄利克雷 (Dirichlet) 条件等. 我们将在后面根据具体方程研究具体的定解条件.

微分方程组

前面考虑的是一个未知函数的微分方程, 即 $y: I \to \mathbb{R}$, 但是在大量实际问题中我们需要考虑向量值函数, 比如前面牛顿力学方程就是 $y: I \to \mathbb{R}^3$. 因此现在考虑一般情况, 使用下列记号:

$$\boldsymbol{y} = (y_1, y_2, \cdots, y_d) \in \mathbb{R}^d, \quad d \geqslant 1,$$
$$\boldsymbol{y}^{(k)} = \frac{\mathrm{d}^k \boldsymbol{y}}{\mathrm{d}t^k} = \left(\frac{\mathrm{d}^k y_1}{\mathrm{d}t^k}, \frac{\mathrm{d}^k y_2}{\mathrm{d}t^k}, \cdots, \frac{\mathrm{d}^k y_d}{\mathrm{d}t^k} \right),$$

这是 d 维向量值的函数及其导数, 因此从符号上看和一个未知函数是一样的. 要确定 d 个未知函数, 一般需要有 d 个方程组成的方程组, 因此我们记向量值函数如下:

$$\boldsymbol{F}(t, \boldsymbol{z}, \boldsymbol{z}^1, \cdots, \boldsymbol{z}^n) = \begin{pmatrix} F_1(t, \boldsymbol{z}, \boldsymbol{z}^1, \cdots, \boldsymbol{z}^n) \\ F_2(t, \boldsymbol{z}, \boldsymbol{z}^1, \cdots, \boldsymbol{z}^n) \\ \vdots \\ F_d(t, \boldsymbol{z}, \boldsymbol{z}^1, \cdots, \boldsymbol{z}^n) \end{pmatrix},$$

其中 $\boldsymbol{z} = (z_1, z_2, \cdots, z_d)$, $\boldsymbol{z}^1 = (z_1^1, z_2^1, \cdots, z_d^1), \cdots, \boldsymbol{z}^n = (z_1^n, z_2^n, \cdots, z_d^n)$ 也都是向量. 这里

$$F_j(t, \boldsymbol{z}, \boldsymbol{z}^1, \cdots, \boldsymbol{z}^n): I \times \mathbb{R}^{d \times (1+n)} \to \mathbb{R}, \quad j = 1, 2, \cdots, d$$

都是实值函数. 因此 d 个未知函数的 n 阶微分方程组的一般形式为

$$
\begin{cases}
F_1(t, \boldsymbol{y}, \boldsymbol{y}', \cdots, \boldsymbol{y}^{(n)}) = 0, \\
F_2(t, \boldsymbol{y}, \boldsymbol{y}', \cdots, \boldsymbol{y}^{(n)}) = 0, \\
\cdots\cdots\cdots\cdots \\
F_d(t, \boldsymbol{y}, \boldsymbol{y}', \cdots, \boldsymbol{y}^{(n)}) = 0.
\end{cases}
$$

使用前面的记号, 可以写成一个未知函数的微分方程的形式:

$$
\boldsymbol{F}(t, \boldsymbol{y}, \boldsymbol{y}', \cdots, \boldsymbol{y}^{(n)}) = \boldsymbol{0},
$$

这里的 $\boldsymbol{y}, \boldsymbol{F}$ 都是向量值的. 在不引起混淆的情况下, 我们都使用后面的简化记号.

关于微分方程组的解的概念, 显式解和前面的微分方程的定义一样, 但是对于一般的微分方程组通常不提隐式解的概念.

1.3 微分方程组的标准形式

下面的形式称为一阶微分方程组的标准形式:

$$
\begin{cases}
y_1' = f_1(t, \boldsymbol{y}), \\
y_2' = f_2(t, \boldsymbol{y}), \\
\cdots\cdots\cdots\cdots \\
y_d' = f_d(t, \boldsymbol{y}).
\end{cases}
$$

使用前面的记号, 可以写成类似于一个未知函数的微分方程的形式:

$$
\boldsymbol{y}' = \boldsymbol{f}(t, \boldsymbol{y}) \quad \Leftrightarrow \quad
\begin{pmatrix} y_1' \\ y_2' \\ \vdots \\ y_d' \end{pmatrix} =
\begin{pmatrix} f_1(t, y_1, y_2, \cdots, y_d) \\ f_2(t, y_1, y_2, \cdots, y_d) \\ \vdots \\ f_d(t, y_1, y_2, \cdots, y_d) \end{pmatrix},
$$

这里的 $\boldsymbol{y}, \boldsymbol{f}$ 都是向量值的.

加上柯西定解条件的标准形式为

$$
\begin{cases}
y_1' = f_1(t, \boldsymbol{y}), \\
y_2' = f_2(t, \boldsymbol{y}), \\
\cdots\cdots\cdots\cdots \\
y_d' = f_d(t, \boldsymbol{y}), \\
(y_1, y_2, \cdots, y_d)|_{t=t_0} = (y_1^0, y_2^0, \cdots, y_d^0), \qquad \text{柯西初值条件.}
\end{cases}
$$

也可以写成类似于一个未知函数的微分方程的形式:

$$\begin{cases} \boldsymbol{y}' = \boldsymbol{f}(t, \boldsymbol{y}), \\ \boldsymbol{y}|_{t=t_0} = \boldsymbol{y}^0, \qquad \text{柯西初值条件}. \end{cases}$$

以后在不混淆的情况下, 对于向量 (以及矩阵) 也不使用黑体字符.

n 阶微分方程和一阶微分方程组

现在考虑单个未知函数的 n 阶微分方程

$$y^{(n)} = f(x, y, y', \cdots, y^{(n-1)}). \tag{1.1}$$

这个方程等价于下面的一阶标准微分方程组:

$$\begin{cases} \dfrac{\mathrm{d}y}{\mathrm{d}x} = y_1, \\ \dfrac{\mathrm{d}y_1}{\mathrm{d}x} = y_2, \\ \cdots\cdots\cdots\cdots \\ \dfrac{\mathrm{d}y_{n-2}}{\mathrm{d}x} = y_{n-1}, \\ \dfrac{\mathrm{d}y_{n-1}}{\mathrm{d}x} = f(x, y, y_1, \cdots, y_{n-1}). \end{cases} \tag{1.2}$$

这是一个含 n 个未知函数 $y, y_1, \cdots, y_{n-1}$ 的标准的一阶微分方程组.

微分方程 (1.1) 等价于微分方程组 (1.2) 的意思是: 如果 $y = \varphi(x)$ 是微分方程 (1.1) 的解, 令

$$\varphi_1(x) = \frac{\mathrm{d}\varphi(x)}{\mathrm{d}x}, \ \varphi_2(x) = \frac{\mathrm{d}^2\varphi(x)}{\mathrm{d}x^2}, \ \cdots, \ \varphi_{n-1}(x) = \frac{\mathrm{d}^{n-1}\varphi(x)}{\mathrm{d}x^{n-1}},$$

则有

$$\begin{cases} \dfrac{\mathrm{d}\varphi(x)}{\mathrm{d}x} = \varphi_1(x), \\ \dfrac{\mathrm{d}\varphi_1(x)}{\mathrm{d}x} = \varphi_2(x), \\ \cdots\cdots\cdots\cdots \\ \dfrac{\mathrm{d}\varphi_{n-2}(x)}{\mathrm{d}x} = \varphi_{n-1}(x), \\ \dfrac{\mathrm{d}\varphi_{n-1}(x)}{\mathrm{d}x} = f(x, \varphi(x), \varphi_1(x), \cdots, \varphi_{n-1}(x)). \end{cases}$$

因此 $\varphi(x), \varphi_1(x), \cdots, \varphi_{n-1}(x)$ 是微分方程组 (1.2) 的解.

反之亦然.

关于微分方程基本定理的证明将仅限于如下的标准的一阶微分方程组:

$$\begin{cases} y_1' = f_1(x, y_1, y_2, \cdots, y_d), \\ y_2' = f_2(x, y_1, y_2, \cdots, y_d), \\ \cdots\cdots\cdots\cdots \\ y_d' = f_d(x, y_1, y_2, \cdots, y_d), \end{cases}$$

因为高阶微分方程, 或者高阶微分方程组都可以通过上面的变换转换成多个未知函数的一阶微分方程组.

1.4 小结和评注

本章内容中, 最重要的是下列基本概念:

- 微分方程的定义, 微分方程的阶的定义.
- 线性微分方程, n 阶微分方程的定义.
- 微分方程的解: 显式解和隐式解的定义.
- 微分方程的通解和定解条件.

上面的这些基本概念都是对于含一个未知函数的微分方程给出的, 除了隐式解的概念仅仅对于含一个未知函数的微分方程有意义外, 其他的概念都可以推广到含多个未知函数的微分方程组.

- 微分方程组的定义, 高阶微分方程组的定义.
- 微分方程组的标准形式, 柯西定解条件.
- n 阶微分方程和一阶微分方程组的转换.

第一章小结

我们将在后续课程中反复使用这些基本概念, 更多的将是从实际问题出发来理解、使用和记住这些概念, 但是我们始终不要忘记这些抽象的基本定义, 特别是微分方程解的定义: 通解、显式解、隐式解和各种定解条件等.

1.5 练 习 题

需要特别指出的是研究微分方程的基本工具是微积分和线性代数, 因此本章的练习题主要是复习本教程需要用到的微积分和线性代数的最基本的内容. 读者还需要根据这些题目做更多的练习题.

(1) 证明题请特别注重证明的严谨性. 需要条理清楚、叙述完整、推理严格. 千万不能只是简单的描述.

(2) 计算题请给出详细的计算过程, 而不是仅仅给出计算结果.

(3) 下面给出两个范例, 希望大家做作业时仿照范例.

证明题范例: 假设 Ω 是 $\mathbb{R}^n$ 的一个开区域, 以及任给 $x = (x_1, x_2, \cdots, x_n), y = (y_1, y_2, \cdots, y_n) \in \Omega$ 都有

$$[x, y] = \{x + t(y - x); 0 \leqslant t \leqslant 1\} \subset \Omega.$$

假设 F 是定义在 Ω 上的一阶连续可微函数, 即: F 的所有一阶偏微分都存在, 而且这些偏微分都在 Ω 上连续. 证明任给 $x, y \in \Omega$ 有

$$F(y) = F(x) + \sum_{j=1}^{n} (y_j - x_j) \int_0^1 \frac{\partial F}{\partial x_j}(x + t(y - x)) \mathrm{d}t.$$

证明: (1) 首先研究一维的情况: $\Omega =]a, b[\subset \mathbb{R}$, 假设 F 在 $]a, b[$ 上是一阶连续可微的, 则有微积分的牛顿–莱布尼茨 (Newton-Leibniz) 公式:

$$F(y) - F(x) = \int_x^y F'(s) \mathrm{d}s,$$

因为 F' 的原函数是 F. 作变量变换

$$s = x + t(y - x), \quad \mathrm{d}s = (y - x)\mathrm{d}t; \quad s = y \Leftrightarrow t = 1; \quad s = x \Leftrightarrow t = 0.$$

因此

$$F(y) - F(x) = (y - x) \int_0^1 F'(x + t(y - x)) \mathrm{d}t.$$

(2) 其次研究高维的情况: 任给 $x, y \in \Omega$, 因为 F 在 Ω 上一阶连续可微, 以及

$$[x, y] = \{x + t(y - x); 0 \leqslant t \leqslant 1\} \subset \Omega.$$

令

$$g(t) = F(x + t(y - x)),$$

则 g 在 $[0, 1]$ 上有定义而且一阶连续可微, 因为 F 在 Ω 上一阶连续可微, $t \to x + t(y - x)$ 关于 t 也可微, 因此 $F(x + t(y - x))$ 作为复合函数关于 t 一阶连续可微, 而且利用复合函数的微分公式有

$$\frac{\mathrm{d}}{\mathrm{d}t}g(t) = \sum_{j=1}^{n} \frac{\partial F}{\partial x_j}(x + t(y - x)) \frac{\mathrm{d}(x_j + t(y_j - x_j))}{\mathrm{d}t} = \sum_{j=1}^{n} \frac{\partial F}{\partial x_j}(x + t(y - x))(y_j - x_j).$$

因此利用 (1) 的结果有

$$g(1) - g(0) = \int_0^1 g'(t)\mathrm{d}t, \quad g(1) = F(y), \ g(0) = F(x),$$

即

$$F(y) = F(x) + \sum_{j=1}^{n} (y_j - x_j) \int_0^1 \frac{\partial F}{\partial x_j}(x + t(y - x)) \mathrm{d}t.$$

证毕.

计算题范例: 求下列矩阵的特征值以及相应的特征向量:

$$A = \begin{pmatrix} 1 & -3 & 3 \\ 3 & -5 & 3 \\ 6 & -6 & 4 \end{pmatrix}.$$

解: (1) 求特征值. 由特征方程

$$\det(A - \lambda I) = \begin{vmatrix} 1-\lambda & -3 & 3 \\ 3 & -5-\lambda & 3 \\ 6 & -6 & 4-\lambda \end{vmatrix} = 0,$$

而

$$\begin{vmatrix} 1-\lambda & -3 & 3 \\ 3 & -5-\lambda & 3 \\ 6 & -6 & 4-\lambda \end{vmatrix} = \begin{vmatrix} -2-\lambda & -3 & 3 \\ -2-\lambda & -5-\lambda & 3 \\ 0 & -6 & 4-\lambda \end{vmatrix}$$

$$= -(2+\lambda)\begin{vmatrix} 1 & -3 & 3 \\ 1 & -5-\lambda & 3 \\ 0 & -6 & 4-\lambda \end{vmatrix}$$

$$= -(2+\lambda)\begin{vmatrix} 1 & -3 & 3 \\ 0 & -2-\lambda & 0 \\ 0 & -6 & 4-\lambda \end{vmatrix}$$

$$= (2+\lambda)(2+\lambda)(4-\lambda).$$

因此, 求得一个二重特征值 $\lambda_{1,2} = -2$, 一个单特征值 $\lambda_3 = 4$.

(2) 求二重特征值 $\lambda_{1,2} = -2$ 相应的特征向量.

$$\begin{pmatrix} 1-\lambda_{1,2} & -3 & 3 \\ 3 & -5-\lambda_{1,2} & 3 \\ 6 & -6 & 4-\lambda_{1,2} \end{pmatrix} \begin{pmatrix} c_1 \\ c_2 \\ c_3 \end{pmatrix} = \begin{pmatrix} 0 \\ 0 \\ 0 \end{pmatrix}$$

$$\Rightarrow \begin{pmatrix} 3 & -3 & 3 \\ 3 & -3 & 3 \\ 6 & -6 & 6 \end{pmatrix} \begin{pmatrix} c_1 \\ c_2 \\ c_3 \end{pmatrix} = \begin{pmatrix} 0 \\ 0 \\ 0 \end{pmatrix} \Rightarrow \begin{cases} 3c_1 - 3c_2 + 3c_3 = 0, \\ 3c_1 - 3c_2 + 3c_3 = 0, \\ 6c_1 - 6c_2 + 6c_3 = 0. \end{cases}$$

因此, 得到一个独立的方程

$$c_1 - c_2 + c_3 = 0 \quad \Rightarrow \quad c_1 = c_2 - c_3,$$

由此可以得到与 $\lambda_{1,2}$ 相应的两个线性无关的特征向量

$$X_1 = \begin{pmatrix} 1 \\ 1 \\ 0 \end{pmatrix} \text{ (取 } c_2 = 1, c_3 = 0); \quad X_2 = \begin{pmatrix} -1 \\ 0 \\ 1 \end{pmatrix} \text{ (取 } c_2 = 0, c_3 = 1).$$

(3) 求单特征值 $\lambda_3 = 4$ 相应的特征向量.

$$\begin{pmatrix} 1-\lambda_3 & -3 & 3 \\ 3 & -5-\lambda_3 & 3 \\ 6 & -6 & 4-\lambda_3 \end{pmatrix} \begin{pmatrix} c_1 \\ c_2 \\ c_3 \end{pmatrix} = \begin{pmatrix} 0 \\ 0 \\ 0 \end{pmatrix}$$

$$\Rightarrow \begin{pmatrix} -3 & -3 & 3 \\ 3 & -9 & 3 \\ 6 & -6 & 0 \end{pmatrix} \begin{pmatrix} c_1 \\ c_2 \\ c_3 \end{pmatrix} = \begin{pmatrix} 0 \\ 0 \\ 0 \end{pmatrix} \Rightarrow \begin{cases} -3c_1 - 3c_2 + 3c_3 = 0, \\ 3c_1 - 9c_2 + 3c_3 = 0, \\ 6c_1 - 6c_2 = 0 \end{cases}$$

$$\Rightarrow \begin{cases} -c_1 - c_2 + c_3 = 0, \\ c_1 - 3c_2 + c_3 = 0, \\ c_1 = c_2 \end{cases} \Rightarrow \begin{cases} c_3 = 2c_2, \\ c_1 = c_2. \end{cases}$$

由此可以得到与 λ_3 相应的特征向量

$$X_3 = \begin{pmatrix} 1 \\ 1 \\ 2 \end{pmatrix} \text{ (取 } c_2 = 1).$$

1.【含参变量积分的微分】

(1) 假设 f 是连续函数, 计算

$$\frac{\mathrm{d}}{\mathrm{d}x} \int_a^x f(t)\mathrm{d}t, \quad \frac{\mathrm{d}}{\mathrm{d}x} \int_x^b f(t)\mathrm{d}t.$$

(2) 假设 f 是连续函数, φ 是连续可微函数, 计算

$$\frac{\mathrm{d}}{\mathrm{d}x} \int_a^{\varphi(x)} f(t)\mathrm{d}t.$$

(3) 假设 f 是连续函数, φ, ψ 是连续可微函数, 计算

$$\frac{\mathrm{d}}{\mathrm{d}x} \int_{\psi(x)}^{\varphi(x)} f(t)\mathrm{d}t.$$

(4) 假设 F 是连续可微函数, φ, ψ 是连续可微函数, 计算

$$\frac{\mathrm{d}}{\mathrm{d}x} \int_{\psi(x)}^{\varphi(x)} F(t,x)\mathrm{d}t.$$

(5) 假设 $a, b \in C^0(]\alpha, \beta[)$, $t_0 \in]\alpha, \beta[$, 以及

$$f(t) = \int_{t_0}^t e^{\int_s^t a(\tau)d\tau} b(s)ds.$$

计算 $f'(t)$.

2. 对于 $a, b > 0$, 计算积分

$$I(a, b) = \int_0^{+\infty} \frac{\arctan(ax) - \arctan(bx)}{x}dx.$$

分下面四步计算:

(1) 计算 $\dfrac{\partial I(a, b)}{\partial a}$.

(2) 利用 $\displaystyle\int_0^{+\infty} \frac{dx}{1 + a^2 x^2} = \frac{\pi}{2a}$.

(3) 证明 $I(a, b) = \dfrac{\pi \ln a}{2} + g(b)$, 其中 g 是一个待定函数.

(4) 利用 $I(a, a) = 0$ 确定函数 g, 从而证明 $I(a, b) = \dfrac{\pi}{2}\ln\left(\dfrac{a}{b}\right)$.

3. 对于 $0 < a < b$, 证明

$$\int_0^1 \frac{x^b - x^a}{\ln x}dx = \ln\frac{b+1}{a+1}.$$

分下面两步证明:

(1) 令

$$I(b) = \int_0^1 \frac{x^b - x^a}{\ln x}dx,$$

计算 $\dfrac{d}{db}I(b)$.

(2) 利用 $I(b) - I(a) = \displaystyle\int_a^b \frac{d}{ds}I(s)ds$ 完成证明.

4. 下面假设 $-\infty < a < b < +\infty$.

(1) 假设 f 是定义在 $[a, b]$ 上的一阶连续可微函数, 即: $f'(x)$ 存在而且在 $[a, b]$ 上连续. 证明存在常数 $L > 0$, 使得

$$|f(b) - f(a)| \leqslant L|b - a|.$$

(2) 假设 $D =]a, b[\times \cdots \times]a, b[\subset \mathbb{R}^n$ 是一个开区域, F 是定义在 $\overline{D}$ (表示开区域 D 的闭包) 上的一阶连续可微函数, 即: F 的所有一阶偏微分都存在, 而且这些偏微分都在 $\overline{D}$ 上连续. 证明存在常数 $L > 0$, 使得

$$|F(A) - F(B)| \leqslant L|A - B|, \quad \forall A, B \in D.$$

(3) 假设 $D =]a, b[\times \cdots \times]a, b[\subset \mathbb{R}^n$ 是一个开区域, F 是定义在开区域 D 上的一阶连续可微函数, 即: F 的所有一阶偏微分都存在, 而且这些偏微分都在开区域 D

上连续. 证明任给 $A \in D$, 存在 $\delta > 0$, 存在常数 $M > 0$, 使得

$$|F(X) - F(Y)| \leqslant M|X - Y|, \ \forall X, Y \in B(A, \delta) = \{Z \in \mathbb{R}^n; \ |Z - A| < \delta\}.$$

5.【极限和一致收敛】

(1) 证明序列 $\{x^n\}$ 在 $[0, 1[$ 上逐点收敛但是不一致收敛.

(2) 任给 $0 < \delta_0 < 1$, 证明序列 $\{x^n\}$ 在 $[0, \delta_0]$ 上一致收敛.

(3) 对于序列 $\{(n+1)x^n\}$, 研究上面的两个问题.

(4) 证明函数 $f(x) = \dfrac{1}{x}$ 在 $]0, 1]$ 上连续但是不一致连续.

(5) 任给 $0 < \delta_0 < 1$, 证明函数 $f(x) = \dfrac{1}{x}$ 在 $[\delta_0, 1]$ 上一致连续.

(6) 给出交换积分和极限顺序:

$$\lim_{n \to +\infty} \int_a^b f_n(t)\mathrm{d}t = \int_a^b \lim_{n \to +\infty} f_n(t)\mathrm{d}t$$

的一个充分条件, 并且证明之. 举一个反例说明不是必要条件.

6.【矩阵和范数】

对于

$$x = \begin{pmatrix} x_1 \\ x_2 \\ \vdots \\ x_n \end{pmatrix} \in \mathbb{R}^n,$$

定义

$$\|x\|_1 = \sum_{j=1}^n |x_j|, \quad \|x\|_2 = \left(\sum_{j=1}^n |x_j|^2\right)^{\frac{1}{2}}, \quad \|x\|_\infty = \max_{1 \leqslant j \leqslant n} \{|x_j|\}.$$

对于方阵

$$A = \begin{pmatrix} a_{11} & a_{12} & \cdots & a_{1n} \\ a_{21} & a_{22} & \cdots & a_{2n} \\ \vdots & \vdots & & \vdots \\ a_{n1} & a_{n2} & \cdots & a_{nn} \end{pmatrix},$$

定义

$$\|A\|_1 = \sum_{j,k=1}^n |a_{jk}|, \quad \|A\|_2 = \left(\sum_{j,k=1}^n |a_{jk}|^2\right)^{\frac{1}{2}}, \quad \|A\|_\infty = \max_{1 \leqslant j,k \leqslant n} \{|a_{jk}|\}.$$

(1) 对于 $l = 1, 2, \infty$, 证明对于任意的 $x, y \in \mathbb{R}^n$,

$$\|x\|_l = 0 \quad \Leftrightarrow \quad x = 0,$$

$$\|x + y\|_l \leqslant \|x\|_l + \|y\|_l.$$

(2) 对于 $l = 1, 2, \infty$, 证明对于任意的方阵 A, B,

$$\|A\|_l = 0 \quad \Leftrightarrow \quad A = 0,$$

$$\|A + B\|_l \leqslant \|A\|_l + \|B\|_l.$$

(3) 证明存在 $C_1, C_2, C_3, D_1, D_2, D_3$, 使得对于任意的 $x \in \mathbb{R}^n$ 和方阵 A,

$$\|x\|_1 \leqslant C_1 \|x\|_2 \leqslant C_2 \|x\|_\infty \leqslant C_3 \|x\|_1;$$

$$\|A\|_1 \leqslant D_1 \|A\|_2 \leqslant D_2 \|A\|_\infty \leqslant D_3 \|A\|_1.$$

(4) 对于任意的 $x \in \mathbb{R}^n$ 和方阵 A, B, 证明

$$\|AB\|_2 \leqslant \|A\|_2 \|B\|_2, \quad \|Ax\|_2 \leqslant \|A\|_2 \|x\|_2.$$

特别注意这里 x 是列向量的形式, 因此也是一个 $n \times 1$ 矩阵.

7. 【矩阵和行列式】

(1) 计算下列矩阵的逆:

$$A = \begin{pmatrix} 1 & 2 \\ -1 & -3 \end{pmatrix}; \quad B = \begin{pmatrix} 0 & 1 & 2 \\ 1 & 1 & 4 \\ 2 & -1 & 0 \end{pmatrix}; \quad C = \begin{pmatrix} 3 & 7 & -3 \\ -2 & -5 & 2 \\ -4 & 10 & 3 \end{pmatrix}.$$

(2) 计算下列行列式:

$$\begin{vmatrix} \alpha & \beta & \gamma \\ \gamma & \alpha & \beta \\ \beta & \gamma & \alpha \end{vmatrix}, \text{ 其中 } \alpha + \beta + \gamma = 0;$$

$$\begin{vmatrix} 3 & 2 & 2 & 2 \\ 2 & 3 & 2 & 2 \\ 2 & 2 & 3 & 2 \\ 2 & 2 & 2 & 3 \end{vmatrix}.$$

1.5 练习题
部分参考答案

8. 计算下列矩阵的特征值和特征向量:

$$\begin{pmatrix} 1 & 2 \\ 2 & 4 \end{pmatrix}; \quad \begin{pmatrix} 8 & 3 \\ 2 & 7 \end{pmatrix}; \quad \begin{pmatrix} 4 & 2 & -5 \\ 6 & 4 & -9 \\ 5 & 3 & -7 \end{pmatrix}.$$

第二章　一阶微分方程的初等解法

本章使用初等微分和积分的方法精确地求解一些特殊形式的微分方程, 这里仅考虑单个未知函数的一阶微分方程.

2.1　预备知识

学习这一章内容, 首先需要熟练地掌握微分和积分的计算方法. 莱布尼茨公式

$$(f(x)g(x))' = f'(x)g(x) + f(x)g'(x)$$

是微分运算的最重要的公式之一. 此外, 还需要特别掌握如下两个定理:

定理 2.1 (反函数定理). 假设函数 $y = f(x)$ 在闭区间 $[a,b]$ 上连续且严格单调增加, $f(a) = \alpha, f(b) = \beta$, 则它的反函数存在, 其反函数 $x = f^{-1}(y)$ 在 $[\alpha, \beta]$ 上连续且严格单调增加. 如果是连续且严格单调下降的, $f(a) = \alpha, f(b) = \beta$, 则它的反函数 $x = f^{-1}(y)$ 在 $[\beta, \alpha]$ 上连续且严格单调下降.

假设函数 $y = f(x)$ 在 $]a,b[$ 上连续可微, 则 $f'(x) \neq 0$ 是其反函数存在的一个充分条件, 且

$$\left(f^{-1}(y)\right)' = \frac{1}{f'(x)} = \frac{1}{f'\left(f^{-1}(y)\right)}.$$

定理 2.2 (隐函数定理). 假设函数 $F(x,y)$ 在点 (x_0, y_0) 的某一邻域内具有连续偏导数, 且 $F(x_0, y_0) = 0, F_y(x_0, y_0) \neq 0$, 则方程

$$F(x,y) = 0$$

在点 (x_0, y_0) 的某一邻域内存在唯一解 $y = f(x)$, 即, 存在 $\delta > 0$, 存在唯一定义在 $]x_0 - \delta, x_0 + \delta[$ 上的连续可微函数 $y = f(x)$, 满足条件

$$y_0 = f(x_0), \quad F(x, f(x)) = 0, \quad \forall x \in]x_0 - \delta, x_0 + \delta[,$$

并有求导公式

$$\frac{\mathrm{d}f(x)}{\mathrm{d}x} = -\frac{F_x(x,y)}{F_y(x,y)} = -\frac{F_x(x, f(x))}{F_y(x, f(x))}, \quad \forall x \in]x_0 - \delta, x_0 + \delta[.$$

平面曲线的显式表达形式： 在前一章已经给出了微分方程解的定义，而与单个未知函数的微分方程的解

$$y = f(x), \quad x \in]a,b[$$

相应的几何概念是一条平面曲线 (见图 2.1).

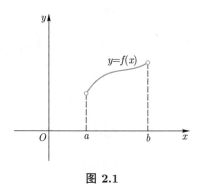

图 2.1

平面曲线的隐式表达形式： 在一般情况下，平面上的方程

$$F(x,y) = 0$$

定义一条平面曲线 (见图 2.2)，其中一个充分条件是 $(F_x(x,y), F_y(x,y)) \neq (0,0)$. 利用隐函数定理可以证明：局部地，这种一般的隐式表达形式和前面的显式表达形式是等价的.
平面曲线的参数表达形式： 一条平面曲线也可以表达成如下的参数形式 (见图 2.3)：

$$\begin{cases} x = \varphi(t), \\ y = \psi(t), \end{cases} \quad t \in]\alpha,\beta[.$$

一个充分条件是 $(\varphi'(t), \psi'(t)) \neq (0,0)$，利用反函数定理可以证明：局部地，这种参数表达形式和前面的显式表达形式也是等价的.

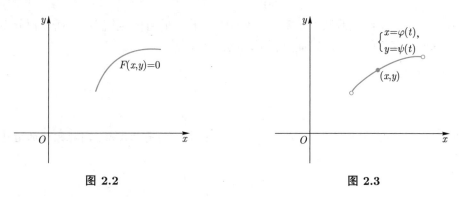

图 2.2 图 2.3

本章的知识目标：精确求解一些微分方程.

首先观察最简单的立即可以通过积分求解的方程:

$$\frac{\mathrm{d}y}{\mathrm{d}x} = f(x) \iff \mathrm{d}y = f(x)\mathrm{d}x, \tag{2.1}$$

积分立即得到这个微分方程的显式解:

$$y = \int f(x)\mathrm{d}x + C,$$

这里仅仅需要计算已知函数 $f(x)$ 的原函数 (不定积分或者定积分).

上述方程稍微变换一点形式:

$$g'(y)\frac{\mathrm{d}y}{\mathrm{d}x} = f(x) \iff g'(y)\mathrm{d}y = f(x)\mathrm{d}x, \tag{2.2}$$

也可以通过积分立即得到这个微分方程的隐式解:

$$g(y) = \int f(x)\mathrm{d}x + C,$$

这里也只需要计算已知函数 $f(x)$ 的原函数和 g 的反函数 $g^{-1}(\,\cdot\,)$ (在假设条件 $g'(y) \neq 0$ 下), 由此就可以得到显式解:

$$y = g^{-1}\left(\int f(x)\mathrm{d}x + C\right).$$

本章研究一些特殊的方程, 通过适当的变换将它们转换成上述两个方程的形式, 从而可以求得精确的显式解或者隐式解.

2.2   变量分离方程

含一个未知函数的一阶微分方程的标准形式是

$$\frac{\mathrm{d}y}{\mathrm{d}x} = f(x, y),$$

其中 $f(x, y)$ 是一个给定函数. 当这个函数不依赖于 y 的时候, 我们可以通过积分立即得到解, 下面研究其他的一些可以通过积分求解的特殊情形.

定义 2.1. *形如*

$$\frac{\mathrm{d}y}{\mathrm{d}x} = f(x)g(y) \tag{2.3}$$

的方程称为变量分离方程. 这里 $f(x), g(y)$ 分别是 x, y 的连续函数, 因此方程的右边是两个变量分离的函数.

比如

$$\frac{\mathrm{d}y}{\mathrm{d}x} = x^2(y^2 + 1), \qquad \frac{\mathrm{d}y}{\mathrm{d}x} = y\mathrm{e}^{x+y} = y\mathrm{e}^y\mathrm{e}^x.$$

变量分离方程的求解: 寻找特殊的变换将变量分离方程 (2.3) 转换成特殊方程 (2.2) 的形式.

变量分离: 如果 $g \neq 0$, 则前面的方程可以改写成

$$\frac{\mathrm{d}y}{g(y)} = f(x)\mathrm{d}x \iff G'(y)\mathrm{d}y = f(x)\mathrm{d}x,$$

其中

$$G(y) = \int \frac{1}{g(y)}\mathrm{d}y \iff G'(y) = \frac{1}{g(y)}.$$

因此

$$G(y) = \int f(x)\mathrm{d}x + C.$$

令 $F(x)$ 为 $f(x)$ 的原函数, 则

$$\Psi(x, y) = G(y) - F(x) - C = 0$$

是微分方程 (2.3) 的一个隐式解, 其中 $G(y) = F(x) + C$, 因此

$$y = G^{-1}(F(x) + C) = \varphi(x, C) \tag{2.4}$$

就是一个显式解, 这里 G^{-1} 是 G 的反函数.

事实上, 由反函数的微分公式得

$$\left(\frac{\mathrm{d}}{\mathrm{d}y}G^{-1}\right)(G(y)) = \frac{1}{G'(y)} = \frac{1}{\dfrac{1}{g(y)}} = g(y),$$

因为 $G'(y) = \dfrac{1}{g(y)}$. 因此对 (2.4) 式关于 x 微分, 由复合函数的微分公式有

$$\frac{\mathrm{d}y}{\mathrm{d}x} = \left(\left(\frac{\mathrm{d}}{\mathrm{d}y}G^{-1}\right)(G(y))\right)\frac{\mathrm{d}G(y)}{\mathrm{d}x} = g(y)\frac{\mathrm{d}(F(x) + C)}{\mathrm{d}x} = g(y)f(x).$$

所以 (2.4) 式是方程 (2.3) 的解.

注: 上述求解方法的条件是 $g \neq 0$, 但是如果存在 y_0 使得 $g(y_0) = 0$, 则 $y \equiv y_0$ 也是原方程 (2.3) 的一个解, 它不包含在方程的通解的一般表达式中, 因此必须予以补上这个解才能够得到完整的通解.

小结: 求变量分离方程 (2.3) 的通解分下面四步:

(1) 求 $\dfrac{1}{g(y)}$ 的原函数 $G(y)$.

(2) 求 $f(x)$ 的原函数 $F(x)$.

(3) 此时可以得到隐式通解. 如果要求显式通解, 则还需要求 G 的反函数.

(4) 再研究是否存在 y_0 使得 $g(y_0) = 0$, 如果有, 则需要补上遗失的这些解.

例 2.1. *求解方程*

$$\frac{\mathrm{d}y}{\mathrm{d}x} = -\frac{x}{y}.$$

解: 变量分离得

$$y\mathrm{d}y = -x\mathrm{d}x.$$

两边积分得

$$\int y\mathrm{d}y = -\int x\mathrm{d}x + C,$$

得到隐式通解

$$x^2 + y^2 = C.$$

例 2.2. 一阶齐次线性微分方程.

现在求一阶齐次线性微分方程

$$\frac{\mathrm{d}y}{\mathrm{d}x} = p(x)y$$

的通解. 这是一个变量分离方程.

$$\frac{\mathrm{d}y}{y} = p(x)\mathrm{d}x.$$

$$\ln|y| = \int p(x)\mathrm{d}x + b,$$

因此得到解

$$y = \pm\mathrm{e}^b\mathrm{e}^{\int p(x)\mathrm{d}x} = C\mathrm{e}^{\int p(x)\mathrm{d}x},$$

这里 $C = \pm\mathrm{e}^b$ 不等于 0, 但是 $y \equiv 0$ 也是原方程的一个解, 因此取 $C \in \mathbb{R}$ 就得到了通解.

例 2.3. 求下列柯西问题的解:

$$\begin{cases} \dfrac{\mathrm{d}y}{\mathrm{d}x} = y^2 \cos x, \\ y(0) = 1. \end{cases}$$

解: 当 $y \neq 0$ 时, 将变量分离, 得

$$\frac{\mathrm{d}y}{y^2} = \cos x\mathrm{d}x,$$

两边积分得

$$-\frac{1}{y} = \sin x + C,$$

得到通解

$$y = \frac{-1}{\sin x + C},$$

但是这个通解不包含特解 $y \equiv 0$.

代入定解条件得 $C = -1$, 求得柯西问题的解

$$y = \frac{1}{1 - \sin x}.$$

2.3 齐 次 方 程

形如

$$\frac{\mathrm{d}y}{\mathrm{d}x} = g\left(\frac{y}{x}\right)$$

的方程称为**齐次方程**, 这里 $g(u)$ 是 u 的连续函数.

- 变量变换:

$$u = \frac{y}{x} \quad \Rightarrow \quad y = xu \quad \Rightarrow \quad \frac{\mathrm{d}y}{\mathrm{d}x} = x\frac{\mathrm{d}u}{\mathrm{d}x} + u \quad \Rightarrow \quad \frac{\mathrm{d}u}{\mathrm{d}x} = \frac{\frac{\mathrm{d}y}{\mathrm{d}x} - u}{x},$$

$$\frac{\mathrm{d}y}{\mathrm{d}x} = g\left(\frac{y}{x}\right) \quad \Longleftrightarrow \quad \frac{\mathrm{d}u}{\mathrm{d}x} = \frac{g(u) - u}{x} \quad \text{(这是一个变量分离方程)}.$$

- 求解以上的变量分离方程.
- 变量还原得到原方程的隐式解.

例 2.4. *求解方程*

$$x\frac{\mathrm{d}y}{\mathrm{d}x} + 2\sqrt{xy} = y \quad (x < 0).$$

方程改写成

$$\frac{\mathrm{d}y}{\mathrm{d}x} = 2\sqrt{\frac{y}{x}} + \frac{y}{x} \quad (x < 0).$$

作变量变换 $u = \frac{y}{x}$,

$$x\frac{\mathrm{d}u}{\mathrm{d}x} + u = 2\sqrt{u} + u \quad \Rightarrow \quad x\frac{\mathrm{d}u}{\mathrm{d}x} = 2\sqrt{u},$$

分离变量得

$$\frac{\mathrm{d}u}{2\sqrt{u}} = \frac{\mathrm{d}x}{x}.$$

两边积分得

$$\sqrt{u} = \ln(-x) + C \quad (x < 0).$$

因此

$$u = (\ln(-x) + C)^2,$$

这里需要选取常数 C 使得

$$\ln(-x) + C > 0.$$

变量还原得到原来方程的通解

$$\begin{cases} y = x(\ln(-x) + C)^2, \quad \ln(-x) + C > 0, \\ y \equiv 0. \end{cases}$$

可以化为齐次方程的方程: 形如

$$\frac{\mathrm{d}y}{\mathrm{d}x} = \frac{a_1 x + b_1 y + c_1}{a_2 x + b_2 y + c_2}$$

的方程可以化为齐次方程.

一般形式分三种情况讨论:

(1) $\dfrac{a_1}{a_2} = \dfrac{b_1}{b_2} = \dfrac{c_1}{c_2} = k$, 则方程化为

$$\frac{\mathrm{d}y}{\mathrm{d}x} = k,$$

有通解 $y = kx + C$.

(2) $\dfrac{a_1}{a_2} = \dfrac{b_1}{b_2} = k \neq \dfrac{c_1}{c_2}$, 作变量变换

$$u = a_2 x + b_2 y,$$

则有

$$\frac{\mathrm{d}u}{\mathrm{d}x} = a_2 + b_2 \frac{\mathrm{d}y}{\mathrm{d}x} = a_2 + b_2 \frac{ku + c_1}{u + c_2},$$

这是一个变量分离方程.

(3) $\dfrac{a_1}{a_2} \neq \dfrac{b_1}{b_2}$, 现在又分两种情况讨论:

(3.1) 如果 $c_1 = c_2 = 0$, 则

$$\frac{\mathrm{d}y}{\mathrm{d}x} = \frac{a_1 x + b_1 y}{a_2 x + b_2 y} = \frac{a_1 + b_1 \dfrac{y}{x}}{a_2 + b_2 \dfrac{y}{x}} = g\left(\frac{y}{x}\right)$$

是一个齐次方程, 因此可以化为变量分离方程.

(3.2) 如果 c_1, c_2 不全为 0, 则首先求解线性方程组

$$\begin{cases} a_1 x + b_1 y + c_1 = 0, \\ a_2 x + b_2 y + c_2 = 0 \end{cases} \quad \Rightarrow \quad \begin{cases} x = \alpha, \\ y = \beta. \end{cases}$$

作变量变换

$$\begin{cases} X = x - \alpha, \\ Y = y - \beta, \end{cases}$$

则原方程化为

$$\frac{\mathrm{d}Y}{\mathrm{d}X} = \frac{a_1 X + b_1 Y}{a_2 X + b_2 Y} = \frac{a_1 + b_1 \dfrac{Y}{X}}{a_2 + b_2 \dfrac{Y}{X}} = g\left(\frac{Y}{X}\right),$$

这是一个齐次方程, 因此可以化为变量分离方程.

例 2.5. *求微分方程*

$$\frac{\mathrm{d}y}{\mathrm{d}x} = \frac{x-y+1}{x+y-3}$$

的通解.

现在是 (3.2) 的情形, 首先求解线性方程组

$$\begin{cases} x-y+1=0, \\ x+y-3=0 \end{cases} \Rightarrow \begin{cases} x=1, \\ y=2. \end{cases}$$

作变量变换

$$\begin{cases} X=x-1, \\ Y=y-2, \end{cases}$$

则原方程化为

$$\frac{\mathrm{d}Y}{\mathrm{d}X} = \frac{X-Y}{X+Y} = \frac{1-\dfrac{Y}{X}}{1+\dfrac{Y}{X}},$$

这是一个齐次方程.

令

$$u=\frac{Y}{X} \quad \Rightarrow \quad X\frac{\mathrm{d}u}{\mathrm{d}X} = \frac{1-u}{1+u} - u = \frac{1-2u-u^2}{1+u}.$$

首先

$$1-2u-u^2=0 \ \Rightarrow \ u=-1\pm\sqrt{2}$$

是一个解. 对于 $1-2u-u^2 \neq 0$, 分离变量得

$$\frac{1+u}{1-2u-u^2}\mathrm{d}u = \frac{\mathrm{d}X}{X}.$$

因为

$$\int \frac{1+u}{1-2u-u^2}\mathrm{d}u = -\frac{1}{2}\ln|1-2u-u^2| + c,$$

因此得到通解

$$X^2(u^2+2u-1) = \pm\mathrm{e}^{2c}.$$

变量还原并整理后得原方程的通解为

$$(y-2)^2 + 2(x-1)(y-2) - (x-1)^2 = C,$$

其中 C 为任意常数. 特别地, $C=0$ 时包含了特解

$$1 - 2\frac{y-2}{x-1} - \left(\frac{y-2}{x-1}\right)^2 = 0.$$

更一般的形式

● 形如

$$\frac{\mathrm{d}y}{\mathrm{d}x} = f\left(\frac{a_1x + b_1y + c_1}{a_2x + b_2y + c_2}\right)$$

的方程经过变量变换化成齐次方程

$$\frac{\mathrm{d}Y}{\mathrm{d}X} = f\left(\frac{a_1X + b_1Y}{a_2X + b_2Y}\right) = g\left(\frac{Y}{X}\right).$$

● 形如

$$\frac{\mathrm{d}y}{\mathrm{d}x} = f(ax + by + c)$$

的方程经过变量变换 $u = ax + by + c$ 化成变量分离方程

$$\frac{\mathrm{d}u}{\mathrm{d}x} = bf(u) + a.$$

● 形如

$$yf(xy)\mathrm{d}x + xg(xy)\mathrm{d}y = 0 \quad \Rightarrow \quad yf(xy) + xg(xy)\frac{\mathrm{d}y}{\mathrm{d}x} = 0$$

的方程经过变量变换 $u = xy$,

$$\frac{\mathrm{d}u}{\mathrm{d}x} = y + x\frac{\mathrm{d}y}{\mathrm{d}x} \quad \Rightarrow \quad x\frac{\mathrm{d}y}{\mathrm{d}x} = \frac{\mathrm{d}u}{\mathrm{d}x} - \frac{u}{x},$$

因此

$$\frac{u}{x}f(u) + g(u)\left(\frac{\mathrm{d}u}{\mathrm{d}x} - \frac{u}{x}\right) = 0,$$

这也是一个变量分离方程, 于是

$$\frac{\mathrm{d}u}{\mathrm{d}x} = \frac{1}{x}\frac{u(g(u) - f(u))}{g(u)}.$$

● 形如

$$x^2\frac{\mathrm{d}y}{\mathrm{d}x} = f(xy)$$

的方程经过变量变换 $u = xy$ 有

$$\frac{\mathrm{d}u}{\mathrm{d}x} = \frac{f(u) + u}{x},$$

也是一个变量分离方程.

● 形如

$$\frac{\mathrm{d}y}{\mathrm{d}x} = xf\left(\frac{y}{x^2}\right)$$

的方程经过变量变换

$$u = \frac{y}{x^2} \quad \Rightarrow \quad \frac{\mathrm{d}u}{\mathrm{d}x} = \frac{1}{x^2}\frac{\mathrm{d}y}{\mathrm{d}x} - 2\frac{u}{x},$$

因此也是一个变量分离方程:

$$x\frac{\mathrm{d}u}{\mathrm{d}x} = f(u) - 2u \quad \Rightarrow \quad \frac{\mathrm{d}u}{\mathrm{d}x} = \frac{f(u) - 2u}{x}.$$

齐次方程及其变化形式是初等方法求解微分方程的基础, 因此需要做大量的练习来掌握这种方法.

2.4 一阶线性微分方程

现在研究一阶线性微分方程

$$\frac{\mathrm{d}y}{\mathrm{d}x} = p(x)y + q(x), \tag{2.5}$$

这里 p, q 是定义在区间 $]a, b[$ 上的连续函数 (可能 $a = -\infty$, 或者 $b = +\infty$).

首先观察方程 (2.5) 的解的结构:

(1) 如果 y_1, y_2 是方程 (2.5) 的两个解, 则

$$\frac{\mathrm{d}y_1}{\mathrm{d}x} = p(x)y_1 + q(x),$$

$$\frac{\mathrm{d}y_2}{\mathrm{d}x} = p(x)y_2 + q(x)$$

$$\Longrightarrow \frac{\mathrm{d}(y_1 - y_2)}{\mathrm{d}x} = p(x)(y_1 - y_2).$$

因此 $y_1 - y_2$ 是下列齐次线性方程的解:

$$\frac{\mathrm{d}y}{\mathrm{d}x} = p(x)y. \tag{2.6}$$

(2) 另一方面, 如果 $\tilde{y}$ 是方程 (2.5) 的一个解, $\bar{y}$ 是方程 (2.6) 的一个解, 则

$$\frac{\mathrm{d}\tilde{y}}{\mathrm{d}x} = p(x)\tilde{y} + q(x),$$

$$\frac{\mathrm{d}\bar{y}}{\mathrm{d}x} = p(x)\bar{y}$$

$$\Longrightarrow \frac{\mathrm{d}(\tilde{y} + \bar{y})}{\mathrm{d}x} = p(x)(\tilde{y} + \bar{y}) + q(x).$$

因此 $\tilde{y} + \bar{y}$ 也是线性方程 (2.5) 的解.

定义: $S(p, q) = $ 方程 (2.5) 的所有解组成的集合.

$S(p) = $ 方程 (2.6) 的所有解组成的集合.

结论: $S(p, q) = \tilde{y} + S(p)$, 其中 $\tilde{y}$ 是方程 (2.5) 的某一个特解.

我们首先确定一阶齐次线性微分方程 (2.6) 的解集合 $S(p)$. 这是一个变量分离方程

$$\frac{\mathrm{d}y}{\mathrm{d}x} = p(x)y \implies \frac{\mathrm{d}y}{y} = p(x)\mathrm{d}x \quad (y \neq 0)$$

$$\implies \ln|y| = \int p(x)\mathrm{d}x + \tilde{c} \implies y = \pm \mathrm{e}^{\tilde{c}} \mathrm{e}^{\int p(x)\mathrm{d}x}.$$

因为 $y \equiv 0$ 也是方程 (2.6) 的解, 这样得到了方程 (2.6) 的通解

$$y = c\mathrm{e}^{\int p(x)\mathrm{d}x}, \quad c \in \mathbb{R}.$$

问题: 为了得到 (2.5) 的通解公式, 还需要求得一个特解!

现在介绍**常数变易法**, 这是解常微分方程的重要工具. 它首先由约翰·伯努利 (Johann Bernoulli) 提出, 然后由欧拉和拉格朗日 (Lagrange) 推广沿用至今. 该方法是求解微分方程的特殊技巧.

常数变易法: 将齐次方程通解中的常数 c "变易" 成一个待定函数, 即

$$y = c(x)\mathrm{e}^{\int p(x)\mathrm{d}x},$$

则

$$\frac{\mathrm{d}y}{\mathrm{d}x} = c'(x)\mathrm{e}^{\int p(x)\mathrm{d}x} + c(x)\mathrm{e}^{\int p(x)\mathrm{d}x} \left(\int p(x)\mathrm{d}x \right)'.$$

因此如果 y 是一个解, 则

$$\frac{\mathrm{d}y}{\mathrm{d}x} = p(x)y + q(x)$$

$$\Rightarrow \quad c'(x)\,\mathrm{e}^{\int p(x)\mathrm{d}x} + c(x)\,p(x)\,\mathrm{e}^{\int p(x)\mathrm{d}x} = p(x)\,c(x)\,\mathrm{e}^{\int p(x)\mathrm{d}x} + q(x)$$

$$\Rightarrow \quad c'(x)\,\mathrm{e}^{\int p(x)\mathrm{d}x} = q(x),$$

因此

$$c'(x) = q(x)\,\mathrm{e}^{-\int p(x)\mathrm{d}x}.$$

$$c(x) = \int q(x)\,\mathrm{e}^{-\int p(x)\mathrm{d}x}\mathrm{d}x + C.$$

由此得到方程 (2.5) 的通解

$$y = \left(\int q(x)\,\mathrm{e}^{-\int p(x)\mathrm{d}x}\mathrm{d}x + C \right) \mathrm{e}^{\int p(x)\mathrm{d}x}, \quad C \in \mathbb{R}.$$

这里 $\int p(x)\mathrm{d}x$ 是不定积分 ($p(x)$ 在区间 $]a, b[$ 上的原函数).

现在考虑一阶线性微分方程的柯西问题

$$\begin{cases} \dfrac{\mathrm{d}y}{\mathrm{d}x} = p(x)y + q(x), \\ y(x_0) = y_0, \end{cases} \tag{2.7}$$

这里 $x_0 \in]a, b[, y_0 \in \mathbb{R}$. 这里需要使用定积分, 首先

$$y = c\,\mathrm{e}^{\int_{x_0}^{x} p(\tau)\mathrm{d}\tau}$$

是齐次线性方程 (2.6) 的满足初值条件 $y(x_0) = c$ 的解. 由此得到方程 (2.5) 的定积分形式的通解

$$y = \left(\int_{x_0}^{x} q(s)\, \mathrm{e}^{-\int_{x_0}^{s} p(\tau)\mathrm{d}\tau} \mathrm{d}s + C \right) \mathrm{e}^{\int_{x_0}^{x} p(\tau)\mathrm{d}\tau}, \quad C \in \mathbb{R}.$$

因此得到柯西问题 (2.7) 的求解公式

$$y = y_0\, \mathrm{e}^{\int_{x_0}^{x} p(\tau)\mathrm{d}\tau} + \int_{x_0}^{x} q(s)\, \mathrm{e}^{\int_{s}^{x} p(\tau)\mathrm{d}\tau} \mathrm{d}s. \tag{2.8}$$

作为练习, 验证这是柯西问题 (2.7) 的解.

例 2.6. 用常数变易法求方程

$$(x+1)\frac{\mathrm{d}y}{\mathrm{d}x} - n\,y = \mathrm{e}^x (x+1)^{n+1} \tag{2.9}$$

的通解, 这里 n 为常数.

解: 将方程改写成

$$\frac{\mathrm{d}y}{\mathrm{d}x} = \frac{n}{x+1}\, y + \mathrm{e}^x (x+1)^n.$$

首先, 研究齐次方程

$$\frac{\mathrm{d}y}{\mathrm{d}x} = \frac{n}{x+1}\, y, \quad p(x) = \frac{n}{x+1},$$

其通解为

$$y = c\mathrm{e}^{\int p(x)\mathrm{d}x} = c(x+1)^n.$$

常数变易法: 将上述通解中的常数 c 改成一个待定函数, 令

$$y = c(x)(x+1)^n,$$

则

$$y' = c'(x)(x+1)^n + c(x)\, n\, (x+1)^{n-1},$$

因此如果 $y = c(x)(x+1)^n$ 是方程 (2.9) 的解, 则

$$c'(x)(x+1)^n + c(x)\, n\, (x+1)^{n-1} = \frac{n}{x+1}\, c(x)(x+1)^n + \mathrm{e}^x (x+1)^n.$$

因此

$$c'(x) = \mathrm{e}^x \;\Rightarrow\; c(x) = \mathrm{e}^x + C,$$

所以方程 (2.9) 的通解为

$$y = (\mathrm{e}^x + C)(x+1)^n, \quad C \in \mathbb{R}.$$

例 2.7. 求方程

$$\frac{\mathrm{d}y}{\mathrm{d}x} = \frac{y}{2x - y^2}$$

的通解.

解: 首先 $y = 0$ 是原方程的解, 但是原方程不是未知函数 y 的线性方程, 在 $y \neq 0$ 时, 将原方程改写成

$$\frac{\mathrm{d}x}{\mathrm{d}y} = \frac{2x - y^2}{y} \quad \Rightarrow \quad \frac{\mathrm{d}x}{\mathrm{d}y} = \frac{2}{y}x - y.$$

这是一个以 x 为未知函数, y 为自变量的线性方程. 其通解为

$$
\begin{aligned}
x &= \mathrm{e}^{\int p(y)\mathrm{d}y}\left(C + \int q(y)\mathrm{e}^{-\int p(y)\mathrm{d}y}\mathrm{d}y\right) \\
&= \mathrm{e}^{\int \frac{2}{y}\mathrm{d}y}\left(C + \int (-y)\mathrm{e}^{-\int \frac{2}{y}\mathrm{d}y}\mathrm{d}y\right) \\
&= y^2(C - \ln|y|),
\end{aligned}
$$

因此得到隐式通解

$$
\begin{cases}
x - y^2(C - \ln|y|) = 0, \quad C \in \mathbb{R}, \\
y = 0.
\end{cases}
$$

例 2.8. 求柯西问题

$$
\begin{cases}
\dfrac{\mathrm{d}y}{\mathrm{d}x} = \dfrac{3}{x}y + 4x^2 + 1, \\
y(1) = 1
\end{cases}
$$

的解.

解: 先求原方程的通解

$$
\begin{aligned}
y &= \mathrm{e}^{\int p(x)\mathrm{d}x}\left(C + \int q(x)\mathrm{e}^{-\int p(x)\mathrm{d}x}\mathrm{d}x\right) \\
&= \mathrm{e}^{\int \frac{3}{x}\mathrm{d}x}\left(C + \int (4x^2 + 1)\mathrm{e}^{-\int \frac{3}{x}\mathrm{d}x}\mathrm{d}x\right) \\
&= x^3\left(C + \int (4x^2 + 1)\frac{1}{x^3}\mathrm{d}x\right) \\
&= x^3\left(C + 4\ln x - \frac{1}{2x^2}\right) \\
&= Cx^3 + x^3\ln x^4 - \frac{x}{2}.
\end{aligned}
$$

现在验证初值条件:

$$y(1) = 1 \quad \Rightarrow \quad 1 = C \cdot 1^3 + 1^3\ln 1 - \frac{1}{2} = C - \frac{1}{2},$$

因此

$$C = \frac{3}{2}.$$

所以, 柯西问题的解为

$$y = \frac{3}{2}x^3 + x^3\ln x^4 - \frac{x}{2}.$$

注记: 这里计算原函数的时候仅考虑 $x > 0$ 的部分.

伯努利方程 形如

$$\frac{\mathrm{d}y}{\mathrm{d}x} = p(x)\,y + q(x)\,y^n, \quad n \neq 0, 1$$

的方程称为伯努利方程. 这里 $p(x), q(x)$ 为 x 的连续函数.

伯努利方程的解法:

- 引入变量变换 $z = y^{1-n}$, 原方程变为下面的关于 z 的线性方程:

$$\frac{\mathrm{d}z}{\mathrm{d}x} = (1-n)p(x)\,z + (1-n)q(x).$$

- 求以上线性方程的通解.
- 变量还原.

例 2.9. *求方程*

$$\frac{\mathrm{d}y}{\mathrm{d}x} = 6\frac{y}{x} - xy^2$$

的通解.

解: 这是伯努利方程, $n = 2$, 令 $z = y^{-1}$, 代入方程得

$$\frac{\mathrm{d}z}{\mathrm{d}x} = -\frac{6}{x}z + x.$$

上述线性方程的通解为

$$z = \mathrm{e}^{-\int \frac{6}{x}\mathrm{d}x}\left(C + \int x\,\mathrm{e}^{\int \frac{6}{x}\mathrm{d}x}\mathrm{d}x\right) = \frac{C}{x^6} + \frac{x^2}{8}.$$

变量还原得到原方程的通解

$$y^{-1} = \frac{C}{x^6} + \frac{x^2}{8}.$$

此外, $y \equiv 0$ 也是方程的一个解.

小结:

- 对于线性方程, 先求齐次线性方程的通解.
- 再利用常数变易法求非齐次方程的通解.
- 对于一些不是线性的方程, 比如伯努利方程, 使用变量变换将其变换成线性方程.
- 对于柯西问题, 还需要根据初值条件确定通解里的常数.

知识拓展: 求一阶线性微分方程 (2.5) 通解的积分因子方法.

(1) 求方程 $\dfrac{\mathrm{d}y}{\mathrm{d}x} = q(x)$ 的通解.

(2) 求方程 $\alpha(x)\dfrac{\mathrm{d}y}{\mathrm{d}x} + \alpha'(x)y = \alpha(x)q(x)$ 的通解, 其中 $\alpha(x) \neq 0$ 是定义在 $]a, b[$ 上的一阶连续可微函数.

$$\left(\text{使用莱布尼茨公式: } \alpha(x)\frac{\mathrm{d}y}{\mathrm{d}x} + \alpha'(x)y = \frac{\mathrm{d}(\alpha(x)y)}{\mathrm{d}x}.\right)$$

(3) 求方程 $\dfrac{\mathrm{d}y}{\mathrm{d}x} + cy = q(x)$ 的通解, 其中 c 是一个常数.

(提示: 利用 (2) 中的方法, 取 $\alpha(x) = e^{cx}$.)

(4) 令 $\alpha(x) = e^{-\int p(x)\mathrm{d}x}$, 证明: $\alpha'(x) = -p(x)\alpha(x)$.

(5) 利用 (2) 中的方法求方程: $\dfrac{\mathrm{d}y}{\mathrm{d}x} - p(x)y = q(x)$ 的通解.

建议读者作为习题按照上面的步骤给出详细的证明.

评注:

- 以后称在上述知识拓展 (2) 中的**因子** $\alpha(x)$ 为**积分因子**, 在下节中将其推广到一般情形.
- 这里的基本思路是想办法将 (5) 中的方程转换成形如 (1) 的可以简单地**通过积分直接求解**的方程.
- 这里的因子 $\alpha(x)$ 是需要认真寻找的一个 "人为添加" 的因子, 这和化学反应中的**催化剂**的作用一样.
- 这个方法在后续的其他问题中也有很多应用, 我们在本教程中还将会使用至少两次.

2.5　恰当方程和积分因子

现在研究另外一类一阶微分方程的初等解法. 将标准的一阶微分方程

$$\frac{\mathrm{d}y}{\mathrm{d}x} = f(x, y)$$

改写成

$$f(x, y)\mathrm{d}x - \mathrm{d}y = 0,$$

或者更一般的对称形式

$$M(x, y)\mathrm{d}x + N(x, y)\mathrm{d}y = 0.$$

这个对称形式的微分方程的优点是, 我们不特别地将 x, y 中哪一个作为自变量, 哪一个作为未知函数. 因此我们将仅仅关注求隐式解.

全微分和恰当方程

定义 2.2.

- 假设 $u(x, y)$ 是一个连续可微函数, 它的**全微分**定义为

$$\mathrm{d}u(x, y) = \frac{\partial u(x, y)}{\partial x}\mathrm{d}x + \frac{\partial u(x, y)}{\partial y}\mathrm{d}y.$$

- 微分方程 $(N(x, y) \neq 0)$

$$M(x, y)\mathrm{d}x + N(x, y)\mathrm{d}y = 0 \quad \Leftrightarrow \quad \frac{\mathrm{d}y}{\mathrm{d}x} = -\frac{M(x, y)}{N(x, y)} \tag{2.10}$$

称为**恰当方程**, 是指存在函数 $u(x, y)$ 使得

$$\mathrm{d}u(x, y) = M(x, y)\mathrm{d}x + N(x, y)\mathrm{d}y,$$

即

$$M(x,y) = \frac{\partial u(x,y)}{\partial x}, \quad N(x,y) = \frac{\partial u(x,y)}{\partial y}. \tag{2.11}$$

恰当方程的隐式通解为 $u(x,y) = c$.

我们还需要根据定义验证 $u(x,y) = c$ 是恰当方程 (2.10) 的隐式通解:

假设由隐函数 $u(x,y) = c$ 可以导出显函数 $y = \varphi(x,c)$, 即

$$u(x,y) = c \quad \Leftrightarrow \quad y = \varphi(x,c) \quad \Leftrightarrow \quad u(x,\varphi(x,c)) = c, \tag{2.12}$$

能够如此做的一个充分条件是

$$\frac{\partial u(x,y)}{\partial y} \neq 0.$$

我们需要证明 $y = \varphi(x,c)$ 是微分方程 (2.10) 的解, 即

$$\frac{\mathrm{d}\varphi(x,c)}{\mathrm{d}x} = -\frac{M(x,\varphi(x,c))}{N(x,\varphi(x,c))}.$$

事实上对 (2.12) 的最后一个等式微分有

$$0 = \frac{\mathrm{d}}{\mathrm{d}x} u(x,\varphi(x,c)) = u_x(x,\varphi(x,c)) + u_y(x,\varphi(x,c)) \frac{\mathrm{d}\varphi(x,c)}{\mathrm{d}x}.$$

因此, 利用 (2.11) 式, 有

$$\frac{\mathrm{d}\varphi(x,c)}{\mathrm{d}x} = -\frac{u_x(x,\varphi(x,c))}{u_y(x,\varphi(x,c))} = -\frac{M(x,\varphi(x,c))}{N(x,\varphi(x,c))}.$$

恰当方程的充要条件

定理 2.3. 假设函数 $M(x,y), N(x,y)$ 定义在 $\mathbb{R}^2$ 的一个矩形开区域 D 上, 而且有一阶连续偏微分. 则微分方程

$$M(x,y)\mathrm{d}x + N(x,y)\mathrm{d}y = 0 \tag{2.13}$$

是恰当方程的充要条件是

$$\frac{\partial M(x,y)}{\partial y} = \frac{\partial N(x,y)}{\partial x}, \quad \forall (x,y) \in D.$$

证明: 必要性:

假设微分方程 (2.13) 是恰当方程, 即: 存在函数 $u(x,y)$ 使得

$$M(x,y) = \frac{\partial u(x,y)}{\partial x}, \quad N(x,y) = \frac{\partial u(x,y)}{\partial y}.$$

从而

$$\frac{\partial M(x,y)}{\partial y} = \frac{\partial^2 u(x,y)}{\partial y \partial x}, \quad \frac{\partial N(x,y)}{\partial x} = \frac{\partial^2 u(x,y)}{\partial x \partial y}.$$

由于 $u(x,y)$ 的二阶偏微分是连续的, 因此

$$\frac{\partial^2 u(x,y)}{\partial y \partial x} = \frac{\partial^2 u(x,y)}{\partial x \partial y},$$

这就证明了

$$\frac{\partial M(x,y)}{\partial y} = \frac{\partial N(x,y)}{\partial x}, \quad \forall (x,y) \in D.$$

充分性:

现在假设

$$\frac{\partial M(x,y)}{\partial y} = \frac{\partial N(x,y)}{\partial x}, \quad \forall (x,y) \in D.$$

则需要构造一个定义在矩形开区域 D 上的函数 $u(x,y)$ 使得

$$\mathrm{d}u(x,y) = M(x,y)\mathrm{d}x + N(x,y)\mathrm{d}y,$$

即

$$M(x,y) = \frac{\partial u(x,y)}{\partial x}, \quad N(x,y) = \frac{\partial u(x,y)}{\partial y}.$$

假设 $(x_0, y_0) \in D$, 首先有

$$u(x,y) = \int_{x_0}^{x} M(t,y)\mathrm{d}t + \varphi(y),$$

这里 $\varphi(y)$ 是 y 的待定可微函数.

$$\frac{\partial u(x,y)}{\partial y} = \int_{x_0}^{x} \frac{\partial M(t,y)}{\partial y}\mathrm{d}t + \varphi'(y) = N(x,y).$$

利用充分条件

$$\int_{x_0}^{x} \frac{\partial M(t,y)}{\partial y}\mathrm{d}t + \varphi'(y) = \int_{x_0}^{x} \frac{\partial N(t,y)}{\partial t}\mathrm{d}t + \varphi'(y)$$

$$= N(x,y) - N(x_0,y) + \varphi'(y)$$

$$= N(x,y),$$

因此

$$\varphi'(y) = N(x_0,y), \quad \Rightarrow \quad \varphi(y) = \int_{y_0}^{y} N(x_0,s)\mathrm{d}s + C.$$

恰当方程的求解公式   最后得到

$$u(x,y) = \int_{x_0}^{x} M(t,y)\mathrm{d}t + \int_{y_0}^{y} N(x_0,s)\mathrm{d}s + C. \tag{2.14}$$

这也同时得到了一个恰当方程的求解公式 (隐式解). 事实上

$$\frac{\partial u(x,y)}{\partial x} = M(x,y),$$

以及

$$
\begin{aligned}
\frac{\partial u(x,y)}{\partial y} &= \int_{x_0}^{x} \frac{\partial M(t,y)}{\partial y}\mathrm{d}t + N(x_0,y) \\
&= \int_{x_0}^{x} \frac{\partial N(t,y)}{\partial t}\mathrm{d}t + N(x_0,y) \\
&= \big(N(x,y) - N(x_0,y)\big) + N(x_0,y) \\
&= N(x,y).
\end{aligned}
$$

用同样的方法可考虑

$$
u(x,y) = \int_{y_0}^{y} N(x,s)\mathrm{d}s + \psi(x),
$$

这里 $\psi(x)$ 是 x 的待定可微函数.

$$
\frac{\partial u(x,y)}{\partial x} = \int_{y_0}^{y} \frac{\partial N(x,s)}{\partial x}\mathrm{d}s + \psi'(x) = M(x,y).
$$

因此

$$
\psi'(x) = M(x,y_0), \quad \Rightarrow \quad \psi(x) = \int_{x_0}^{x} M(t,y_0)\mathrm{d}t + C.
$$

最后得到另外一个恰当方程的求解公式

$$
u(x,y) = \int_{x_0}^{x} M(t,y_0)\mathrm{d}t + \int_{y_0}^{y} N(x,s)\mathrm{d}s + C. \tag{2.15}
$$

公式 (2.14) 和 (2.15) 都是恰当方程的求解公式, 在实际应用中究竟使用哪一个以及如何选取 (x_0,y_0) 都需要根据情况灵活选取.

小结: 如果

$$
\frac{\partial M(x,y)}{\partial y} = \frac{\partial N(x,y)}{\partial x}, \quad \forall (x,y) \in D,
$$

则微分方程

$$
M(x,y)\mathrm{d}x + N(x,y)\mathrm{d}y = 0 \tag{2.16}
$$

是恰当方程. 下面是求其全微分 (隐式通解) 的公式:

$$
u(x,y) = \int_{x_0}^{x} M(t,y)\mathrm{d}t + \int_{y_0}^{y} N(x_0,s)\mathrm{d}s + C,
$$
$$
u(x,y) = \int_{x_0}^{x} M(t,y_0)\mathrm{d}t + \int_{y_0}^{y} N(x,s)\mathrm{d}s + C.
$$

例 2.10. *求解方程*

$$
(y\cos x + 2x\,\mathrm{e}^y)\mathrm{d}x + (\sin x + x^2\,\mathrm{e}^y + 2)\mathrm{d}y = 0.
$$

解: 现在

$$
M(x,y) = y\cos x + 2x\,\mathrm{e}^y, \quad N(x,y) = \sin x + x^2\,\mathrm{e}^y + 2,
$$

以及

$$\frac{\partial M(x,y)}{\partial y} = \cos x + 2x\,\mathrm{e}^y = \frac{\partial N(x,y)}{\partial x},$$

因此这是一个恰当方程.

选取 $(x_0, y_0) = (0,0)$. 使用公式 (2.14),

$$\begin{aligned} u(x,y) &= \int_0^x M(t,y)\mathrm{d}t + \int_0^y N(0,s)\mathrm{d}s \\ &= \int_0^x (y\cos t + 2t\,\mathrm{e}^y)\mathrm{d}t + \int_0^y 2\mathrm{d}s \\ &= y\sin x + x^2\mathrm{e}^y + 2y. \end{aligned}$$

因此一个隐式通解为

$$y\sin x + x^2\mathrm{e}^y + 2y = c, \quad c \in \mathbb{R}.$$

使用公式 (2.15),

$$\begin{aligned} u(x,y) &= \int_0^x M(t,0)\mathrm{d}t + \int_0^y N(x,s)\mathrm{d}s \\ &= \int_0^x 2t\,\mathrm{d}t + \int_0^y (\sin x + x^2\,\mathrm{e}^s + 2)\mathrm{d}s \\ &= x^2 + y\sin x + x^2(\mathrm{e}^y - 1) + 2y \\ &= y\sin x + x^2\mathrm{e}^y + 2y. \end{aligned}$$

得到同样的隐式通解

$$y\sin x + x^2\mathrm{e}^y + 2y = c, \quad c \in \mathbb{R}.$$

需要熟记的公式

下面的简单公式需要熟记:

$$y\mathrm{d}x + x\mathrm{d}y = \mathrm{d}(x\,y);$$
$$\frac{y\mathrm{d}x - x\mathrm{d}y}{y^2} = \mathrm{d}\left(\frac{x}{y}\right);$$
$$\frac{-y\mathrm{d}x + x\mathrm{d}y}{x^2} = \mathrm{d}\left(\frac{y}{x}\right);$$
$$f(x)\mathrm{d}x + g(y)\mathrm{d}y = \mathrm{d}(F(x) + G(y)),$$

这里

$$F'(x) = f(x), \quad G'(y) = g(y);$$
$$\frac{y\mathrm{d}x - x\mathrm{d}y}{xy} = \mathrm{d}\left(\ln\left|\frac{x}{y}\right|\right);$$
$$\frac{-y\mathrm{d}x + x\mathrm{d}y}{x^2 + y^2} = \mathrm{d}\left(\arctan\frac{y}{x}\right);$$

$$\frac{y\mathrm{d}x - x\mathrm{d}y}{x^2 - y^2} = \frac{1}{2}\mathrm{d}\left(\ln\left|\frac{x-y}{x+y}\right|\right);$$

以及一些简单的变形:

$$f'(x)g(y)\mathrm{d}x + f(x)g'(y)\mathrm{d}y = \mathrm{d}(f(x)\,g(y)).$$

分组凑微法

采用 "分项组合" 的方法, 把本身已构成全微分的 "项" 分出来, 再把 "其余的项" 凑成全微分.

例 2.11. *求解方程*

$$(3x^2 + 6xy^2)\mathrm{d}x + (6x^2y + 4y^3)\mathrm{d}y = 0.$$

解: 现在

$$M(x,y) = 3x^2 + 6xy^2, \quad N(x,y) = 6x^2y + 4y^3,$$

以及

$$\frac{\partial M(x,y)}{\partial y} = 12xy = \frac{\partial N(x,y)}{\partial x},$$

因此这是一个恰当方程, 使用分组凑微法求全微分:

$$3x^2\mathrm{d}x + 4y^3\mathrm{d}y + (6xy^2\mathrm{d}x + 6x^2y\mathrm{d}y) = 0$$
$$\Rightarrow \quad \mathrm{d}x^3 + \mathrm{d}y^4 + (3(x^2)'y^2\mathrm{d}x + 3x^2(y^2)'\mathrm{d}y) = 0$$
$$\Rightarrow \quad \mathrm{d}(x^3 + y^4 + 3x^2y^2) = 0,$$

得到一个通解

$$x^3 + y^4 + 3x^2y^2 = c, \quad c \in \mathbb{R}.$$

例 2.12. *求解方程*

$$\left(\cos x + \frac{1}{y}\right)\mathrm{d}x + \left(\frac{1}{y} - \frac{x}{y^2}\right)\mathrm{d}y = 0.$$

解: 现在

$$M(x,y) = \cos x + \frac{1}{y}, \quad N(x,y) = \frac{1}{y} - \frac{x}{y^2},$$

以及

$$\frac{\partial M(x,y)}{\partial y} = -\frac{1}{y^2} = \frac{\partial N(x,y)}{\partial x},$$

因此这是一个恰当方程, 使用分组凑微法求全微分:

$$\cos x\mathrm{d}x + \frac{1}{y}\mathrm{d}y + \frac{y\mathrm{d}x - x\mathrm{d}y}{y^2} = 0$$
$$\Rightarrow \quad \mathrm{d}\sin x + \mathrm{d}\ln|y| + \mathrm{d}\left(\frac{x}{y}\right) = 0$$

$$\Rightarrow \quad \mathrm{d}\left(\sin x + \ln|y| + \frac{x}{y}\right) = 0,$$

得到一个通解

$$\sin x + \ln|y| + \frac{x}{y} = c, \quad c \in \mathbb{R}.$$

积分因子

现在回到对称型的微分方程

$$M(x,y)\mathrm{d}x + N(x,y)\mathrm{d}y = 0, \tag{2.17}$$

假设它不是恰当方程, 将它改写成标准的微分方程形式

$$\frac{\mathrm{d}y}{\mathrm{d}x} = -\frac{M(x,y)}{N(x,y)}, \tag{2.18}$$

则对于任意的连续可微函数 $\mu(x,y) \neq 0$, 方程 (2.18) 等价于

$$\frac{\mathrm{d}y}{\mathrm{d}x} = -\frac{\mu(x,y)M(x,y)}{\mu(x,y)N(x,y)}.$$

因此, 求解方程 (2.17) 等价于求解方程

$$(\mu(x,y)M(x,y))\mathrm{d}x + (\mu(x,y)N(x,y))\mathrm{d}y = 0.$$

定义 2.3. *如果存在连续可微函数 $\mu(x,y) \neq 0$, 使得*

$$(\mu(x,y)M(x,y))\mathrm{d}x + (\mu(x,y)N(x,y))\mathrm{d}y = 0 \tag{2.19}$$

是一个恰当方程, 则称 $\mu(x,y)$ 为方程 (2.17) 的积分因子.

因此求非恰当方程的积分因子是微分方程初等解法的一个非常重要的方法.

例 2.13. $\qquad\qquad\qquad -f(x)g(y)\mathrm{d}x + \mathrm{d}y = 0.$

解: 上述变量分离方程不是恰当方程, 方程两边同乘 $\dfrac{1}{g(y)}$,

$$-f(x)\mathrm{d}x + \frac{1}{g(y)}\mathrm{d}y = 0$$

是恰当方程, 因此 $\dfrac{1}{g(y)}$ 是积分因子.

例 2.14. $\qquad\qquad\qquad \mathrm{d}y - (p(x)y + q(x))\mathrm{d}x = 0.$

解: 上述一阶线性方程不是恰当方程, 方程两边同乘

$$\mathrm{e}^{-\int p(x)\mathrm{d}x},$$

得

$$\mathrm{e}^{-\int p(x)\mathrm{d}x}\mathrm{d}y - \mathrm{e}^{-\int p(x)\mathrm{d}x}(p(x)y + q(x))\mathrm{d}x = 0,$$

即

$$\mathrm{d}\left(y\,\mathrm{e}^{-\int p(x)\mathrm{d}x} - \int q(x)\,\mathrm{e}^{-\int p(x)\mathrm{d}x}\mathrm{d}x\right) = 0$$

是恰当方程. 因此 $\mathrm{e}^{-\int p(x)\mathrm{d}x}$ 是积分因子.

例 2.15. *求方程*

$$(3y + 4xy^2)\mathrm{d}x + (2x + 3x^2y)\mathrm{d}y = 0$$

的通解.

解: 现在

$$M(x,y) = 3y + 4xy^2, \quad N(x,y) = 2x + 3x^2y,$$

不是恰当方程, 因为

$$\frac{\partial M(x,y)}{\partial y} = 3 + 8xy \neq 2 + 6xy = \frac{\partial N(x,y)}{\partial x}.$$

令

$$\mu(x,y) = x^2y,$$

则

$$\frac{\partial(\mu(x,y)M(x,y))}{\partial y} = 6x^2y + 12x^3y^2 = \frac{\partial(\mu(x,y)N(x,y))}{\partial x},$$

从而

$$(3x^2y^2 + 4x^3y^3)\mathrm{d}x + (2x^3y + 3x^4y^2)\mathrm{d}y = 0$$

是一个恰当方程. 因此 $\mu(x,y) = x^2y$ 是一个积分因子. 将以上方程重新 "分项组合" 得

$$(3x^2y^2\mathrm{d}x + 2x^3y\mathrm{d}y) + (4x^3y^3\mathrm{d}x + 3x^4y^2\mathrm{d}y) = 0,$$

即

$$\mathrm{d}(x^3y^2 + x^4y^3) = 0,$$

得到通解

$$x^3y^2 + x^4y^3 = c, \quad c \in \mathbb{R}.$$

积分因子的存在性: $\mu(x,y)$ 是微分方程

$$M(x,y)\mathrm{d}x + N(x,y)\mathrm{d}y = 0$$

的一个积分因子的充要条件是

$$\frac{\partial(\mu(x,y)M(x,y))}{\partial y} = \frac{\partial(\mu(x,y)N(x,y))}{\partial x},$$

即

$$N\frac{\partial \mu}{\partial x} - M\frac{\partial \mu}{\partial y} = \left(\frac{\partial M}{\partial y} - \frac{\partial N}{\partial x}\right)\mu. \tag{2.20}$$

这是一个以 $\mu(x,y)$ 为未知函数的一阶偏微分方程. 一般来说求解关于 $\mu(x,y)$ 的偏微分方程比求解上面的常微分方程更加困难. 尽管如此, 这个偏微分方程还是提供了寻找特殊形式积分因子的途径.

仅依赖于 x 的积分因子   如果存在仅依赖于 x 的积分因子, 则

$$\frac{\partial \mu}{\partial y} = 0,$$

因此, 偏微分方程 (2.20) 成为常微分方程

$$N\frac{\mathrm{d}\mu}{\mathrm{d}x} = \left(\frac{\partial M}{\partial y} - \frac{\partial N}{\partial x}\right)\mu,$$

即

$$\frac{\mathrm{d}\mu}{\mu} = \frac{\dfrac{\partial M}{\partial y} - \dfrac{\partial N}{\partial x}}{N}\mathrm{d}x,$$

上式的左边仅与 x 有关, 因此右边也只能是 x 的函数.

因此, 微分方程

$$M(x,y)\mathrm{d}x + N(x,y)\mathrm{d}y = 0$$

存在仅依赖于 x 的积分因子的充要条件是

$$\frac{\dfrac{\partial M}{\partial y} - \dfrac{\partial N}{\partial x}}{N} = \psi(x)$$

仅仅是 x 的函数, 而与 y 无关. 求解微分方程即

$$\frac{\mathrm{d}\mu}{\mu} = \psi(x)\mathrm{d}x, \quad \Rightarrow \quad \mu(x) = \mathrm{e}^{\int \psi(x)\mathrm{d}x}.$$

因此 $\mu(x)$ 是一个积分因子.

仅依赖于 x 的积分因子的存在性

这样我们就证明了下面的定理.

定理 2.4. *微分方程*

$$M(x,y)\mathrm{d}x + N(x,y)\mathrm{d}y = 0 \tag{2.21}$$

有一个仅依赖于 x 的积分因子的充要条件是

$$\frac{\dfrac{\partial M}{\partial y} - \dfrac{\partial N}{\partial x}}{N} = \psi(x)$$

仅仅是 x 的函数, 而与 y 无关. 这时方程 (2.21) 的积分因子为

$$\mu(x) = \mathrm{e}^{\int \psi(x)\mathrm{d}x}.$$

同理, 微分方程 (2.21) 有一个仅依赖于 y 的积分因子的充要条件是

$$\frac{\dfrac{\partial M}{\partial y} - \dfrac{\partial N}{\partial x}}{-M} = \varphi(y)$$

仅仅是 y 的函数, 而与 x 无关. 这时方程 (2.21) 的积分因子为

$$\mu(y) = \mathrm{e}^{\int \varphi(y)\mathrm{d}y}.$$

因此, 求特殊的依赖于一个变量的积分因子的方法是计算

$$\frac{\dfrac{\partial M}{\partial y} - \dfrac{\partial N}{\partial x}}{N}$$

是否仅仅是 x 的函数, 或者

$$\frac{\dfrac{\partial M}{\partial y} - \dfrac{\partial N}{\partial x}}{-M}$$

是否仅仅是 y 的函数.

例 2.16. 求微分方程

$$\left(\frac{y^2}{2} + 2y\mathrm{e}^x\right)\mathrm{d}x + (y + \mathrm{e}^x)\mathrm{d}y = 0$$

的通解.

解: 现在

$$M(x,y) = \frac{y^2}{2} + 2y\mathrm{e}^x, \quad N(x,y) = y + \mathrm{e}^x.$$

由于

$$\frac{\partial M}{\partial y} = y + 2\mathrm{e}^x \neq \mathrm{e}^x = \frac{\partial N}{\partial x},$$

它不是恰当方程, 但是

$$\frac{\dfrac{\partial M}{\partial y} - \dfrac{\partial N}{\partial x}}{N} = \frac{y + \mathrm{e}^x}{y + \mathrm{e}^x} = 1 = \psi(x)$$

仅仅是 x 的函数. 因此

$$\mu(x) = \mathrm{e}^{\int \psi(x)\mathrm{d}x} = \mathrm{e}^x$$

是一个积分因子. 对方程两边同乘 $\mu(x) = \mathrm{e}^x$ 得

$$\left(\frac{y^2}{2}\mathrm{e}^x + 2y\mathrm{e}^{2x}\right)\mathrm{d}x + (y\mathrm{e}^x + \mathrm{e}^{2x})\mathrm{d}y = 0,$$

利用恰当方程求解法得通解为

$$\frac{y^2}{2}\mathrm{e}^x + y\mathrm{e}^{2x} = c, \quad c \in \mathbb{R}.$$

积分因子是求解微分方程的一个极为重要的方法, 一阶微分方程的求解都可以通过寻找一个合适的积分因子来解决, 但求微分方程的积分因子十分困难, 需要灵活运用各种微分法的技巧和经验. 下面通过例子说明一些简单积分因子的求法.

例 2.17. 求解微分方程

$$\frac{\mathrm{d}y}{\mathrm{d}x} = -\frac{x}{y} + \sqrt{1 + \left(\frac{x}{y}\right)^2} \quad (y > 0).$$

解: 方程改写为

$$x\mathrm{d}x + y\mathrm{d}y = \sqrt{x^2 + y^2}\,\mathrm{d}x,$$
$$\frac{1}{2}\mathrm{d}(x^2 + y^2) = \sqrt{x^2 + y^2}\,\mathrm{d}x.$$

易看出, 此方程有积分因子

$$\mu(x,y) = \frac{1}{\sqrt{x^2 + y^2}}.$$

以 $\mu(x,y)$ 乘改写后的微分方程两边得

$$\frac{\mathrm{d}(x^2 + y^2)}{2\sqrt{x^2 + y^2}} = \mathrm{d}x,$$

即

$$\mathrm{d}\sqrt{x^2 + y^2} = \mathrm{d}x,$$

故方程的通解为

$$\sqrt{x^2 + y^2} = x + c, \quad c \in \mathbb{R}.$$

例 2.18. 求解微分方程

$$y\mathrm{d}x + (y - x)\mathrm{d}y = 0.$$

解: 现在

$$M(x,y) = y, \quad N(x,y) = y - x,$$

由于

$$\frac{\partial M}{\partial y} = 1 \neq -1 = \frac{\partial N}{\partial x},$$

它不是恰当方程.

现在以这个方程为例使用几种方法求积分因子.

方法 1 因为

$$\frac{\dfrac{\partial M}{\partial y} - \dfrac{\partial N}{\partial x}}{-M} = -\frac{2}{y} = \varphi(y)$$

仅仅是 y 的函数, 所以方程有一个仅依赖于 y 的积分因子

$$\mu(y) = \mathrm{e}^{-\int \frac{2}{y}\mathrm{d}y} = \frac{1}{y^2},$$

以 $\mu = \dfrac{1}{y^2}$ 乘方程两边得

$$\frac{1}{y}\mathrm{d}x + \frac{1}{y}\mathrm{d}y - \frac{x}{y^2}\mathrm{d}y = 0,$$

即

$$\frac{y\mathrm{d}x - x\mathrm{d}y}{y^2} + \frac{\mathrm{d}y}{y} = 0.$$

方程的通解为

$$\frac{x}{y} + \ln|y| = c, \quad c \in \mathbb{R}.$$

方法 2 将方程改写成

$$y\mathrm{d}x - x\mathrm{d}y = -y\mathrm{d}y.$$

容易看出方程的左边有下列形式的积分因子:

$$\frac{1}{y^2}, \quad \frac{1}{x^2}, \quad \frac{1}{xy}, \quad \frac{1}{x^2+y^2},$$

但是方程的右边仅仅与 y 有关, 因此取 $\mu = \dfrac{1}{y^2}$ 为方程的积分因子, 由此得

$$\frac{y\mathrm{d}x - x\mathrm{d}y}{y^2} = -\frac{\mathrm{d}y}{y},$$

方程的通解为

$$\frac{x}{y} = -\ln|y| + c, \quad c \in \mathbb{R}.$$

方法 3 将方程改写成

$$\frac{\mathrm{d}y}{\mathrm{d}x} = \frac{y}{x-y} = \frac{\dfrac{y}{x}}{1-\dfrac{y}{x}},$$

这是齐次方程, 令 $u = \dfrac{y}{x}$ 代入方程得

$$x\frac{\mathrm{d}u}{\mathrm{d}x} + u = \frac{u}{1-u},$$

即

$$\frac{1-u}{u^2}\mathrm{d}u = \frac{1}{x}\mathrm{d}x,$$

这个方程的通解为

$$-\frac{1}{u} - \ln|u| = \ln|x| + c,$$

变量还原得原方程的通解为

$$\frac{x}{y} + \ln|y| = c, \quad c \in \mathbb{R}.$$

方法 4 将方程改写成

$$\frac{\mathrm{d}x}{\mathrm{d}y} = \frac{1}{y}x - 1,$$

它是以 x 为未知函数, y 为自变量的一阶线性微分方程,

$$p(y) = \frac{1}{y}, \quad q(y) = -1.$$

这个线性方程的通解为

$$
\begin{aligned}
x &= \mathrm{e}^{\int p(y)\mathrm{d}y}\left(c + \int q(y)\mathrm{e}^{-\int p(y)\mathrm{d}y}\mathrm{d}y\right) \\
&= \mathrm{e}^{\int \frac{1}{y}\mathrm{d}y}\left(c - \int \mathrm{e}^{-\int \frac{1}{y}\mathrm{d}y}\mathrm{d}y\right) \\
&= y\left(c - \int \frac{1}{y}\mathrm{d}y\right) = y(c - \ln|y|).
\end{aligned}
$$

因此方程的通解为

$$\frac{x}{y} = -\ln|y| + c, \quad c \in \mathbb{R}.$$

2.6   一阶隐式方程与参数表示

一阶隐式方程

现在研究一阶隐式方程 (y' 未能解出或者相当复杂)

$$F(x, y, y') = 0.$$

我们采用引进参数的方法使其变换成为导数已经解出的方程类型.

主要研究以下四种类型:

$$y = f(x, y'), \tag{2.22}$$

$$x = f(y, y'), \tag{2.23}$$

$$F(x, y') = 0, \tag{2.24}$$

$$F(y, y') = 0. \tag{2.25}$$

参数形式解

定义 2.4. 对于微分方程

$$F(x, y, y') = 0,$$

如果连续可微参数函数

$$\begin{cases} x = \varphi(t), \\ y = \psi(t), \end{cases} \quad t \in]a, b[$$

满足

$$F\left(\varphi(t), \psi(t), \frac{\psi'(t)}{\varphi'(t)}\right) = 0, \quad t \in]a, b[,$$

则称其为微分方程的参数形式解.

事实上, 参数函数

$$\begin{cases} x = \varphi(t), \\ y = \psi(t), \end{cases} \quad t \in]a, b[$$

定义平面 $\mathbb{R}^2$ 上的一条曲线. 而显式解、隐式解则是平面曲线的另外一种表达形式.

同样可定义微分方程的参数形式通解为

$$\begin{cases} x = \varphi(t, c), \\ y = \psi(t, c), \end{cases} \quad t \in]a, b[.$$

可以解出 y 的方程   现在研究形如

$$y = f(x, y')$$

的方程的解法. 这里假设 $f(x, y')$ 有连续的偏导数.

• 引入参数 $p = y'$, 则

$$y = f(x, p).$$

• 对上述方程关于 x 求导, 并且以 $\dfrac{\mathrm{d}y}{\mathrm{d}x} = p$ 代入, 得

$$p = \frac{\partial f}{\partial x} + \frac{\partial f}{\partial p}\frac{\mathrm{d}p}{\mathrm{d}x}.$$

这是关于变量 x, p 的一阶微分方程, 其对称形式为

$$\frac{\partial f(x, p)}{\partial p}\mathrm{d}p + \left(\frac{\partial f(x, p)}{\partial x} - p\right)\mathrm{d}x = 0. \tag{2.26}$$

(1) 如果求得方程 (2.26) 的通解形式为

$$p = \varphi(x, c),$$

则得到原方程的通解

$$y = f(x, \varphi(x, c)).$$

(2) 如果求得方程 (2.26) 的通解形式为

$$x = \psi(p, c),$$

则原方程有参数形式的通解

$$\begin{cases} x = \psi(p, c), \\ y = f(\psi(p, c), p), \end{cases} \quad 参变量为 \ p.$$

(3) 如果求得方程 (2.26) 的通解形式为

$$\Phi(x, p, c) = 0,$$

则原方程有参数形式的通解

$$\begin{cases} \Phi(x, p, c) = 0, \\ y = f(x, p), \end{cases} \quad 参变量为 \ p.$$

这里在最后的表达式中, p 只能够作为参变量.

例 2.19. *求解方程*

$$y = \left(\frac{\mathrm{d}y}{\mathrm{d}x}\right)^2 - x\frac{\mathrm{d}y}{\mathrm{d}x} + \frac{x^2}{2}.$$

解: 令 $p = y'$, 则

$$y = p^2 - xp + \frac{x^2}{2}.$$

两边对 x 求导得

$$p = 2pp' - xp' - p + x,$$

整理化简后得方程

$$(p' - 1)(2p - x) = 0.$$

首先从

$$p' - 1 = 0$$

出发得其通解为 $p = x + c$, 则得到原方程的通解

$$y = c^2 + cx + \frac{x^2}{2}, \quad c \in \mathbb{R}.$$

从

$$2p - x = 0$$

出发得到一个解: $p = \dfrac{x}{2}$, 代入原方程得到一个特解

$$y = \frac{x^2}{4}.$$

可以解出 x 的方程 现在研究形如

$$x = f(y, y')$$

的方程的解法. 这里假设 $f(y, y')$ 有连续的偏导数.

• 引入参数 $p = y'$, 则

$$x = f(y, p).$$

• 对上述方程关于 y 求导, 并且以 $\dfrac{\mathrm{d}x}{\mathrm{d}y} = \dfrac{1}{p}$ 代入, 得

$$\frac{1}{p} = \frac{\partial f}{\partial y} + \frac{\partial f}{\partial p}\frac{\mathrm{d}p}{\mathrm{d}y}.$$

这是关于变量 y, p 的一阶微分方程, 其对称形式为

$$\frac{\partial f(y,p)}{\partial p}\,\mathrm{d}p + \left(\frac{\partial f(y,p)}{\partial y} - \frac{1}{p}\right)\mathrm{d}y = 0. \tag{2.27}$$

若求得方程 (2.27) 的通解形式为

$$\varPhi(y, p, c) = 0,$$

则原方程的参数形式的通解为

$$\begin{cases} x = f(y, p), \\ \varPhi(y, p, c) = 0, \end{cases} \quad \text{参变量为 } p.$$

这里 p 作为参变量, 而不要将其当作 $p = y'$.

例 2.20. *求解方程*

$$\left(\frac{\mathrm{d}y}{\mathrm{d}x}\right)^3 - x\frac{\mathrm{d}y}{\mathrm{d}x} - y = 0.$$

解: 方法 1 将 x 解出, 得到方程

$$x = -\frac{y - (y')^3}{y'}.$$

令 $p = y'$, 则

$$x = -\frac{y - p^3}{p} \quad (p \neq 0).$$

两边对 y 求导, 并且以 $\dfrac{\mathrm{d}x}{\mathrm{d}y} = \dfrac{1}{p}$ 代入, 得

$$\frac{1}{p} = -\frac{1 - 3p^2 p'}{p} + \frac{(y - p^3)p'}{p^2},$$

整理化简后得方程

$$2p\,\mathrm{d}y - (y + 2p^3)\mathrm{d}p = 0.$$

因为

$$\frac{\dfrac{\partial(2p)}{\partial p} - \dfrac{\partial(-y - 2p^3)}{\partial y}}{-2p} = -\frac{3}{2p}$$

仅仅是 p 的函数, 因此有积分因子

$$\mu(p) = \mathrm{e}^{\int \left(-\frac{3}{2p}\right)\mathrm{d}p} = p^{-3/2},$$

由此得到

$$2p^{-1/2}\mathrm{d}y - \left(yp^{-3/2} + 2p^{3/2}\right)\mathrm{d}p = 0,$$

解以上微分方程得到通解

$$yp^{-1/2} - \frac{2}{5}p^{5/2} = c,$$

即

$$y = cp^{1/2} + \frac{2}{5}p^3.$$

从而得到原方程参数形式的通解

$$(1) \quad \begin{cases} x = -\dfrac{cp^{1/2} + \dfrac{2}{5}p^3 - p^3}{p} = -cp^{-1/2} + \dfrac{3}{5}p^2, \\[3mm] y = cp^{1/2} + \dfrac{2}{5}p^3, \end{cases} \quad \text{参变量为 } p.$$

此外还有一个特解 $y = 0$.

方法 2   这个题目也可以使用例 2.19 的方法求解. 将 y 解出, 得到方程

$$y = (y')^3 - xy'.$$

令 $q = y'$, 则

$$y = q^3 - xq,$$

两边对 x 求导, 得

$$q = 3q^2\frac{\mathrm{d}q}{\mathrm{d}x} - q - x\frac{\mathrm{d}q}{\mathrm{d}x},$$

$$2q\mathrm{d}x + (x - 3q^2)\mathrm{d}q = 0.$$

因为

$$\frac{\dfrac{\partial(2q)}{\partial q} - \dfrac{\partial(x - 3q^2)}{\partial x}}{-2q} = -\frac{1}{2q}$$

仅仅是 q 的函数, 所以有积分因子

$$\mu(q) = \mathrm{e}^{\int \left(-\frac{1}{2q}\right)\mathrm{d}q} = \frac{1}{\sqrt{q}},$$

由此得到

$$2\sqrt{q}\mathrm{d}x + \left(\frac{x}{\sqrt{q}} - 3q^{3/2}\right)\mathrm{d}q = 0,$$

其隐式通解为

$$2\sqrt{q}x - \frac{6}{5}q^{5/2} = K, \quad K \in \mathbb{R},$$

从而得到原方程参数形式的通解

$$(2) \quad \begin{cases} x = \dfrac{K}{2\sqrt{q}} + \dfrac{3}{5}q^2, \\ y = -\dfrac{K\sqrt{q}}{2} + \dfrac{2}{5}q^3, \end{cases} \quad 参变量为 \ q,$$

同样还有一个特解 $y = 0$.

我们看到 (1) 式和 (2) 式的形式一样, 如取 $K = -2c$. 现在验证它们是原方程的解, 事实上

$$(1) \ 式 \quad \Rightarrow \quad \begin{cases} x'(p) = \dfrac{c}{2}p^{-3/2} + \dfrac{6}{5}p, \\ y'(p) = \dfrac{c}{2}p^{-1/2} + \dfrac{6}{5}p^2, \end{cases}$$

$$\Rightarrow \quad \frac{y'(p)}{x'(p)} = p$$

$$\Rightarrow \quad \left(\frac{y'(p)}{x'(p)}\right)^3 - x\frac{y'(p)}{x'(p)} - y(p) = p^3 - xp - y$$

$$\Rightarrow \quad p^3 - \left(-cp^{-1/2} + \frac{3}{5}p^2\right)p - \left(cp^{1/2} + \frac{2}{5}p^3\right) = 0.$$

不显含 y 的方程 现在研究形如

$$F(x, y') = 0$$

的方程的解法. 这里假设 $F(x, y')$ 有连续的偏导数.

- 引入参数 $p = y'$, 则

$$F(x, p) = 0.$$

- 这是 (x, p) 平面上的一条或者若干条曲线, 引入该曲线的参数表示

$$\begin{cases} x = \varphi(t), \\ p = \psi(t), \end{cases} \quad (关键一步也是最困难的一步)$$

即

$$F(\varphi(t), \psi(t)) = 0.$$

- 将 $x = \varphi(t), p = \psi(t)$ 代入:

$$p = \frac{\mathrm{d}y}{\mathrm{d}x} \quad \Rightarrow \quad \frac{\mathrm{d}y}{\mathrm{d}t} = \frac{\mathrm{d}y}{\mathrm{d}x}\frac{\mathrm{d}x}{\mathrm{d}t} = p\frac{\mathrm{d}x}{\mathrm{d}t},$$

即

$$\frac{\mathrm{d}y}{\mathrm{d}t} = \psi(t)\varphi'(t) \quad \Rightarrow \quad y = \int \psi(t)\varphi'(t)\mathrm{d}t + c.$$

• 得到参数形式的通解

$$\begin{cases} x = \varphi(t), \\ y = \int \psi(t)\varphi'(t)\mathrm{d}t + c. \end{cases}$$

例 2.21. 求解方程

$$\frac{\mathrm{d}y}{\mathrm{d}x} = x\sqrt{1 + \left(\frac{\mathrm{d}y}{\mathrm{d}x}\right)^2}.$$

解: 这是不显含 y 的隐式方程, 令 $p = y'$, 即有

$$p = x\sqrt{1 + p^2}.$$

则曲线

$$\{(x, p) \in \mathbb{R}^2; p = x\sqrt{1 + p^2}\}$$

的参数表示为

$$\begin{cases} x = \sin t, \\ p = \tan t, \end{cases} \quad -\frac{\pi}{2} < t < \frac{\pi}{2}.$$

由于

$$\frac{\mathrm{d}y}{\mathrm{d}t} = \tan t (\sin t)' = \tan t \cos t = \sin t,$$

积分得

$$y = \int \sin t \,\mathrm{d}t = -\cos t + c,$$

故原方程参数形式的通解为

$$\begin{cases} x = \sin t, \\ y = -\cos t + c, \end{cases} \quad -\frac{\pi}{2} < t < \frac{\pi}{2}.$$

可以消去参数 t, 得通解为

$$x^2 + (y - c)^2 = 1.$$

不显含 x 的方程   现在研究形如

$$F(y, y') = 0$$

的方程的解法. 这里假设 $F(y, y')$ 有连续的偏导数.

• 引入参数 $p = y'$, 则

$$F(y, p) = 0.$$

- 这是 (y,p) 平面上的一条或者若干条曲线, 引入该曲线的参数表示

$$\begin{cases} y = \varphi(t), \\ p = \psi(t), \end{cases} \quad \text{(关键一步也是最困难的一步)}$$

即

$$F(\varphi(t), \psi(t)) = 0.$$

- 将 $y = \varphi(t), p = \psi(t)$ 代入:

$$\frac{\mathrm{d}x}{\mathrm{d}t} = \frac{\mathrm{d}x}{\mathrm{d}y}\frac{\mathrm{d}y}{\mathrm{d}t} = \frac{1}{p}\frac{\mathrm{d}y}{\mathrm{d}t} = \frac{\varphi'(t)}{\psi(t)} \quad \left(\frac{\mathrm{d}x}{\mathrm{d}y} = \frac{1}{p}\right).$$

两边积分得

$$x = \int \frac{\varphi'(t)}{\psi(t)}\mathrm{d}t + c.$$

- 得到参数形式的通解

$$\begin{cases} x = \int \frac{\varphi'(t)}{\psi(t)}\mathrm{d}t + c, \\ y = \varphi(t). \end{cases}$$

- 此外还有一个特解

$$F(y, 0) = 0 \implies y = k.$$

高阶方程的几种可积类型

降阶法: (一) 研究方程 $y^{(n)} = f(x), n > 1, f(x)$ 是 $]a,b[$ 上的连续函数. 将方程积分一次

$$y^{(n-1)} = \int_{x_0}^x f(t_1)\mathrm{d}t_1 + C_1,$$

重复这一过程 n 次, 得到

$$y = \int_{x_0}^x \int_{x_0}^{t_n} \cdots \int_{x_0}^{t_2} f(t_1)\mathrm{d}t_1 \cdots \mathrm{d}t_{n-1}\mathrm{d}t_n +$$
$$\frac{C_1}{(n-1)!}(x-x_0)^{n-1} + \frac{C_2}{(n-2)!}(x-x_0)^{n-2} + \cdots + C_{n-1}(x-x_0) + C_n.$$

利用狄利克雷公式

$$\int_a^b \left(\int_a^x f(x,y)\mathrm{d}y\right)\mathrm{d}x = \int_a^b \left(\int_y^b f(x,y)\mathrm{d}x\right)\mathrm{d}y,$$

则

$$\int_{x_0}^{t_3} \int_{x_0}^{t_2} f(t_1)\mathrm{d}t_1\,\mathrm{d}t_2 = \int_{x_0}^{t_3} (t_3 - t_1)f(t_1)\mathrm{d}t_1,$$

归纳证明得

$$\int_{x_0}^{x}\int_{x_0}^{t_n}\cdots\int_{x_0}^{t_2} f(t_1)\mathrm{d}t_1\cdots\mathrm{d}t_{n-1}\mathrm{d}t_n = \frac{1}{(n-1)!}\int_{x_0}^{x}(x-t_1)^{n-1}f(t_1)\mathrm{d}t_1.$$

最后得到通解

$$y = \frac{1}{(n-1)!}\int_{x_0}^{x}(x-\xi)^{n-1}f(\xi)\mathrm{d}\xi +$$

$$\frac{C_1}{(n-1)!}(x-x_0)^{n-1} + \frac{C_2}{(n-2)!}(x-x_0)^{n-2} + \cdots + C_{n-1}(x-x_0) + C_n.$$

降阶法: (二) 研究方程 $F(x, y^{(n)}) = 0$. 假设不能够解出 $y^{(n)}$, 我们求参数形式的解. 假设存在参数函数 $\varphi(t), \psi(t), t \in]a, b[$ 使得

$$F(\varphi(t), \psi(t)) = 0, \quad t \in]a, b[.$$

则可以得到原方程的参数形式解

$$x = \varphi(t), \quad y^{(n)} = \psi(t).$$

另一方面

$$\frac{\mathrm{d}y^{(n-1)}}{\mathrm{d}t} = \frac{\mathrm{d}y^{(n-1)}}{\mathrm{d}x}\frac{\mathrm{d}x}{\mathrm{d}t} = \psi(t)\varphi'(t).$$

得

$$y^{(n-1)} = \int \psi(t)\varphi'(t)\mathrm{d}t + C_1 = \psi_1(t, C_1),$$

同理

$$\frac{\mathrm{d}y^{(n-2)}}{\mathrm{d}t} = \frac{\mathrm{d}y^{(n-2)}}{\mathrm{d}x}\frac{\mathrm{d}x}{\mathrm{d}t} = \psi_1(t, C_1)\varphi'(t).$$

得

$$y^{(n-2)} = \int \psi_1(t, C_1)\varphi'(t)\mathrm{d}t + C_2 = \psi_2(t, C_1, C_2).$$

重复这一过程得到

$$y = \psi_n(t, C_1, C_2, \cdots, C_n).$$

最后得到原方程的通解

$$\begin{cases} x = \varphi(t), \\ y = \psi_n(t, C_1, C_2, \cdots, C_n). \end{cases}$$

降阶法: (三) 研究方程 $F(y^{(n-1)}, y^{(n)}) = 0$.

首先假设可以解出 $y^{(n)}$:

$$y^{(n)} = f(y^{(n-1)}).$$

令 $z = y^{(n-1)}$, 则

$$z' = f(z).$$

这是变量分离方程,

$$\int \frac{\mathrm{d}z}{f(z)} = x + C_1, \quad \Rightarrow \quad z = \omega(x, C_1),$$

即

$$y^{(n-1)} = \omega(x, C_1).$$

利用前面同样的方法, 最后得到通解

$$y = \frac{1}{(n-2)!} \int_{x_0}^{x} (x-\xi)^{n-2} \omega(\xi, C_1) \mathrm{d}\xi +$$

$$\frac{C_2}{(n-2)!} (x-x_0)^{n-2} + \cdots + C_{n-1}(x-x_0) + C_n.$$

现在假设不能够解出 $y^{(n)}$, 我们求参数形式的解. 假设存在参数函数 $\varphi(t), \psi(t), t \in$ $]a, b[$ 使得

$$F(\varphi(t), \psi(t)) = 0, \quad t \in]a, b[.$$

则可以得到原方程的参数形式解

$$y^{(n-1)} = \varphi(t), \quad y^{(n)} = \psi(t).$$

另一方面

$$\frac{\mathrm{d}y^{(n-1)}}{\mathrm{d}t} = y^{(n)} \frac{\mathrm{d}x}{\mathrm{d}t} \Rightarrow \frac{\mathrm{d}x}{\mathrm{d}t} = \frac{\varphi'(t)}{\psi(t)}.$$

最后得到通解

$$\begin{cases} x = \int \frac{\varphi'(t)}{\psi(t)} \mathrm{d}t + C_1, \\ y = \psi_n(t, C_1, C_2, \cdots, C_n). \end{cases}$$

降阶法: (四) 研究方程 $y^{(n)} = f(y^{(n-2)})$.

令 $z = y^{(n-2)}$, 则

$$z'' = f(z), \quad \Rightarrow \quad 2z'z'' = 2z'f(z).$$

$$\frac{\mathrm{d}(z')^2}{\mathrm{d}x} = 2\frac{\mathrm{d}z}{\mathrm{d}x}f(z), \quad \Rightarrow \quad \mathrm{d}(z')^2 = 2f(z)\mathrm{d}z.$$

因此

$$(z')^2 = 2\int f(z)\mathrm{d}z + C_1, \quad \Rightarrow \quad z' = \sqrt{2\int f(z)\mathrm{d}z + C_1}.$$

这是变量分离方程, 求得一个解 $z = \omega(x, C_1, C_2)$, 则

$$y^{(n-2)} = \omega(x, C_1, C_2).$$

利用前面同样的方法, 最后得到通解

$$y = \frac{1}{(n-3)!} \int_{x_0}^{x} (x-\xi)^{n-3} \omega(\xi, C_1, C_2) \mathrm{d}\xi +$$

$$\frac{C_3}{(n-3)!}(x-x_0)^{n-3} + \cdots + C_{n-1}(x-x_0) + C_n.$$

例 2.22. *求解方程*

$$a^2 \frac{\mathrm{d}^4 y}{\mathrm{d}x^4} = \frac{\mathrm{d}^2 y}{\mathrm{d}x^2}.$$

解: 令 $z = y''$, 则

$$a^2 z'' = z, \quad \Rightarrow \quad 2z' a^2 z'' = 2z' z.$$

$$a^2 \mathrm{d}(z')^2 = 2z \mathrm{d}z.$$

因此

$$a^2 (z')^2 = z^2 + C_1, \quad \Rightarrow \quad az' = \sqrt{z^2 + C_1}.$$

这是变量分离方程, 求得一个解 (计算还比较复杂)

$$z = b_1 \mathrm{e}^{\frac{x}{a}} + b_2 \mathrm{e}^{-\frac{x}{a}}, \quad \Rightarrow \quad y'' = b_1 \mathrm{e}^{\frac{x}{a}} + b_2 \mathrm{e}^{-\frac{x}{a}}.$$

积分两次最后得到通解

$$y = a^2 b_1 \mathrm{e}^{\frac{x}{a}} - a^2 b_2 \mathrm{e}^{-\frac{x}{a}} + b_3 x + b_4.$$

2.7　小结和评注

一阶微分方程的初等解法主要注意以下几个方面:

- 首先考虑变量分离方程, 或者可以变换成变量分离方程.
- 考虑线性方程, 或者可以变换成线性方程.
- 考虑恰当方程, 求全微分.
- 对于非恰当方程, 求积分因子.
- 对于几类特殊的一阶隐式方程, 求参数形式的解.
- 对于几类特殊的高阶方程, 通过降阶法, 或者参数表示法求解.

第二章小结

　　因此使用初等解法求解一阶微分方程, 实际上是微分、积分方法的各种技巧的综合练习. 在 18 世纪有大量数学家投入研究, 也发明了很多行之有效的方法来求解大量特殊的微分方程. 因此需要做大量的练习来掌握这些方法.

2.8 练 习 题

通过适当的变量变换求解下列微分方程.

1.【变量分离方程】 求下列微分方程的通解:

(1) $\sqrt{1-x^2}\mathrm{d}y + \sqrt{1-y^2}\mathrm{d}x = 0$.

(2) $\dfrac{\mathrm{d}y}{\mathrm{d}x} = \dfrac{2xy}{1+x^2}$.

(3) $\dfrac{\mathrm{d}y}{\mathrm{d}x} = \mathrm{e}^x(x^2+y^2) + \dfrac{y}{x}$.

(4) $\dfrac{\mathrm{d}y}{\mathrm{d}x} = x\mathrm{e}^{x+y} - 1$.

(5) $x\dfrac{\mathrm{d}y}{\mathrm{d}x} + 2\sqrt{xy} = y \quad (x<0, y<0)$.

(6) $x\dfrac{\mathrm{d}y}{\mathrm{d}x} = (x^2+x)(y^2+1)$.

2.【齐次方程】 求下列微分方程的通解:

(1) $(x^2+y^2)\mathrm{d}x - xy\mathrm{d}y = 0$.

(2) $\dfrac{\mathrm{d}y}{\mathrm{d}x} = \dfrac{y}{x} + \tan\dfrac{y}{x}$.

(3) $(x+y)\mathrm{d}x + (y-x)\mathrm{d}y = 0$.

(4) $\dfrac{\mathrm{d}y}{\mathrm{d}x} = \dfrac{2x-y+1}{x-2y+1}$.

(5) $\dfrac{\mathrm{d}y}{\mathrm{d}x} = \dfrac{x-y+5}{x-y-2}$.

(6) $\dfrac{\mathrm{d}y}{\mathrm{d}x} = -\dfrac{2x-4y+5}{x+y-3}$.

(7) $(y^2-2xy)\mathrm{d}x + x^2\mathrm{d}y = 0$.

(8) $(x^2+y^2)\mathrm{d}x - xy\mathrm{d}y = 0$.

(9) $\dfrac{\mathrm{d}y}{\mathrm{d}x} = \dfrac{y}{x}(\ln y - \ln x)$.

(10) $x\dfrac{\mathrm{d}y}{\mathrm{d}x} = \sqrt{x^2-y^2} + y$.

3. 证明微分方程

$$\frac{x}{y}\frac{\mathrm{d}y}{\mathrm{d}x} = f(xy)$$

经变量变换 $xy=u$ 可以化为变量分离方程, 并由此求解下列微分方程:

(1) $y(1+x^2y^2)\mathrm{d}x - x\mathrm{d}y = 0$.

(2) $\dfrac{x}{y}\dfrac{\mathrm{d}y}{\mathrm{d}x} = \dfrac{2+x^2y^2}{2-x^2y^2}$.

4.【一阶线性微分方程】 求下列微分方程的通解:

(1) $\dfrac{\mathrm{d}y}{\mathrm{d}x} = y + \sin x$.

(2) $\dfrac{\mathrm{d}y}{\mathrm{d}x} + 3y = \mathrm{e}^{2x}$.

(3) $\dfrac{\mathrm{d}y}{\mathrm{d}x} = -y\cos x + \dfrac{1}{2}\sin(2x)$.

(4) $\dfrac{\mathrm{d}y}{\mathrm{d}x} - \dfrac{n}{x}y = \mathrm{e}^x x^n$.

(5) $\dfrac{\mathrm{d}y}{\mathrm{d}x} - \dfrac{2y}{x+1} = (x+1)^3$.

(6) $x\dfrac{\mathrm{d}y}{\mathrm{d}x} + y = x^3$.

5.【伯努利方程】 求下列微分方程的通解:

(1) $\dfrac{\mathrm{d}y}{\mathrm{d}x} = \dfrac{x^4 + y^3}{xy^2}$.

(2) $\dfrac{\mathrm{d}y}{\mathrm{d}x} = \dfrac{y}{x + y^3}$.

(3) $\dfrac{\mathrm{d}y}{\mathrm{d}x} = \dfrac{1}{xy + x^3 y^3}$.

6. 先将下列方程转换成微分方程, 然后求解:

(1) $y(x)\displaystyle\int_0^x y(t)\mathrm{d}t = 1 \quad (x \neq 0)$.

(2) $y(x) = \mathrm{e}^x + \displaystyle\int_0^x y(t)\mathrm{d}t$.

(3) $y(t+s) = y(t)y(s), \quad t, s \in \mathbb{R}$.

这里 $y(t)$ 是定义在 $-\infty < t < +\infty$ 上的连续函数, 且 $y'(0)$ 存在.

7.【恰当方程】 验证下列微分方程是恰当方程, 并求其通解:

(1) $(x^2 + y)\mathrm{d}x + (x - 2y)\mathrm{d}y = 0$.

(2) $(y - 3x^2)\mathrm{d}x - (4y - x)\mathrm{d}y = 0$.

(3) $\left(\dfrac{y^2}{(x-y)^2} - \dfrac{1}{x}\right)\mathrm{d}x + \left(\dfrac{1}{y} - \dfrac{x^2}{(x-y)^2}\right)\mathrm{d}y = 0$.

(4) $2(3xy^2 + 2x^3)\mathrm{d}x + 3(2x^2 y + y^2)\mathrm{d}y = 0$.

(5) $\left(\dfrac{1}{y}\sin\dfrac{x}{y} - \dfrac{y}{x^2}\cos\dfrac{y}{x} + 1\right)\mathrm{d}x + \left(\dfrac{1}{x}\cos\dfrac{y}{x} - \dfrac{x}{y^2}\sin\dfrac{x}{y} + \dfrac{1}{y^2}\right)\mathrm{d}y = 0$.

(6) $2x(y\mathrm{e}^{x^2} - 1)\mathrm{d}x + \mathrm{e}^{x^2}\mathrm{d}y = 0$.

8.【积分因子】 利用积分因子方法求下列微分方程的通解:

(1) $(\mathrm{e}^x + 3y^2)\mathrm{d}x + 2xy\mathrm{d}y = 0$.

(2) $y\mathrm{d}x - x\mathrm{d}y = (x^2 + y^2)\mathrm{d}x$.

2.8 练习题
部分参考答案

(3) $(y - x^2)\mathrm{d}x - x\mathrm{d}y = 0$.

(4) $(x + 2y)\mathrm{d}x + x\mathrm{d}y = 0$.

(5) $x(4y\mathrm{d}x + 2x\mathrm{d}y) + y^3(3y\mathrm{d}x + 5x\mathrm{d}y) = 0$.

9.【线性方程的积分因子】

(1) 假设 $f(x,y), \dfrac{\partial f(x,y)}{\partial y}$ 是连续函数. 证明微分方程

$$\frac{\mathrm{d}y}{\mathrm{d}x} = f(x,y)$$

是线性微分方程 (即 $f(x,y) = p(x)y + q(x)$) 的充要条件是

$$\mathrm{d}y - f(x,y)\mathrm{d}x = 0$$

具有仅仅依赖于 x 的积分因子.

(2) 求伯努利方程

$$\mathrm{d}y - (p(x)y + q(x)y^n)\mathrm{d}x = 0, \quad n \neq 0, 1$$

的积分因子.

10. 求下列微分方程的通解:

(1) $x(y')^3 = 1 + y'$.

(2) $(y')^3 - x^3(1 - y') = 0$.

(3) $y = (y')^2 \mathrm{e}^{y'}$.

(4) $y(1 + (y')^2) = 2a$.

(5) $x^2 + (y')^2 = 1$.

(6) $y^2(y' - 1) = (2 - y')^2$.

作 业 一

(1) 证明题请特别注重证明的严谨性. 条理清楚、叙述完整以及推理严格.

(2) 计算题请给出详细的计算过程.

1. (1) 假设 $-\infty \leqslant a < b \leqslant +\infty, p(x)$ 是定义在开区间 $]a,b[$ 上的连续函数, 求微分方程

$$\frac{\mathrm{d}y}{\mathrm{d}x} = p(x)y$$

的定义在 $]a,b[$ 上的通解.

(2) 假设 $p(x), q(x)$ 是定义在开区间 $]a,b[$ 上的连续函数, 利用常数变易法求方程

$$\frac{\mathrm{d}y}{\mathrm{d}x} = p(x)y + q(x)$$

的定义在 $]a,b[$ 上的通解.

(3) 假设 $a < x_0 < b$, 求下列柯西问题的解:

$$\frac{\mathrm{d}y}{\mathrm{d}x} = p(x)y + q(x), \quad y(x_0) = 1.$$

(4) 利用 (2) 得到的通解公式, 对下列问题 (n 是常数) 先求通解, 再求特解:

(a) 定义在开区间 $]-\infty, -1[$ 上的方程

$$\frac{\mathrm{d}y}{\mathrm{d}x} = \frac{n}{x+1}y + \mathrm{e}^x(x+1)^n, \quad y(-2) = 2.$$

(b) 定义在 $]0, +\infty[$ 上的方程

$$\frac{\mathrm{d}y}{\mathrm{d}x} - \frac{n}{x}y - \mathrm{e}^x x^n = 0, \quad y(1) = 1.$$

(5) 对于下列问题, 利用常数变易法先求通解, 再求特解:

$$(1+x^2)y' + 2xy = 1 + 3x^2, \quad y(0) = 1.$$

2. 通过一次或几次变量变换求下列方程的隐式通解:

(1)
$$\frac{\mathrm{d}y}{\mathrm{d}x} = \frac{1}{xy + x^3 y^3}.$$

(2)
$$\frac{\mathrm{d}y}{\mathrm{d}x} = \frac{2x - y + 3}{x + 3y + 2}.$$

(3) 证明方程

$$\frac{x}{y}\frac{\mathrm{d}y}{\mathrm{d}x} = f(xy)$$

经过变量变换 $xy = u$ 可以化为变量分离方程.

(4) 求微分方程

$$\frac{x}{y}\frac{\mathrm{d}y}{\mathrm{d}x} = \frac{2 + x^2 y^2}{2 - x^2 y^2}$$

的通解.

3. (1) 求伯努利方程

$$y' = y^3 - \frac{y}{x}$$

的通解.

(2) 考虑里卡蒂 (Riccati) 方程

$$y' = a(t)y^2 + b(t)y + c(t), \tag{2.28}$$

这里 a, b, c 是定义在开区间 $]a, b[$ 上的连续函数.

(a) 假设已知方程 (2.28) 的一个解 $y_0(t)$, 证明对于方程 (2.28) 的任意解 y, 函

数 $u = y - y_0$ 是下列伯努利方程的解:

$$u' = (2y_0(t)a(t) + b(t))u + a(t)u^2. \qquad (2.29)$$

(因此如果知道方程 (2.28) 的一个解 $y_0(t)$, 可以先求解上述伯努利方程, 得到其通解 u, 则 $y = u + y_0$ 就是方程 (2.28) 的通解.)

(b) 求解微分方程

$$y' = y^2 - 2ty + t^2 - a^2 + 1,$$

其中 $a > 0$ 是一个常数.

(提示: 首先寻找上述方程的形如 $y_0(t) = t + \alpha$ 的解.)

作 业 二

1. 假设 M, N 是定义在区域 $D = \{(x, y) \in \mathbb{R}^2; a < x < b, c < y < d\}$ 上的所有一阶偏微分都是连续的函数. 若

$$\frac{\partial M(x, y)}{\partial y} = \frac{\partial N(x, y)}{\partial x}, \quad \forall (x, y) \in D, \qquad (2.30)$$

则称方程 $M(x, y)\mathrm{d}x + N(x, y)\mathrm{d}y = 0$ 为恰当方程. 若存在可微函数 $\mu(x, y)$, 使得方程

$$\mu(x, y)M(x, y)\mathrm{d}x + \mu(x, y)N(x, y)\mathrm{d}y = 0 \qquad (2.31)$$

为恰当方程, 则称 $\mu(x, y)$ 为方程 $M(x, y)\mathrm{d}x + N(x, y)\mathrm{d}y = 0$ 的积分因子.

(1) 证明 $\mu(x, y)$ 为方程 $M(x, y)\mathrm{d}x + N(x, y)\mathrm{d}y = 0$ 的积分因子的充要条件为

$$N(x, y)\frac{\partial \mu(x, y)}{\partial x} - M(x, y)\frac{\partial \mu(x, y)}{\partial y} = \left(\frac{\partial M(x, y)}{\partial y} - \frac{\partial N(x, y)}{\partial x}\right)\mu(x, y).$$

(2) 证明方程 $M(x, y)\mathrm{d}x + N(x, y)\mathrm{d}y = 0$ 具有形如 $\mu(x)$ 的积分因子的充要条件为

$$\frac{1}{N(x, y)}\left(\frac{\partial M(x, y)}{\partial y} - \frac{\partial N(x, y)}{\partial x}\right)$$

仅是 x 的连续函数 (与 y 无关), 记为 $\varphi(x)$. 在此情况下求 $\mu(x)$.

(3) 给出方程 $M(x, y)\mathrm{d}x + N(x, y)\mathrm{d}y = 0$ 具有形如 $\mu(y)$ 的积分因子的充要条件且证明之, 在此情况下求 $\mu(y)$.

(4) 证明方程 $M(x, y)\mathrm{d}x + N(x, y)\mathrm{d}y = 0$ 具有形如 $\mu(x \pm y)$ 的积分因子的充要条件为

$$\frac{1}{N(x, y) \mp M(x, y)}\left(\frac{\partial M(x, y)}{\partial y} - \frac{\partial N(x, y)}{\partial x}\right)$$

仅是 $x \pm y$ 的连续函数, 记为 $\varphi(x \pm y)$. 在此情况下求 $\mu(x \pm y)$.

(5) 给出微分方程 $M(x,y)\mathrm{d}x + N(x,y)\mathrm{d}y = 0$ 具有形如

$$\mu(xy), \quad \mu(x^2 + y^2), \quad \mu\left(\frac{y}{x}\right), \quad \mu(x^\alpha y^\beta)$$

的积分因子的充要条件且证明之, 在此情况下求相应的积分因子.

2. (1) 验证下列微分方程:

$$(3x^2 + 6xy^2)\mathrm{d}x + (6x^2y + 4y^3)\mathrm{d}y = 0, \tag{2.32}$$

$$\left(\cos x + \frac{1}{y}\right)\mathrm{d}x + \left(\frac{1}{y} - \frac{x}{y^2}\right)\mathrm{d}y = 0, \tag{2.33}$$

$$(y\cos x + 2x\mathrm{e}^y)\mathrm{d}x + (\sin x + x^2\mathrm{e}^y + 2)\mathrm{d}y = 0 \tag{2.34}$$

是恰当方程, 并求它们的通解.

(2) 利用求积分因子方法求方程

$$(p(x)y - q(x))\mathrm{d}x + \mathrm{d}y = 0$$

的通解.

(3) 利用变量变换求伯努利方程

$$\frac{\mathrm{d}y}{\mathrm{d}x} = p(x)y + q(x)y^n, \quad n \neq 0, 1$$

的积分因子.

(4) 求微分方程

$$\left(\frac{y^2}{2} + 2y\mathrm{e}^x\right)\mathrm{d}x + (y + \mathrm{e}^x)\mathrm{d}y = 0$$

的形如 $\mu(x)$ 的积分因子, 然后求其通解.

(5) 求微分方程

$$y\mathrm{d}x + (y - x)\mathrm{d}y = 0$$

的形如 $\mu(y)$ 的积分因子. 然后求其通解.

作业二部分
参考答案

(6) 求微分方程

$$(2x^3 + 3x^2y + y^2 - y^3)\mathrm{d}x + (2y^3 + 3xy^2 + x^2 - x^3)\mathrm{d}y = 0$$

的形如 $\mu(x + y)$ 的积分因子.

第三章 一阶线性微分方程组

在本章中, 我们学习一阶线性微分方程组的求解方法. 这是一类特殊的微分方程组, 形式上非常接近一般的非线性微分方程组. 我们将在第六章证明线性微分方程组是非线性微分方程组的一阶逼近.

3.1 预备知识

以下是一阶线性微分方程组的标准形式:

$$\begin{cases} x_1' = a_{11}(t)x_1 + a_{12}(t)x_2 + \cdots + a_{1n}(t)x_n + f_1(t), \\ x_2' = a_{21}(t)x_1 + a_{22}(t)x_2 + \cdots + a_{2n}(t)x_n + f_2(t), \\ \cdots\cdots\cdots\cdots \\ x_n' = a_{n1}(t)x_1 + a_{n2}(t)x_2 + \cdots + a_{nn}(t)x_n + f_n(t), \end{cases}$$

其中 $a_{jk}(t)\,(j,k = 1,2,\cdots,n)$, $f_j(t)(j = 1,2,\cdots,n)$ 是定义在区间 $]a,b[$ 上的连续实值函数. $x_1(t), x_2(t), \cdots, x_n(t)$ 是未知函数.

当 $n = 1$ 时, 我们已经在第二章给出其通解, 现在考虑 $n \geqslant 2$ 的情形.

一阶线性微分方程组的矩阵向量表示　　上述方程可以简单地写成

$$x'(t) = A(t)x(t) + f(t),$$

其中

$$A(t) = \begin{pmatrix} a_{11}(t) & a_{12}(t) & \cdots & a_{1n}(t) \\ a_{21}(t) & a_{22}(t) & \cdots & a_{2n}(t) \\ \vdots & \vdots & & \vdots \\ a_{n1}(t) & a_{n2}(t) & \cdots & a_{nn}(t) \end{pmatrix}$$

是一个元素为连续实值函数的 n 阶方阵,

$$x(t) = \begin{pmatrix} x_1(t) \\ x_2(t) \\ \vdots \\ x_n(t) \end{pmatrix}, \quad f(t) = \begin{pmatrix} f_1(t) \\ f_2(t) \\ \vdots \\ f_n(t) \end{pmatrix}$$

是向量值函数, 这里把向量都写成列向量的形式. 因此一阶线性微分方程组的矩阵形式是

$$
\begin{pmatrix} x_1'(t) \\ x_2'(t) \\ \vdots \\ x_n'(t) \end{pmatrix} = \begin{pmatrix} a_{11}(t) & a_{12}(t) & \cdots & a_{1n}(t) \\ a_{21}(t) & a_{22}(t) & \cdots & a_{2n}(t) \\ \vdots & \vdots & & \vdots \\ a_{n1}(t) & a_{n2}(t) & \cdots & a_{nn}(t) \end{pmatrix} \begin{pmatrix} x_1(t) \\ x_2(t) \\ \vdots \\ x_n(t) \end{pmatrix} + \begin{pmatrix} f_1(t) \\ f_2(t) \\ \vdots \\ f_n(t) \end{pmatrix},
$$

其中 $a_{jk}(t)\,(j,k=1,2,\cdots,n)$, $f_j(t)(j=1,2,\cdots,n)$ 是定义在区间 $]a,b[$ 上的连续函数. $x_1(t),x_2(t),\cdots,x_n(t)$ 是未知函数.

对于向量值函数, 我们给出积分的定义:

$$
\int_{t_1}^{t_2} f(t)\mathrm{d}t = \begin{pmatrix} \displaystyle\int_{t_1}^{t_2} f_1(t)\mathrm{d}t \\ \displaystyle\int_{t_1}^{t_2} f_2(t)\mathrm{d}t \\ \vdots \\ \displaystyle\int_{t_1}^{t_2} f_n(t)\mathrm{d}t \end{pmatrix},
$$

以及相应的矩阵和向量的范数的定义:

$$
\|A\|_2 = \left(\sum_{j,k=1}^{n} |a_{jk}|^2 \right)^{\frac{1}{2}}, \quad \|x\|_2 = \left(\sum_{j=1}^{n} |x_j|^2 \right)^{\frac{1}{2}}.
$$

还有很多等价范数的定义, 比如

$$
\|A\|_1 = \sum_{j,k=1}^{n} |a_{jk}|, \quad \|x\|_1 = \sum_{j=1}^{n} |x_j|.
$$

首先对于一般的一个范数 $\|\cdot\|$, 有下面的性质 $(a \leqslant b)$: 存在常数 $C \geqslant 1$, 使得

$$
\|AB\| \leqslant C\|A\|\,\|B\|;
$$
$$
\|A+B\| \leqslant \|A\| + \|B\|;
$$
$$
\|Ax\| \leqslant C\|A\|\,\|x\|;
$$
$$
\|x+y\| \leqslant \|x\| + \|y\|;
$$
$$
\left\| \int_a^b A(s)\mathrm{d}s \right\| \leqslant \int_a^b \|A(s)\|\mathrm{d}s;
$$
$$
\left\| \int_a^b x(s)\mathrm{d}s \right\| \leqslant \int_a^b \|x(s)\|\mathrm{d}s.
$$

对于定义在 $[a,b]$ 上的向量值函数级数

$$
\sum_{k=1}^{+\infty} x^k(t),
$$

如果 $\|x^k(t)\| \leqslant M_k, \forall t \in [a,b]$, 而级数 $\sum M_k$ 收敛, 则向量值函数级数 $\sum x^k(t)$ 在 $[a,b]$ 上一致收敛.

如果向量值函数序列 $\{f^k(t)\}$ 在 $[a,b]$ 上一致收敛, 则

$$\lim_{k\to+\infty}\int_a^b f^k(t)\mathrm{d}t = \int_a^b \lim_{k\to+\infty}f^k(t)\mathrm{d}t.$$

如果向量值函数级数 $\sum x^k(t)$ 在 $[a,b]$ 上一致收敛, 则

$$\sum_{k=1}^{+\infty}\int_a^b x^k(t)\mathrm{d}t = \int_a^b \sum_{k=1}^{+\infty}x^k(t)\mathrm{d}t.$$

对于矩阵序列和矩阵级数也有类似的结果.

这一章还特别需要如下的线性代数的知识:

- 线性空间, 线性子空间的基本性质.
- 矩阵、行列式的运算.
- 特别是矩阵的特征值、特征向量的计算.

我们在附录中将列出一些基本的内容.

3.2 一阶线性微分方程组的基本定理

存在唯一性定理: 在 1887 年, 意大利数学家朱塞佩·佩亚诺 (Giuseppe Peano, 1858 — 1932) 使用逐次逼近法证明了线性微分方程组的存在性定理, 这个方法后来由皮卡 (É. Picard) 完善, 现在大家都称为皮卡迭代法. 佩亚诺后来使用选择公理证明了一阶非线性微分方程组的存在性定理, 现在称为阿斯科利 – 佩亚诺 (Ascoli-Peano) 定理.

定理 3.1 (佩亚诺定理 (1887)). 假设 $A(t), f(t)$ 是定义在 $]a,b[$ 上的连续函数矩阵和向量, $t_0 \in]a,b[, x_0 \in \mathbb{R}^n$. 则柯西问题

$$\begin{cases} x'(t) = A(t)x(t) + f(t), \\ x(t_0) = x_0 \end{cases} \tag{3.1}$$

存在唯一的定义在 $]a,b[$ 上的解.

首先上述柯西问题 (3.1) 的解的存在性等价于积分方程

$$x(t) = x_0 + \int_{t_0}^t (A(s)x(s) + f(s))\mathrm{d}s \tag{3.2}$$

的解的存在性.

这里 (3.1) 和 (3.2) "等价" 意味着: 如果 $x(t)$ 是柯西问题 (3.1) 的定义在 $]a,b[$ 上的一个解, 则它也是方程 (3.2) 的一个解, 反之亦然.

事实上, 如果 $x(t)$ 是柯西问题 (3.1) 的定义在 $]a,b[$ 上的一个解, 则

$$\int_{t_0}^t x'(s)\mathrm{d}s = \int_{t_0}^t (A(s)x(s)+f(s))\mathrm{d}s$$

$$\Rightarrow\ x(t)-x(t_0) = \int_{t_0}^t (A(s)x(s)+f(s))\mathrm{d}s$$

$$\Rightarrow\ x(t) = x_0 + \int_{t_0}^t (A(s)x(s)+f(s))\mathrm{d}s.$$

反过来, 如果 $x(t)$ 是积分方程 (3.2) 的定义在 $]a,b[$ 上的一个解, 则 $x(t_0)=x_0$, 以及

$$x'(t) = A(t)x(t)+f(t).$$

皮卡迭代法

现在利用皮卡迭代法证明积分方程 (3.2) 的解的存在性.

构造皮卡迭代序列: 令

$$x^0(t) = x_0,$$

以及对于 $k\in\mathbb{N}$,

$$x^k(t) = x_0 + \int_{t_0}^t (A(s)x^{k-1}(s)+f(s))\mathrm{d}s. \tag{3.3}$$

我们需要做的有以下几点:

(1) 构造一个定义在 $]a,b[$ 上的无穷序列 $\{x^k(t)\}$.

(2) 证明这个序列在任何一个闭子区间 $[\alpha,\beta]\subset]a,b[$ 上一致收敛.

(3) 证明这个序列在区间 $]a,b[$ 上收敛于一个函数 $x(t)$, 以及证明它是方程 (3.2) 的一个解.

假设 $a<\alpha\leqslant t_0\leqslant\beta<b$, 利用 $A(t),f(t)$ 在有界闭区间 $[\alpha,\beta]$ 上的连续性, 存在 $K>0$ 使得

$$\|A(t)\|\leqslant K,\quad \|f(t)\|\leqslant K,\ \forall t\in[\alpha,\beta].$$

我们将证明下面的估计: $\forall k\in\mathbb{N}, t\in[\alpha,\beta]$

$$\|x^k(t)-x^{k-1}(t)\|\leqslant (1+\|x_0\|)\frac{K^k|t-t_0|^k}{k!}. \tag{3.4}$$

1) $k=1$, 由定义有 (仅考虑 $t\in[t_0,\beta]$)

$$\|x^1(t)-x^0(t)\|\leqslant \int_{t_0}^t \|A(s)x_0+f(s)\|\mathrm{d}s$$

$$\leqslant \int_{t_0}^t (\|A(s)\|\|x_0\|+\|f(s)\|)\mathrm{d}s$$

$$\leqslant K(\|x_0\|+1)(t-t_0).$$

2) 假设 (3.4) 式当 $k = m$ 时成立, 证明 (3.4) 式当 $k = m + 1$ 时也成立:

$$\|x^{m+1}(t) - x^m(t)\| \leqslant \int_{t_0}^t \|A(s)(x^m(s) - x^{m-1}(s))\| \mathrm{d}s$$

$$\leqslant \int_{t_0}^t \|A(s)\| \|x^m(s) - x^{m-1}(s)\| \mathrm{d}s$$

$$\leqslant \int_{t_0}^t K(1 + \|x_0\|) \frac{K^m (s - t_0)^m}{m!} \mathrm{d}s$$

$$\leqslant (1 + \|x_0\|) \frac{K^{m+1} (t - t_0)^{m+1}}{(m+1)!}, \quad t \in [t_0, \beta].$$

由定义有

$$x^m(t) = x^0(t) + \sum_{k=1}^m (x^k(t) - x^{k-1}(t)),$$

利用 (3.4) 式, 则级数

$$x^0(t) + \sum_{k=1}^{+\infty} (x^k(t) - x^{k-1}(t)) = \lim_{m \to +\infty} x^m(t) = x(t),$$

即级数在 $[\alpha, \beta]$ 上一致收敛. 因为

$$\sum_{m \geqslant 0} (1 + \|x_0\|) \frac{K^m |\beta - \alpha|^m}{m!} = (1 + \|x_0\|) \mathrm{e}^{K|\beta - \alpha|}.$$

同时也有在 $[\alpha, \beta]$ 上的一致收敛性:

$$\lim_{k \to +\infty} (A(s) x^{k-1}(s) + f(s)) = A(s) x(s) + f(s).$$

在 (3.3) 式两边取极限,

$$\lim_{k \to +\infty} x^k(t) = x_0 + \lim_{k \to +\infty} \int_{t_0}^t (A(s) x^{k-1}(s) + f(s)) \mathrm{d}s.$$

利用在 $[\alpha, \beta]$ 上的一致收敛性,

$$x(t) = x_0 + \int_{t_0}^t \lim_{k \to +\infty} (A(s) x^{k-1}(s) + f(s)) \mathrm{d}s$$

$$= x_0 + \int_{t_0}^t (A(s) x(s) + f(s)) \mathrm{d}s,$$

由于 $a < \alpha \leqslant t_0 \leqslant \beta < b$ 及 α, β 的任意性, 这就证明了 $x(t)$ 是积分方程 (3.2) 的定义在 $]a, b[$ 上的一个解.

解的唯一性

假设 y_1, y_2 是方程 (3.2) 定义在 $]a, b[$ 上的两个解, 令 $x(t) = y_1(t) - y_2(t)$, 则

$$x(t) = \int_{t_0}^t A(s)x(s)\mathrm{d}s, \quad t \in]a, b[. \tag{3.5}$$

对于 $a < \alpha \leqslant t_0 \leqslant \beta < b$, 令

$$\max_{t \in [\alpha, \beta]} \|A(t)\| = K, \quad \max_{t \in [\alpha, \beta]} \|x(t)\| = M,$$

则有

$$\|x(t)\| \leqslant MK|t - t_0|, \quad \forall t \in [\alpha, \beta].$$

重复利用 (3.5) 式,

$$\|x(t)\| \leqslant M\frac{K^m|t - t_0|^m}{m!} \leqslant M\frac{K^m L^m}{m!}, \quad \forall t \in [\alpha, \beta],$$
$$L = \max_{t \in [\alpha, \beta]} |t - t_0|.$$

令 $m \to +\infty$, 则在 $[\alpha, \beta]$ 上 $x(t) = 0$.

结论

对于一阶线性微分方程组的柯西问题:

$$x'(t) = A(t)x(t) + f(t), \quad x(t_0) = x_0,$$

我们通过构造逼近序列

$$x^k(t) = x_0 + \int_{t_0}^t (A(s)x^{k-1}(s) + f(s))\mathrm{d}s, \quad k \in \mathbb{N}$$

的方法证明了解的存在唯一性. 因为

$$x(t) - x^m(t) = \sum_{k=m+1}^{+\infty} (x^k(t) - x^{k-1}(t)),$$

因此我们还有逼近序列的误差估计:

$$\|x(t) - x^m(t)\| \leqslant \sum_{k=m+1}^{+\infty} \|x^k(t) - x^{k-1}(t)\|$$
$$\leqslant \frac{(K|t - t_0|)^{m+1}}{(m + 1)!}(1 + \|x_0\|)\mathrm{e}^{K|t-t_0|}.$$

3.3　一阶齐次线性微分方程组

现在研究下列一阶齐次线性微分方程组

$$x'(t) = A(t)x(t), \tag{3.6}$$

这里 $A(t)$ 是一个 $n \times n$ 的系数为定义在 $]a, b[$ 上的实值连续函数的方阵.

定义 3.1. $S(A) \stackrel{\text{def}}{=\!=}$ 方程组 (3.6) 的所有的解组成的集合.

记 $C^1(]a,b[;\mathbb{R}^n)$ 为定义在 $]a,b[$ 上的一阶可微的 n 维实值向量值函数的空间, 则 $S(A)$ 是 $C^1(]a,b[;\mathbb{R}^n)$ 的一个子集合. 我们有下面的基本定理.

定理 3.2. (1) $S(A)$ 是 $C^1(]a,b[;\mathbb{R}^n)$ 的一个线性子空间.
(2) $\operatorname{Dim} S(A) = n$.

我们回顾一下线性代数的基本概念: 首先, $C^1(]a,b[;\mathbb{R}^n)$ 是一个线性空间, 因此对于 (1), 只需要验证线性运算在 $S(A)$ 是封闭的, 即

$$x_1, x_2 \in S(A), \alpha, \beta \in \mathbb{R} \quad \Rightarrow \quad \alpha x_1 + \beta x_2 \in S(A).$$

而对于 (2), 我们将证明存在 "一对一" 的线性映射

$$P : S(A) \to \mathbb{R}^n.$$

因此 $\operatorname{Dim} S(A) = \operatorname{Dim} \mathbb{R}^n = n$.

定理的证明:
(1) 假设 $x_1, x_2 \in S(A), \alpha, \beta \in \mathbb{R}$, 则

$$x_1'(t) = A(t)x_1(t),$$
$$x_2'(t) = A(t)x_2(t),$$

因此由矩阵运算的基本性质,

$$\alpha x_1'(t) + \beta x_2'(t) = \alpha A(t)x_1(t) + \beta A(t)x_2(t),$$
$$(\alpha x_1(t) + \beta x_2(t))' = A(t)(\alpha x_1(t) + \beta x_2(t)),$$

这就证明了 $\alpha x_1 + \beta x_2 \in S(A)$, 因此 $S(A)$ 是 $C^1(]a,b[;\mathbb{R}^n)$ 的一个线性子空间.
(2) 对于任意固定的 $t_0 \in]a,b[$, 定义映射

$$P : S(A) \to \mathbb{R}^n, \quad P(x) = x(t_0).$$

● P 是线性映射,

$$P(\alpha x_1 + \beta x_2) = \alpha x_1(t_0) + \beta x_2(t_0) = \alpha P(x_1) + \beta P(x_2).$$

● P 是线性满射: 由佩亚诺定理, 任给 $x_0 \in \mathbb{R}^n$, 柯西问题

$$\begin{cases} x'(t) = A(t)x(t), \\ x(t_0) = x_0 \end{cases}$$

存在一个解 $x \in S(A)$.
● P 是线性单射, 因为上述解是唯一的.

因此 P 是 "一对一" 的线性映射, 由此导出

$$\operatorname{Dim} S(A) = \operatorname{Dim} \mathbb{R}^n = n.$$

定义 3.2. $S(A)$ 的一簇元 $(\varphi_1, \varphi_2, \cdots, \varphi_n)$ 称为基本解组, 是指它是 $S(A)$ 的一个基.

现在的中心问题: 确定一个基本解组, 即找到方程 (3.6) 的 n 个线性无关的解.

回顾一下线性代数的基本概念:

• 称线性空间 E 的 k 个元 $f_1, f_2, \cdots, f_k$ 是线性无关的, 是指

$$\alpha_1 f_1 + \alpha_2 f_2 + \cdots + \alpha_k f_k = 0, \ \text{必有} \ \alpha_1 = \alpha_2 = \cdots = \alpha_k = 0.$$

• 称线性空间 E 的 k 个元 $f_1, f_2, \cdots, f_k$ 是线性相关的, 是指

$$\exists (\alpha_1, \alpha_2, \cdots, \alpha_k) \neq (0, 0, \cdots, 0) \ \text{使得} \ \alpha_1 f_1 + \alpha_2 f_2 + \cdots + \alpha_k f_k = 0.$$

定理 3.3. 现在假设 $\varphi_1, \varphi_2, \cdots, \varphi_k \in S(A)$, 则 $\varphi_1, \varphi_2, \cdots, \varphi_k$ 是否线性相关等价于, 对于某一点 $t_0 \in]a, b[$, $\varphi_1(t_0), \varphi_2(t_0), \cdots, \varphi_k(t_0)$ 是否线性相关.

因为

$$\forall \alpha_1, \alpha_2, \cdots, \alpha_k \in \mathbb{R}, \quad \alpha_1 \varphi_1 + \alpha_2 \varphi_2 + \cdots + \alpha_k \varphi_k \in S(A),$$

以及

$$\alpha_1 \varphi_1 + \alpha_2 \varphi_2 + \cdots + \alpha_k \varphi_k = 0, \quad \text{在} \ S(A)$$
$$\Leftrightarrow \quad \alpha_1 \varphi_1(t) + \alpha_2 \varphi_2(t) + \cdots + \alpha_k \varphi_k(t) \equiv 0, \quad \text{在} \ ]a, b[$$
$$\Leftrightarrow \quad \alpha_1 \varphi_1(t_0) + \alpha_2 \varphi_2(t_0) + \cdots + \alpha_k \varphi_k(t_0) = 0.$$

这里最后的等价关系根据佩亚诺定理的唯一性得出.

朗斯基 (Wronski) 行列式   假设 $\varphi_1, \varphi_2, \cdots, \varphi_n \in S(A)$, 其中

$$\varphi_j(t) = \begin{pmatrix} \varphi_{1j}(t) \\ \varphi_{2j}(t) \\ \vdots \\ \varphi_{nj}(t) \end{pmatrix}.$$

令

$$\Phi(t) = \begin{pmatrix} \varphi_{11}(t) & \varphi_{12}(t) & \cdots & \varphi_{1n}(t) \\ \varphi_{21}(t) & \varphi_{22}(t) & \cdots & \varphi_{2n}(t) \\ \vdots & \vdots & & \vdots \\ \varphi_{n1}(t) & \varphi_{n2}(t) & \cdots & \varphi_{nn}(t) \end{pmatrix}.$$

(1) $W(t) = \det \Phi(t)$ 称为 $\varphi_1, \varphi_2, \cdots, \varphi_n$ 的朗斯基行列式.

(2) 如果 $\varphi_1, \varphi_2, \cdots, \varphi_n$ 是一个基本解组, 则称 $\Phi(t)$ 为 $A(t)$ 的基本解矩阵.

(3) $\Phi(t)$ 为基本解矩阵当且仅当 $W(t) \neq 0, \forall t \in]a, b[$.

定理 3.4 (刘维尔 (Liouville) 定理). 假设 $\varphi_1, \varphi_2, \cdots, \varphi_n \in S(A)$, 则对于任意的 $t_0 \in \,]a, b[$ 有

$$W(t) = W(t_0) \exp\left(\int_{t_0}^{t} \operatorname{tr} A(s)\mathrm{d}s\right),$$

这里 $\operatorname{tr} A(t) = \sum_{j=1}^{n} a_{jj}(t)$.

- 由刘维尔定理

$$W(t) \neq 0, \forall t \in \,]a, b[\quad \Leftrightarrow \quad \exists t_0 \in \,]a, b[, \ W(t_0) \neq 0.$$

- 取 n 个线性无关的向量 $x_0^j \in \mathbb{R}^n$, $j = 1, 2, \cdots, n$, 由佩亚诺定理, 柯西问题

$$\begin{cases} x'(t) = A(t)x(t), \\ x(t_0) = x_0^j \end{cases}$$

存在 n 个解 $(x^1, x^2, \cdots, x^n)$, 它们组成一个基本解组.
- 因此佩亚诺定理给出了基本解组的构造方法.

刘维尔定理的证明: 由行列式的定义, 按第 j 行展开 (也可以按列展开, 见第十章) 有

$$W(t) = \sum_{k=1}^{n} \varphi_{jk}(t) A_{jk} \Rightarrow \ \frac{\partial W}{\partial \varphi_{jk}} = A_{jk},$$

这里 A_{jk} 是指标 (j, k) 位置的代数余子式.

$$W'(t) = \sum_{j,k=1}^{n} \frac{\partial W}{\partial \varphi_{jk}} \varphi'_{jk}(t) = \sum_{j=1}^{n} \left(\sum_{k=1}^{n} \varphi'_{jk}(t) A_{jk}\right) = \sum_{j=1}^{n} W_j(t).$$

其中

$$W_j(t) = \det \begin{pmatrix} \varphi_{11}(t) & \varphi_{12}(t) & \cdots & \varphi_{1n}(t) \\ \vdots & \vdots & & \vdots \\ \varphi'_{j1}(t) & \varphi'_{j2}(t) & \cdots & \varphi'_{jn}(t) \\ \vdots & \vdots & & \vdots \\ \varphi_{n1}(t) & \varphi_{n2}(t) & \cdots & \varphi_{nn}(t) \end{pmatrix} \leftarrow 第 \ j \ 行$$

$$= \det \begin{pmatrix} \varphi_{11}(t) & \varphi_{12}(t) & \cdots & \varphi_{1n}(t) \\ \vdots & \vdots & & \vdots \\ \sum_{l=1}^{n} a_{jl}(t)\varphi_{l1}(t) & \sum_{l=1}^{n} a_{jl}(t)\varphi_{l2}(t) & \cdots & \sum_{l=1}^{n} a_{jl}(t)\varphi_{ln}(t) \\ \vdots & \vdots & & \vdots \\ \varphi_{n1}(t) & \varphi_{n2}(t) & \cdots & \varphi_{nn}(t) \end{pmatrix}.$$

因此

$$W_j(t) = \sum_{l=1}^n a_{jl}(t)\det \begin{pmatrix} \varphi_{11}(t) & \varphi_{12}(t) & \cdots & \varphi_{1n}(t) \\ \vdots & \vdots & & \vdots \\ \varphi_{l1}(t) & \varphi_{l2}(t) & \cdots & \varphi_{ln}(t) \\ \vdots & \vdots & & \vdots \\ \varphi_{n1}(t) & \varphi_{n2}(t) & \cdots & \varphi_{nn}(t) \end{pmatrix} \leftarrow \text{第 } j \text{ 行}$$

$$= a_{jj}(t)\det \begin{pmatrix} \varphi_{11}(t) & \varphi_{12}(t) & \cdots & \varphi_{1n}(t) \\ \vdots & \vdots & & \vdots \\ \varphi_{j1}(t) & \varphi_{j2}(t) & \cdots & \varphi_{jn}(t) \\ \vdots & \vdots & & \vdots \\ \varphi_{n1}(t) & \varphi_{n2}(t) & \cdots & \varphi_{nn}(t) \end{pmatrix} = a_{jj}(t)\,W(t).$$

因为

$$0 = \det \begin{pmatrix} \varphi_{11}(t) & \varphi_{12}(t) & \cdots & \varphi_{1n}(t) \\ \vdots & \vdots & & \vdots \\ \varphi_{l1}(t) & \varphi_{l2}(t) & \cdots & \varphi_{ln}(t) \\ \vdots & \vdots & & \vdots \\ \varphi_{n1}(t) & \varphi_{n2}(t) & \cdots & \varphi_{nn}(t) \end{pmatrix} \leftarrow \text{第 } j \text{ 行, 但是 } l \neq j.$$

因此

$$W'(t) = \sum_{j=1}^n a_{jj}(t)W(t) = (\operatorname{tr} A(t))W(t),$$

求解这个线性方程得

$$W(t) = W(t_0) \exp\left(\int_{t_0}^t \operatorname{tr} A(s)\mathrm{d}s \right).$$

通解和特解　假设 $\Phi(t) = (\varphi_1(t), \varphi_2(t), \cdots, \varphi_n(t))$ 是一个基本解组, 则任给 $y \in S(A)$, 存在 $C = (c_1, c_2, \cdots, c_n)^{\mathrm{T}} \in \mathbb{R}^n$ 使得

$$y(t) = \sum_{j=1}^n c_j\varphi_j(t) = \Phi(t)C,$$

由此得到方程组 (3.6) 的通解. 若满足柯西条件 $y(t_0) = y_0$, 则

$$y(t_0) = \Phi(t_0)C = y_0 \implies C = \Phi^{-1}(t_0)y_0,$$

这里用到了 $W(t_0) = \det \Phi(t_0) \neq 0$, 因此 $\Phi(t_0)$ 是可逆的. 由此得到特解

$$y(t) = \Phi(t)\Phi^{-1}(t_0)y_0.$$

3.4　非齐次线性微分方程组

现在回到微分方程组

$$x'(t) = A(t)x(t) + f(t), \tag{3.7}$$

记 $S(A, f)$ 为上述方程组的解的集合.

定理 3.5. $S(A, f)$ 是一个仿射线性空间, 即

$$S(A, f) = y^* + S(A) = \{y^* + \bar{y};\ \bar{y} \in S(A)\},$$

这里 y^* 是方程组 (3.7) 的一个特解, $S(A)$ 是相应的齐次线性微分方程组的解的集合.

证明: 先证明 $y^* + S(A) \subset S(A, f)$. 若 $y \in y^* + S(A)$, 则

$$y(t) = y^*(t) + \bar{y}(t), \quad \bar{y} \in S(A),$$

另一方面

$$\begin{aligned}
y'(t) &= y^{*'}(t) + \bar{y}'(t) \\
&= (A(t)y^*(t) + f(t)) + A(t)\bar{y}(t) \\
&= A(t)(y^*(t) + \bar{y}(t)) + f(t) \\
&= A(t)y(t) + f(t),
\end{aligned}$$

因此 $y \in S(A, f)$. 反过来, 若 $y \in S(A, f)$, 令 $\tilde{y}(t) = y(t) - y^*(t)$, 则

$$\begin{aligned}
\tilde{y}'(t) &= y'(t) - y^{*'}(t) \\
&= (A(t)y(t) + f(t)) - (A(t)y^*(t) + f(t)) \\
&= A(t)(y(t) - y^*(t)) = A(t)\tilde{y}(t),
\end{aligned}$$

因此

$$\tilde{y} \in S(A) \ \Rightarrow\ y = y^* + \tilde{y} \in y^* + S(A).$$

常数变易法求特解

定理 3.6. 假设 $\Phi(t)$ 是 A 的基本解矩阵, 则

$$y(t) = \Phi(t) \int \Phi^{-1}(t) f(t) \mathrm{d}t \in S(A, f).$$

证明: 试着求下列形式的解:

$$y(t) = \Phi(t) C(t),$$

其中

$$C(t) = \begin{pmatrix} c_1(t) \\ c_2(t) \\ \vdots \\ c_n(t) \end{pmatrix}.$$

则

$$y'(t) = \Phi'(t)C(t) + \Phi(t)C'(t),$$

如果 $y(t)$ 是方程组 (3.7) 的一个解, 则

$$y'(t) = A(t)y(t) + f(t) \Rightarrow$$

$$\Phi'(t)C(t) + \Phi(t)C'(t) = A(t)\Phi(t)C(t) + f(t).$$

因为 $\Phi'(t) = A(t)\Phi(t)$, 所以得到

$$\Phi(t)C'(t) = f(t).$$

因此

$$C'(t) = \Phi^{-1}(t)f(t) \Rightarrow C(t) = \int \Phi^{-1}(t)f(t)\mathrm{d}t.$$

通解公式: 由此得到方程组

$$x'(t) = A(t)x(t) + f(t)$$

的通解公式为

$$y(t) = \Phi(t)\left(\tilde{C} + \int \Phi^{-1}(t)f(t)\mathrm{d}t\right),$$

其中

$$\tilde{C} = \begin{pmatrix} \tilde{c}_1 \\ \tilde{c}_2 \\ \vdots \\ \tilde{c}_n \end{pmatrix} \in \mathbb{R}^n.$$

柯西问题的求解公式: 柯西问题

$$\begin{cases} x'(t) = A(t)x(t) + f(t), \\ x(t_0) = x_0 \in \mathbb{R}^n \end{cases}$$

的求解公式为

$$y(t) = \Phi(t)\left(\Phi^{-1}(t_0)x_0 + \int_{t_0}^{t} \Phi^{-1}(s)f(s)\mathrm{d}s\right).$$

因此求解非齐次线性微分方程组分两步:
(1) 先求一个基本解组 $\Phi(t)$.
(2) 然后求一个特解.

3.5 一阶常系数线性微分方程组

研究下列一阶常系数齐次线性微分方程组

$$x'(t) = Ax(t). \tag{3.8}$$

这里系数矩阵

$$A = \begin{pmatrix} a_{11} & a_{12} & \cdots & a_{1n} \\ a_{21} & a_{22} & \cdots & a_{2n} \\ \vdots & \vdots & & \vdots \\ a_{n1} & a_{n2} & \cdots & a_{nn} \end{pmatrix}$$

为 $n \times n$ 的实常数矩阵.

本节的目的是求方程组 (3.8) 的基本解矩阵, 即 (3.8) 的 n 个线性无关的解.

对于常系数的情况, 我们将给出一个完整的答案, 以及根据不同的情况给出具体的计算方法.

矩阵指数
定义 3.3. 假设 A 为 $n \times n$ 矩阵, 定义

$$\mathrm{e}^A = \exp(A) = \sum_{k=0}^{+\infty} \frac{A^k}{k!},$$

其中 A^k 为 A 的 k 次幂, 这里约定 $0! = 1, A^0 = E$ 是单位矩阵.

上述矩阵级数是收敛的, 因为

$$\|A^k\| \leqslant C^{k-1}\|A\|^k, \quad \sum_{k=0}^{+\infty} \frac{C^k\|A\|^k}{k!} < +\infty.$$

同理, 矩阵指数函数

$$\mathrm{e}^{tA} = \exp(tA) = \sum_{k=0}^{+\infty} \frac{t^k A^k}{k!}$$

关于 t 在任何有界区间上一致收敛.

矩阵指数的基本性质
(1) 若 $AB = BA$, 则 $\mathrm{e}^{A+B} = \mathrm{e}^A \mathrm{e}^B$. 直接证明这个等式是比较复杂的, 我们将利用微分方程的解的唯一性来证明这个等式.

(2) 对任何矩阵 A, e^A 是可逆的, 以及

$$(\exp A)^{-1} = \exp(-A).$$

这个等式由 (1) 直接给出.

(3) 若 T 是一个非奇异方阵, 则

$$\exp{(T^{-1}AT)} = T^{-1}(\exp{A})T.$$

这个等式成立, 因为

$$(T^{-1}AT)^k = T^{-1}A^kT.$$

基本解矩阵

定理 3.7. 假设 A 为 $n \times n$ 的实常数矩阵, 则

$$\Phi(t) = \exp{(tA)}$$

是方程组 (3.8) 的基本解矩阵, 以及 $\Phi(0) = E$.

- 这个定理给出了计算基本解矩阵的一般方法, 但是因为是无穷级数, 所以一般不使用这个方法来具体计算.
- 有一些特殊情况也是可以使用这个方法来计算的, 比如存在某个 k_0 使得 $A^{k_0} = 0$.
- 使用这个定理, 也可以反过来利用基本解矩阵计算矩阵指数, 即: 如果 $\Psi(t)$ 是 (3.8) 的一个基本解矩阵, 则由佩亚诺定理的唯一性有

$$\Psi(t)\Psi^{-1}(0) = \exp{(tA)}.$$

定理的证明: 由 $\exp{(tA)}$ 的定义知 $\Phi(0) = E$.

$$\begin{aligned}
\Phi'(t) &= (\exp{(tA)})' \\
&= A + \frac{tA^2}{1!} + \frac{t^2A^3}{2!} + \cdots + \frac{t^mA^{m+1}}{m!} + \cdots \\
&= A\left(E + \frac{tA}{1!} + \frac{t^2A^2}{2!} + \cdots + \frac{t^mA^m}{m!} + \cdots\right) \\
&= A\exp{(tA)} = A\Phi(t).
\end{aligned}$$

因此 $\Phi(t) = \exp{(tA)}$ 是基本解矩阵.

现在证明: 若 $AB = BA$, 则

$$\mathrm{e}^{t(A+B)} = \mathrm{e}^{tA}\mathrm{e}^{tB} = \mathrm{e}^{tB}\mathrm{e}^{tA}.$$

对于 $y_0 \in \mathbb{R}^n$, 令

$$v(t) = \mathrm{e}^{tB}y_0, \quad u(t) = \mathrm{e}^{tA}v(t),$$

$$v'(t) = Bv(t), \quad v(0) = y_0 = u(0),$$

$$\begin{aligned}
u'(t) &= (\mathrm{e}^{tA})'v(t) + \mathrm{e}^{tA}v'(t) \\
&= A\mathrm{e}^{tA}v(t) + \mathrm{e}^{tA}Bv(t) = (A+B)u(t)
\end{aligned}$$

$$\Rightarrow \quad u(t) = \mathrm{e}^{t(A+B)}y_0$$

$$\Rightarrow \quad \mathrm{e}^{t(A+B)}y_0 = u(t) = \mathrm{e}^{tA}v(t) = \mathrm{e}^{tA}\mathrm{e}^{tB}y_0, \ \forall y_0 \in \mathbb{R}^n.$$

分别取 $y_0 = e_1, e_2, \cdots, e_n$, 就证明了

$$e^{t(A+B)} = e^{tB} e^{tA}.$$

矩阵指数的例子 试求

$$\begin{cases} x_1' = 2x_1 + x_2, \\ x_2' = 2x_2 \end{cases}$$

的基本解矩阵.

$$A = \begin{pmatrix} 2 & 1 \\ 0 & 2 \end{pmatrix} = \begin{pmatrix} 2 & 0 \\ 0 & 2 \end{pmatrix} + \begin{pmatrix} 0 & 1 \\ 0 & 0 \end{pmatrix},$$

$$e^{tA} = \exp\left(t \begin{pmatrix} 2 & 0 \\ 0 & 2 \end{pmatrix}\right) \exp\left(t \begin{pmatrix} 0 & 1 \\ 0 & 0 \end{pmatrix}\right)$$

$$= \begin{pmatrix} e^{2t} & 0 \\ 0 & e^{2t} \end{pmatrix} \left(E + t \begin{pmatrix} 0 & 1 \\ 0 & 0 \end{pmatrix}\right)$$

$$= e^{2t} \begin{pmatrix} 1 & t \\ 0 & 1 \end{pmatrix}.$$

可约化矩阵

$$A = T^{-1} J T,$$

其中 T 为非奇异矩阵, J 为若尔当 (Jordan) 矩阵. 则

$$e^{tA} = T^{-1} e^{tJ} T,$$

其中若尔当矩阵 J 形如

$$J = \begin{pmatrix} J_1 & & & \\ & J_2 & & \\ & & \ddots & \\ & & & J_k \end{pmatrix}, \text{ 以及 } e^{tJ} = \begin{pmatrix} e^{tJ_1} & & & \\ & e^{tJ_2} & & \\ & & \ddots & \\ & & & e^{tJ_k} \end{pmatrix}.$$

因为 $e^{tA} T^{-1} = T^{-1} e^{tJ}$, 所以 $T^{-1} e^{tJ}$ 也是基本解矩阵.

基本解组的计算 回到方程组 (3.8)

$$x' = Ax,$$

寻求形如

$$\varphi(t) = e^{\lambda t} C$$

的解, 其中 λ 是待定常数, 且

$$C = \begin{pmatrix} c_1 \\ c_2 \\ \vdots \\ c_n \end{pmatrix}$$

是待定向量. 则

$$\lambda e^{\lambda t} C = A e^{\lambda t} C \quad \Rightarrow \quad (\lambda E - A)C = 0.$$

特征值和特征向量

结论: 微分方程组 (3.8) 有非零解 $\varphi(t) = e^{\lambda t} C$ 的充要条件是: λ 是矩阵 A 的特征值, C 是与 λ 对应的特征向量. 即

$$(\lambda E - A)C = 0. \tag{3.9}$$

定理 3.8. 如果矩阵 A 具有 n 个线性无关的特征向量 $v_1, v_2, \cdots, v_n$, 它们相应的特征值为 $\lambda_1, \lambda_2, \cdots, \lambda_n$ (不必互不相同), 则矩阵

$$\Phi(t) = (e^{\lambda_1 t} v_1, e^{\lambda_2 t} v_2, \cdots, e^{\lambda_n t} v_n)$$

是方程组 (3.8) 的一个基本解矩阵.

(1) 一般来说 $\Phi(t) \neq \exp(tA)$, 但是 $\exp(tA) = \Phi(t)\Phi^{-1}(0)$.

(2) 在上述定理中, 特征值和特征向量都有可能是复值, 但是由于矩阵是实系数的, 则复值的特征值一定成对出现, 因此取一个复值解的实部和虚部也可以得到两个线性无关的解.

(3) 在上述定理中有 n 个线性无关的特征向量, 因此相应于每个 k 重特征值有 k 个线性无关的特征向量.

(4) 现在余下的问题就是解决相应于一个 k 重特征值, 没有 k 个线性无关的特征向量的情况.

复特征值和复特征向量

定理 3.9. 假设实矩阵 A 有复特征值 $\lambda = a + bi, a, b \in \mathbb{R}, b \neq 0$, 其相应的复特征向量为

$$v = u + \mathrm{i}w \neq 0, \quad u, w \text{ 是实值向量}.$$

则 $\mathrm{Re}\, e^{\lambda t} v, \mathrm{Im}\, e^{\lambda t} v$ 是方程组 (3.8) 的两个线性无关的解.

证明: 首先

$$(e^{\lambda t} v)' = A(e^{\lambda t} v) \quad \Leftrightarrow \quad \lambda v = A v.$$

$$(\mathrm{Re}\, e^{\lambda t} v)' + \mathrm{i}(\mathrm{Im}\, e^{\lambda t} v)' = A(\mathrm{Re}\, e^{\lambda t} v) + \mathrm{i}A(\mathrm{Im}\, e^{\lambda t} v).$$

$$\begin{cases} (\mathrm{Re}\, e^{\lambda t} v)' = A(\mathrm{Re}\, e^{\lambda t} v), \\ (\mathrm{Im}\, e^{\lambda t} v)' = A(\mathrm{Im}\, e^{\lambda t} v). \end{cases}$$

因此 $\mathrm{Re}\,\mathrm{e}^{\lambda t}v,\mathrm{Im}\,\mathrm{e}^{\lambda t}v$ 是方程组 (3.8) 的两个解. 此外,

$$\mathrm{Re}\,\mathrm{e}^{\lambda 0}v = \mathrm{Re}\,v = u, \quad \mathrm{Im}\,\mathrm{e}^{\lambda 0}v = \mathrm{Im}\,v = w.$$

由刘维尔定理, 仅仅需要证明 u,w 是线性无关的.

反证法: 假设 u,w 是线性相关的, 因此存在 $\alpha \in \mathbb{R}$, 使得

$$u = \alpha w \Leftrightarrow v = (\alpha + \mathrm{i})w; \text{ 或者 } w = \alpha u \Leftrightarrow v = (1 + \mathrm{i}\alpha)u.$$

则

$$\lambda v = Av \Leftrightarrow \lambda u = Au \text{ 或者 } \lambda w = Aw.$$

因为 u,w,A 都是实值的, 因此 λ 也必须是实值的, 这与 λ 是复值的假设矛盾.

结论: 对于复特征值 $\lambda = a + bi, a,b \in \mathbb{R}, b \neq 0$, 以及其相应的复特征向量

$$v = u + \mathrm{i}w \neq 0, \ u,w \text{ 是实值向量}.$$

首先

$$\begin{aligned}\mathrm{e}^{\lambda t}v &= \left(\mathrm{e}^{at}\cos(bt) + \mathrm{i}\mathrm{e}^{at}\sin(bt)\right)(u + \mathrm{i}w)\\ &= \left(\mathrm{e}^{at}\cos(bt)u - \mathrm{e}^{at}\sin(bt)w\right) + \mathrm{i}\left(\mathrm{e}^{at}\cos(bt)w + \mathrm{e}^{at}\sin(bt)u\right).\end{aligned}$$

因此

$$\mathrm{Re}\,\mathrm{e}^{\lambda t}v = \mathrm{e}^{at}\cos(bt)u - \mathrm{e}^{at}\sin(bt)w,$$
$$\mathrm{Im}\,\mathrm{e}^{\lambda t}v = \mathrm{e}^{at}\cos(bt)w + \mathrm{e}^{at}\sin(bt)u$$

是方程组 (3.8) 的两个线性无关的实解.

同时 $\bar{\lambda} = a - bi$ 也是一个复特征值, 其相应的复特征向量为 $\bar{v} = u - \mathrm{i}w$. 这样也得到两个线性无关的实解.

下面通过几个例子来详细解释上述的几种情况.

(1) 复特征值和复特征向量的例子

求微分方程组 $x' = Ax$ 的基本解矩阵, 其中

$$A = \begin{pmatrix} 3 & 5 \\ -5 & 3 \end{pmatrix}.$$

矩阵 A 有两个复特征值 $\lambda_1 = 3 + 5\mathrm{i}, \lambda_2 = 3 - 5\mathrm{i}$, 以及相应的特征向量

$$v_1 = \begin{pmatrix} 1 \\ \mathrm{i} \end{pmatrix}, \quad v_2 = \begin{pmatrix} \mathrm{i} \\ 1 \end{pmatrix}.$$

因此相应的 (复) 基本解矩阵为

$$\Psi(t) = (\mathrm{e}^{\lambda_1 t}v_1, \mathrm{e}^{\lambda_2 t}v_2) = \begin{pmatrix} \mathrm{e}^{(3+5\mathrm{i})t} & \mathrm{i}\mathrm{e}^{(3-5\mathrm{i})t} \\ \mathrm{i}\mathrm{e}^{(3+5\mathrm{i})t} & \mathrm{e}^{(3-5\mathrm{i})t} \end{pmatrix}.$$

但是我们必须求出实基本解矩阵, 因此将一个复值解向量展开:

$$e^{\lambda_1 t}v_1 = \begin{pmatrix} e^{(3+5i)t} \\ ie^{(3+5i)t} \end{pmatrix} = e^{3t}\begin{pmatrix} \cos 5t \\ -\sin 5t \end{pmatrix} + ie^{3t}\begin{pmatrix} \sin 5t \\ \cos 5t \end{pmatrix}.$$

取其实部和虚部, 得到实基本解矩阵

$$\Phi(t) = e^{3t}\begin{pmatrix} \cos 5t & \sin 5t \\ -\sin 5t & \cos 5t \end{pmatrix}.$$

从另外一个特征值出发也可以得到同样的结果:

$$e^{\lambda_2 t}v_2 = \begin{pmatrix} ie^{(3-5i)t} \\ e^{(3-5i)t} \end{pmatrix} = e^{3t}\begin{pmatrix} \sin 5t \\ \cos 5t \end{pmatrix} + ie^{3t}\begin{pmatrix} \cos 5t \\ -\sin 5t \end{pmatrix}.$$

(2) 重特征值

首先有线性代数的一个重要定理:

定理 3.10 (凯莱－哈密顿 (Cayley-Hamilton) 定理). 假设 $n \times n$ 矩阵 A 的实特征值为 $\lambda_1, \lambda_2, \cdots, \lambda_r$, 相应重数为 $n_1, n_2, \cdots, n_r$; 复特征值为 $\mu_1, \mu_2, \cdots, \mu_s$, 以及 $\bar{\mu}_1, \bar{\mu}_2, \cdots, \bar{\mu}_s$, 相应重数为 $m_1, m_2, \cdots, m_s$. 并且

$$n_1 + n_2 + \cdots + n_r + 2(m_1 + m_2 + \cdots + m_s) = n.$$

则

$$U_k = \ker(A - \lambda_k E)^{n_k}; \quad \text{Dim}\, U_k = n_k, \ k = 1, 2, \cdots, r.$$

$$F_k + i\tilde{F}_k = \ker(A - \mu_k E)^{m_k}; \quad \text{Dim}\, F_k = \text{Dim}\, \tilde{F}_k = m_k, \ k = 1, 2, \cdots, s.$$

以及

$$\mathbb{R}^n = \bigoplus_{1 \leqslant k \leqslant r} U_k \bigoplus_{1 \leqslant k \leqslant s} (F_k \oplus \tilde{F}_k).$$

这里复特征值形如

$$\mu_k = a_k + ib_k, \ b_k \neq 0, \ k = 1, 2, \cdots, s.$$

从上面的分析可以找到一个基本解矩阵. 现在我们证明下面的定理.

定理 3.11. 微分方程组 (3.8) 的基本解组由下列 n 个向量值函数组成:

$$e^{\lambda_k t}P_{\lambda_k}^j(t), \ 1 \leqslant j \leqslant n_k; \ 1 \leqslant k \leqslant r;$$

$$e^{a_k t}(Q_{\mu_k}^j(t)\cos(b_k t) + \tilde{Q}_{\mu_k}^j(t)\sin(b_k t)), \ 1 \leqslant j \leqslant m_k; \ 1 \leqslant k \leqslant s;$$

其中向量值函数 $P_{\lambda_k}^j(t)$ 的每一个分量都是次数不大于 $n_k - 1$ 的多项式. 同时, 向量值函数 $Q_{\mu_k}^j(t), \tilde{Q}_{\mu_k}^j(t)$ 的每一个分量也都是次数不大于 $m_k - 1$ 的多项式.

证明: 首先对于任意的 $y_0 \in \mathbb{R}^n, y(t) = e^{tA}y_0$ 是方程组 (3.8) 的一个满足 $y(0) = y_0$ 的解.

假设 $(y_{k,1}, y_{k,2}, \cdots, y_{k,n_k})$ 是 U_k 的一个基, 则

$$
\begin{aligned}
\mathrm{e}^{tA} y_{k,j} &= \mathrm{e}^{\lambda_k t} \mathrm{e}^{t(A-\lambda_k E)} y_{k,j} \\
&= \mathrm{e}^{\lambda_k t} \sum_{l=0}^{n_k-1} \frac{t^l (A-\lambda_k E)^l y_{k,j}}{l!} \\
&= \mathrm{e}^{\lambda_k t} P_{\lambda_k}^j(t),
\end{aligned}
$$

这里利用了 $(A-\lambda_k E)^l y_{k,j} = 0, l \geqslant n_k$, 因为 $y_{k,j} \in U_k$. 而且

$$
\mathrm{e}^{\lambda_k t} P_{\lambda_k}^1(t), \mathrm{e}^{\lambda_k t} P_{\lambda_k}^2(t), \cdots, \mathrm{e}^{\lambda_k t} P_{\lambda_k}^{n_k}(t)
$$

是线性无关的, 因为

$$
(\mathrm{e}^{\lambda_k t} P_{\lambda_k}^1(t), \mathrm{e}^{\lambda_k t} P_{\lambda_k}^2(t), \cdots, \mathrm{e}^{\lambda_k t} P_{\lambda_k}^{n_k}(t))|_{t=0} = (y_{k,1}, y_{k,2}, \cdots, y_{k,n_k})
$$

是 U_k 的一个基.

现在假设 $(f_{k,1}, f_{k,2}, \cdots, f_{k,2m_k})$ 是 $F_k \oplus \tilde{F}_k$ 的一个基, 则

$$
\begin{aligned}
\mathrm{e}^{tA} f_{k,j} &= \mathrm{e}^{\mu_k t} \mathrm{e}^{t(A-\mu_k E)} f_{k,j} \\
&= \mathrm{e}^{\mu_k t} \sum_{l=0}^{m_k-1} \frac{t^l (A-\mu_k E)^l f_{k,j}}{l!} \quad (\text{一定是实值的}) \\
&= \mathrm{e}^{a_k t} (Q_{\mu_k}^j(t) \cos(b_k t) + \tilde{Q}_{\mu_k}^j(t) \sin(b_k t)).
\end{aligned}
$$

这里利用了 $(A-\mu_k E)^l f_{k,j} = 0, l \geqslant m_k$, 因为 $f_{k,j} \in F_k \oplus \tilde{F}_k$. 而且

$$
\mathrm{e}^{tA} f_{k,1}, \mathrm{e}^{tA} f_{k,2}, \cdots, \mathrm{e}^{tA} f_{k,2m_k}
$$

是线性无关的, 因为

$$
(\mathrm{e}^{tA} f_{k,1}, \mathrm{e}^{tA} f_{k,2}, \cdots, \mathrm{e}^{tA} f_{k,2m_k})|_{t=0} = (f_{k,1}, f_{k,2}, \cdots, f_{k,2m_k})
$$

是 $F_k \oplus \tilde{F}_k$ 的一个基.

这样就得到的 n 个解

$$
y_{k,j}(t) = \mathrm{e}^{tA} y_{k,j}, \quad f_{p,q}(t) = \mathrm{e}^{tA} f_{p,q}
$$

组成一个基本解组, 因为

$$
y_{k,j}(0) = y_{k,j}, \quad f_{p,q}(0) = f_{p,q}
$$

是 $\mathbb{R}^n$ 的一个基.

实际计算的困难: 选取 U_k 的一个基底 $(y_{k,1}^0, y_{k,2}^0, \cdots, y_{k,n_k}^0)$, 以及 $F_k \oplus \tilde{F}_k$ 的一个实值基底 $(f_{k,1}^0, f_{k,2}^0, \cdots, f_{k,2m_k}^0)$ 是困难的! 因为这需要先确定 U_k 和 $F_k \oplus \tilde{F}_k$.

实际计算方法: 在具体计算中, 将 $P_{\lambda_k}^j(t), Q_{\mu_k}^j(t), \tilde{Q}_{\mu_k}^j(t)$ 作为待定多项式, 由比较系数法来确定.

假设 λ 是一个 $k \geqslant 2$ 重特征值. 我们求形如

$$
\mathrm{e}^{\lambda t}\left(t^{k-1}\begin{pmatrix} p_1^{k-1} \\ p_2^{k-1} \\ \vdots \\ p_n^{k-1} \end{pmatrix} + \cdots + t\begin{pmatrix} p_1^1 \\ p_2^1 \\ \vdots \\ p_n^1 \end{pmatrix} + \begin{pmatrix} p_1^0 \\ p_2^0 \\ \vdots \\ p_n^0 \end{pmatrix}\right)
$$

的解. 将其代入方程, 通过比较系数法, 由 p_l^j 的选取可以得到 k 个线性无关的解.

前面的证明保证了: 相应于一个 k 重特征根, 通过比较系数法可以得到 k 个线性无关的解.

假设 $\lambda = a + bi$ 是一个 $k \geqslant 2$ 重复特征值. 我们求形如

$$
\mathrm{e}^{at}\cos(bt)\left(t^{k-1}\begin{pmatrix} p_1^{k-1} \\ p_2^{k-1} \\ \vdots \\ p_n^{k-1} \end{pmatrix} + \cdots + t\begin{pmatrix} p_1^1 \\ p_2^1 \\ \vdots \\ p_n^1 \end{pmatrix} + \begin{pmatrix} p_1^0 \\ p_2^0 \\ \vdots \\ p_n^0 \end{pmatrix}\right) +
$$

$$
\mathrm{e}^{at}\sin(bt)\left(t^{k-1}\begin{pmatrix} q_1^{k-1} \\ q_2^{k-1} \\ \vdots \\ q_n^{k-1} \end{pmatrix} + \cdots + t\begin{pmatrix} q_1^1 \\ q_2^1 \\ \vdots \\ q_n^1 \end{pmatrix} + \begin{pmatrix} q_1^0 \\ q_2^0 \\ \vdots \\ q_n^0 \end{pmatrix}\right)
$$

的解. 将其代入方程, 通过比较系数法, 由 p_l^j, q_l^j 的选取可以得到 $2k$ 个线性无关的实值解.

抽象定理保证: 相应于一个 k 重复值特征值 $\lambda = a + bi$, 通过比较系数法可以得到 $2k$ 个线性无关的实解, 因为同时也有 k 重复值特征值 $\bar{\lambda} = a - bi$.

例 3.1. 求下列微分方程组的基本解组:

$$
\begin{cases} x' = -2x + 2y + 2z, \\ y' = -10x + 6y + 8z, \\ z' = 3x - y - 2z. \end{cases}
$$

解: 相应的矩阵为

$$
A = \begin{pmatrix} -2 & 2 & 2 \\ -10 & 6 & 8 \\ 3 & -1 & -2 \end{pmatrix}.
$$

矩阵 A 有 3 个特征值

$$
\lambda_1 = 0, \ \lambda_2 = 1 + \mathrm{i}, \ \lambda_3 = 1 - \mathrm{i}.
$$

相应的特征向量为

$$C_1 = \begin{pmatrix} 1 \\ -1 \\ 2 \end{pmatrix}, \quad C_2 = \begin{pmatrix} 1-\mathrm{i} \\ 2 \\ -\mathrm{i} \end{pmatrix}, \quad C_3 = \begin{pmatrix} 1+\mathrm{i} \\ 2 \\ \mathrm{i} \end{pmatrix}.$$

由此得到 3 个线性无关的解

$$X_1(t) = \begin{pmatrix} 1 \\ -1 \\ 2 \end{pmatrix}, \quad X_2(t) = \mathrm{e}^{(1+\mathrm{i})t} \begin{pmatrix} 1-\mathrm{i} \\ 2 \\ -\mathrm{i} \end{pmatrix},$$

$$X_3(t) = \mathrm{e}^{(1-\mathrm{i})t} \begin{pmatrix} 1+\mathrm{i} \\ 2 \\ \mathrm{i} \end{pmatrix}.$$

因为微分方程是实系数的, 所以解也必须是实值函数.

取 $X_2(t)$ 的实部和虚部, 它们也同样是解, 这样就得到 3 个线性无关的解

$$X_1(t) = \begin{pmatrix} 1 \\ -1 \\ 2 \end{pmatrix}, \quad \tilde{X}_2(t) = \mathrm{e}^t \begin{pmatrix} \cos t + \sin t \\ 2\cos t \\ \sin t \end{pmatrix},$$

$$\tilde{X}_3(t) = \mathrm{e}^t \begin{pmatrix} \cos t - \sin t \\ -2\sin t \\ \cos t \end{pmatrix}.$$

例 3.2. 求下列微分方程组的基本解矩阵:

$$\begin{cases} x' = -4x + y + z, \\ y' = x - y - 2z, \\ z' = -2x + y - z. \end{cases}$$

解: 相应的矩阵为

$$A = \begin{pmatrix} -4 & 1 & 1 \\ 1 & -1 & -2 \\ -2 & 1 & -1 \end{pmatrix}.$$

矩阵 A 有 1 个三重特征值 $\lambda = -2$,

$$A + 2E = \begin{pmatrix} -2 & 1 & 1 \\ 1 & 1 & -2 \\ -2 & 1 & 1 \end{pmatrix}, \quad (A+2E)^2 = 3\begin{pmatrix} 1 & 0 & -1 \\ 1 & 0 & -1 \\ 1 & 0 & -1 \end{pmatrix}.$$

以及 $(A+2E)^3 = 0$, 因此求得基本解矩阵

$$\Phi(t) = \mathrm{e}^{tA} = \mathrm{e}^{-2t}\mathrm{e}^{t(A+2E)} = \mathrm{e}^{-2t}\left(E + t(A+2E) + \frac{t^2}{2}(A+2E)^2\right)$$

$$= \mathrm{e}^{-2t}\begin{pmatrix} 1 - 2t + \dfrac{3t^2}{2} & t & t - \dfrac{3t^2}{2} \\ t + \dfrac{3t^2}{2} & 1+t & -2t - \dfrac{3t^2}{2} \\ -2t + \dfrac{3t^2}{2} & t & 1+t - \dfrac{3t^2}{2} \end{pmatrix}.$$

例 3.3. 求下列微分方程组的基本解组:

$$\begin{cases} x' = 2x - y + 2z, \\ y' = 10x - 5y + 7z, \\ z' = 4x - 2y + 2z. \end{cases}$$

解: 相应的矩阵为

$$A = \begin{pmatrix} 2 & -1 & 2 \\ 10 & -5 & 7 \\ 4 & -2 & 2 \end{pmatrix}.$$

矩阵 A 有 1 个二重特征值 $\lambda = 0$, 有 1 个单特征值 $\lambda = -1$.

关于单特征值 $\lambda = -1$, 其特征向量和相应的解为

$$C = \begin{pmatrix} 1 \\ -1 \\ -2 \end{pmatrix}, \quad X_1(t) = \begin{pmatrix} \mathrm{e}^{-t} \\ -\mathrm{e}^{-t} \\ -2\mathrm{e}^{-t} \end{pmatrix}.$$

关于二重特征值 $\lambda = 0$, 我们寻求形如

$$\begin{cases} x(t) = \mathrm{e}^{0t}(\alpha t + x_0), \\ y(t) = \mathrm{e}^{0t}(\beta t + y_0), \\ z(t) = \mathrm{e}^{0t}(\gamma t + z_0) \end{cases}$$

的解. 代入方程得到

$$\begin{cases} \alpha = 2(\alpha t + x_0) - (\beta t + y_0) + 2(\gamma t + z_0), \\ \beta = 10(\alpha t + x_0) - 5(\beta t + y_0) + 7(\gamma t + z_0), \\ \gamma = 4(\alpha t + x_0) - 2(\beta t + y_0) + 2(\gamma t + z_0). \end{cases}$$

关于 t 的系数应该等于零:

$$\begin{cases} 2\alpha - \beta + 2\gamma = 0, \\ 10\alpha - 5\beta + 7\gamma = 0, \\ 4\alpha - 2\beta + 2\gamma = 0 \end{cases}$$

以及

$$\begin{cases} \alpha = 2x_0 - y_0 + 2z_0, \\ \beta = 10x_0 - 5y_0 + 7z_0, \\ \gamma = 4x_0 - 2y_0 + 2z_0. \end{cases}$$

求解第一个方程组得到 $\gamma = 0, \beta = 2\alpha, \forall \alpha \in \mathbb{R}$.

再求第二个方程组得到 $y_0 = 2x_0 + \alpha, z_0 = \alpha, \forall x_0 \in \mathbb{R}$.

$$\begin{cases} x(t) = \alpha t + x_0, \\ y(t) = 2\alpha t + 2x_0 + \alpha, \\ z(t) = \alpha. \end{cases}$$

选取 α, x_0, 得到两个线性无关的解

$$X_2(t) = \begin{pmatrix} t \\ 2t+1 \\ 1 \end{pmatrix}, \quad X_3(t) = \begin{pmatrix} 1 \\ 2 \\ 0 \end{pmatrix}.$$

最后, $X_1(t), X_2(t), X_3(t)$ 组成一个基本解组.

3.6 小结和评注

本章严格地证明了一般性的存在唯一性定理: 线性微分方程组的佩亚诺定理, 这里的皮卡迭代法是非常重要的方法, 我们还会再次使用这个方法来证明非线性方程组的存在性定理. 与单个未知函数的一阶线性微分方程一样, 一阶线性微分方程组的解可以分解成一个特解 + 相应的齐次方程组的解. 因此求解一阶线性微分方程组分成两步:

(1) 求相应的齐次微分方程组的基本解组.

(2) 使用常数变易法求非齐次方程的一个特解.

现在总结求一阶常系数齐次线性微分方程组的基本解组的步骤:

- 第一步: 写出正确的矩阵 A, 计算 A 的特征值和相应的特征向量.

- 第二步: 如果可以找到 n 个线性无关的特征向量, 则立即可以得到一个基本解组, 如果有复值特征值, 则要取实部和虚部.

- 如果有一个 n 重特征值, 则直接计算

$$\mathrm{e}^{tA} = \mathrm{e}^{\lambda t} \mathrm{e}^{t(A - \lambda E)},$$

因为有

$$(A - \lambda E)^n = 0.$$

- 对于一般的 $k\,(1 < k < n)$ 重特征值的情况, 则利用多项式系数待定法求 k 个线性无关的解.

首先将一阶常系数齐次线性微分方程组

$$\begin{cases} x_1'(t) = a_{11}x_1(t) + a_{12}x_2(t) + \cdots + a_{1n}x_n(t), \\ x_2'(t) = a_{21}x_1(t) + a_{22}x_2(t) + \cdots + a_{2n}x_n(t), \\ \cdots\cdots\cdots\cdots \\ x_n'(t) = a_{n1}x_1(t) + a_{n2}x_2(t) + \cdots + a_{nn}x_n(t) \end{cases}$$

简写为

$$x'(t) = Ax(t),$$

其中

$$A = \begin{pmatrix} a_{11} & a_{12} & \cdots & a_{1n} \\ a_{21} & a_{22} & \cdots & a_{2n} \\ \vdots & \vdots & & \vdots \\ a_{n1} & a_{n2} & \cdots & a_{nn} \end{pmatrix},$$

这里 $a_{kj} \in \mathbb{R}, k, j = 1, 2, \cdots, n$. A 是常系数的实矩阵.

求解基本解组的详细步骤

第一步: 求矩阵 A 的特征值:

$$\det(A - \lambda E) = 0,$$

这是一个关于 λ 的 n 阶代数方程, 其系数为实系数, 因此有 n 个根, 称之为 A 的特征值: $\lambda_1, \lambda_2, \cdots, \lambda_n$, 包括重根和复根 (复根也可能有重根).

因为矩阵 A 的系数是实数, 所以如果 $\lambda_0 = \alpha + \mathrm{i}\beta$ 是 A 的特征值, 则 $\bar{\lambda}_0 = \alpha - \mathrm{i}\beta$ 也是 A 的特征值, 因为

$$\det(A - \lambda_0 E) = 0 \Rightarrow \det(\overline{A - \lambda_0 E}) = \det(A - \bar{\lambda}_0 E) = 0.$$

因此复特征值一定成对出现.

第二步: 如果 λ_k 是一个单特征值. 求相应的特征向量 C_k, 即

$$(A - \lambda_k E)C_k = 0, \quad C_k \neq 0.$$

则得到一个解

$$\mathrm{e}^{\lambda_k t}C_k = \begin{pmatrix} c_1^k \mathrm{e}^{\lambda_k t} \\ c_2^k \mathrm{e}^{\lambda_k t} \\ \vdots \\ c_n^k \mathrm{e}^{\lambda_k t} \end{pmatrix}.$$

由线性代数的定理知道, 不同的特征值相应的特征向量是线性无关的. 即

$$\lambda_k \neq \lambda_j \implies \mathrm{e}^{\lambda_k t} C_k, \ \mathrm{e}^{\lambda_j t} C_j \text{ 是线性无关的.}$$

第三步: 如果 λ 是一个 k 重特征值, $k > 1$, 求如下形式的解:

$$\varphi_\lambda(t) = \mathrm{e}^{\lambda t} P(t) = \mathrm{e}^{\lambda t} \begin{pmatrix} p_1(t) \\ p_2(t) \\ \vdots \\ p_n(t) \end{pmatrix}.$$

这里 $p_j(t)$ 都是次数不大于 $k-1$ 的多项式, 多项式的系数待定, 将它们代入微分方程组, 通过求解线性代数方程组, 和选取自由常数就可以确定 k 个线性无关的解:

$$\mathrm{e}^{\lambda t} P^1(t), \mathrm{e}^{\lambda t} P^2(t), \cdots, \mathrm{e}^{\lambda t} P^k(t).$$

第三章小结

需要特别指出的是不同特征值上述形式的解是线性无关的.
这个结果的证明作为练习!

3.7 练 习 题

解题范例 1: 求下列一阶常系数线性方程组的基本解组:

$$\begin{cases} x_1'(t) = 5x_1(t) - 28x_2(t) - 18x_3(t), \\ x_2'(t) = -x_1(t) + 5x_2(t) + 3x_3(t), \\ x_3'(t) = 3x_1(t) - 16x_2(t) - 10x_3(t). \end{cases}$$

解: 首先系数矩阵为

$$A = \begin{pmatrix} 5 & -28 & -18 \\ -1 & 5 & 3 \\ 3 & -16 & -10 \end{pmatrix},$$

其特征方程为

$$\det(A - \lambda E) = \begin{vmatrix} 5-\lambda & -28 & -18 \\ -1 & 5-\lambda & 3 \\ 3 & -16 & -10-\lambda \end{vmatrix} = 0.$$

因为

$$\begin{vmatrix} 5 & -28 & -18 \\ -1 & 5 & 3 \\ 3 & -16 & -10 \end{vmatrix} = \begin{vmatrix} 5 & -3 & -3 \\ -1 & 0 & 0 \\ 3 & -1 & -1 \end{vmatrix} = 0,$$

因此 $\lambda = 0$ 是一个特征值, 所以

$$\begin{vmatrix} 5 - \lambda & -28 & -18 \\ -1 & 5 - \lambda & 3 \\ 3 & -16 & -10 - \lambda \end{vmatrix} = \lambda P_2(\lambda),$$

其中 P_2 是二次多项式. 而另一方面,

$$(5 - \lambda)^2(-10 - \lambda) + 3 \times 3 \times (-28) + (-1) \times (-16) \times (-18) -$$
$$3 \times (5 - \lambda) \times (-18) - (-1) \times (-28) \times (-10 - \lambda) - (5 - \lambda) \times (-16) \times 3$$
$$= \det(A - \lambda E).$$

因此

$$\lambda P_2(\lambda) = -\lambda(5 - \lambda)^2 - 10(\lambda^2 - 10\lambda) - 54\lambda + 28\lambda - 48\lambda$$
$$= -\lambda^3 + \lambda = -\lambda(\lambda + 1)(\lambda - 1) .$$

得到三个单特征值 $\lambda_1 = 0, \lambda_2 = 1, \lambda_3 = -1$.

(a) 求与 $\lambda_1 = 0$ 相应的特征向量:

$$\begin{pmatrix} 5 & -28 & -18 \\ -1 & 5 & 3 \\ 3 & -16 & -10 \end{pmatrix} \begin{pmatrix} c_1 \\ c_2 \\ c_3 \end{pmatrix} = \begin{pmatrix} 0 \\ 0 \\ 0 \end{pmatrix},$$

$$\begin{cases} 5c_1 - 28c_2 - 18c_3 = 0, \\ -c_1 + 5c_2 + 3c_3 = 0, \\ 3c_1 - 16c_2 - 10c_3 = 0, \end{cases}$$

$$\begin{cases} -3c_2 - 3c_3 = 0, \\ -c_1 + 5c_2 + 3c_3 = 0, \\ -c_2 - c_3 = 0, \end{cases}$$

$$c_2 = -c_3, \quad c_1 = -2c_3.$$

因此与 $\lambda_1 = 0$ 相应的特征向量为

$$v_1 = \begin{pmatrix} -2 \\ -1 \\ 1 \end{pmatrix}.$$

(b) 求与 $\lambda_2 = 1$ 相应的特征向量:

$$\begin{pmatrix} 5 - 1 & -28 & -18 \\ -1 & 5 - 1 & 3 \\ 3 & -16 & -10 - 1 \end{pmatrix} \begin{pmatrix} c_1 \\ c_2 \\ c_3 \end{pmatrix} = \begin{pmatrix} 0 \\ 0 \\ 0 \end{pmatrix}.$$

$$\begin{cases} 4c_1 - 28c_2 - 18c_3 = 0, \\ -c_1 + 4c_2 + 3c_3 = 0, \\ 3c_1 - 16c_2 - 11c_3 = 0, \end{cases}$$

$$\begin{cases} -12c_2 - 6c_3 = 0, \\ -c_1 + 4c_2 + 3c_3 = 0, \\ -4c_2 - 2c_3 = 0, \end{cases}$$

$$c_3 = -2c_2, \quad c_1 = -2c_2.$$

因此与 $\lambda_2 = 1$ 相应的特征向量为

$$v_2 = \begin{pmatrix} -2 \\ 1 \\ -2 \end{pmatrix}.$$

(c) 求与 $\lambda_3 = -1$ 相应的特征向量:

$$\begin{pmatrix} 5+1 & -28 & -18 \\ -1 & 5+1 & 3 \\ 3 & -16 & -10+1 \end{pmatrix} \begin{pmatrix} c_1 \\ c_2 \\ c_3 \end{pmatrix} = \begin{pmatrix} 0 \\ 0 \\ 0 \end{pmatrix},$$

$$\begin{cases} 6c_1 - 28c_2 - 18c_3 = 0, \\ -c_1 + 6c_2 + 3c_3 = 0, \\ 3c_1 - 16c_2 - 9c_3 = 0, \end{cases}$$

$$\begin{cases} 8c_2 = 0, \\ -c_1 + 6c_2 + 3c_3 = 0, \\ 2c_2 = 0, \end{cases}$$

$$c_2 = 0, \quad c_1 = 3c_3.$$

因此与 $\lambda_3 = -1$ 相应的特征向量为

$$v_3 = \begin{pmatrix} 3 \\ 0 \\ 1 \end{pmatrix}.$$

答案: 我们得到一个基本解组, 它由下面三个解组成:

$$\varphi_1(t) = \begin{pmatrix} -2 \\ -1 \\ 1 \end{pmatrix}, \ \varphi_2(t) = \begin{pmatrix} -2\mathrm{e}^t \\ \mathrm{e}^t \\ -2\mathrm{e}^t \end{pmatrix}, \ \varphi_3(t) = \begin{pmatrix} 3\mathrm{e}^{-t} \\ 0 \\ \mathrm{e}^{-t} \end{pmatrix}.$$

解题范例 2: 对于下列一阶常系数线性方程组:

$$\begin{cases} x_1'(t) = 3x_1(t) - x_2(t) + x_3(t), \\ x_2'(t) = 2x_1(t) + x_3(t), \\ x_3'(t) = x_1(t) - x_2(t) + 2x_3(t). \end{cases}$$

(1) 求满足下列初值条件的解:

$$x(0) = \begin{pmatrix} \eta_1 \\ \eta_2 \\ \eta_3 \end{pmatrix} \in \mathbb{R}^3.$$

(2) 计算 e^{tA}.

解: 首先系数矩阵为

$$A = \begin{pmatrix} 3 & -1 & 1 \\ 2 & 0 & 1 \\ 1 & -1 & 2 \end{pmatrix},$$

其特征方程为

$$\det(A - \lambda E) = \begin{vmatrix} 3-\lambda & -1 & 1 \\ 2 & -\lambda & 1 \\ 1 & -1 & 2-\lambda \end{vmatrix} = 0,$$

$$(3-\lambda)\begin{vmatrix} -\lambda & 1 \\ -1 & 2-\lambda \end{vmatrix} + (-1) \times (-1)^3 \begin{vmatrix} 2 & 1 \\ 1 & 2-\lambda \end{vmatrix} + 1 \times (-1)^4 \begin{vmatrix} 2 & -\lambda \\ 1 & -1 \end{vmatrix} = 0,$$

$$((3-\lambda)\lambda(\lambda-2) + (3-\lambda)) + (2(2-\lambda)-1) + (-2+\lambda) = 0,$$

$$(3-\lambda)\lambda(\lambda-2) + 2(2-\lambda) = 0,$$

$$(\lambda-2)((3-\lambda)\lambda - 2) = 0,$$

$$-(\lambda-2)^2(\lambda-1) = 0.$$

因此得到一个单特征值 $\lambda_1 = 1$, 一个二重特征值 $\lambda_2 = \lambda_3 = 2$.

(a) 求与单特征值 $\lambda_1 = 1$ 相应的特征向量:

$$\begin{pmatrix} 3-1 & -1 & 1 \\ 2 & -1 & 1 \\ 1 & -1 & 2-1 \end{pmatrix} \begin{pmatrix} c_1 \\ c_2 \\ c_3 \end{pmatrix} = \begin{pmatrix} 0 \\ 0 \\ 0 \end{pmatrix},$$

$$\begin{cases} 2c_1 - c_2 + c_3 = 0, \\ 2c_1 - c_2 + c_3 = 0, \\ c_1 - c_2 + c_3 = 0, \end{cases}$$

$$\begin{cases} c_2 - c_3 = 0, \\ c_1 - c_2 + c_3 = 0, \\ c_2 = c_3, \quad c_1 = 0. \end{cases}$$

因此与 $\lambda_1 = 1$ 相应的特征向量为

$$v_1 = \begin{pmatrix} 0 \\ 1 \\ 1 \end{pmatrix}.$$

(b) 现在求与二重特征值 $\lambda_2 = 2$ 相应的两个线性无关的解. 我们寻求下列形式的解:

$$\varphi(t) = \mathrm{e}^{2t} \begin{pmatrix} \alpha t + x_0 \\ \beta t + y_0 \\ \gamma t + z_0 \end{pmatrix}.$$

$$\varphi'(t) = 2\mathrm{e}^{2t} \begin{pmatrix} \alpha t + x_0 \\ \beta t + y_0 \\ \gamma t + z_0 \end{pmatrix} + \mathrm{e}^{2t} \begin{pmatrix} \alpha \\ \beta \\ \gamma \end{pmatrix},$$

$$\varphi'(t) = \mathrm{e}^{2t} \begin{pmatrix} 2\alpha t + 2x_0 + \alpha \\ 2\beta t + 2y_0 + \beta \\ 2\gamma t + 2z_0 + \gamma \end{pmatrix}.$$

代入方程

$$\varphi'(t) = A\varphi(t), \ \Rightarrow \ \begin{pmatrix} \alpha \\ \beta \\ \gamma \end{pmatrix} = (A - 2E) \begin{pmatrix} \alpha t + x_0 \\ \beta t + y_0 \\ \gamma t + z_0 \end{pmatrix}.$$

$$A - 2E = \begin{pmatrix} 1 & -1 & 1 \\ 2 & -2 & 1 \\ 1 & -1 & 0 \end{pmatrix},$$

$$\begin{cases} \alpha = (\alpha t + x_0) - (\beta t + y_0) + (\gamma t + z_0), \\ \beta = 2(\alpha t + x_0) - 2(\beta t + y_0) + (\gamma t + z_0), \\ \gamma = (\alpha t + x_0) - (\beta t + y_0), \end{cases}$$

$$\begin{cases} \alpha = (\alpha - \beta + \gamma)t + (x_0 - y_0 + z_0), \\ \beta = (2\alpha - 2\beta + \gamma)t + (2x_0 - 2y_0 + z_0), \\ \gamma = (\alpha - \beta)t + (x_0 - y_0), \end{cases}$$

$$
(1) \quad \begin{cases} \alpha - \beta + \gamma = 0, \\ 2\alpha - 2\beta + \gamma = 0, \\ \alpha - \beta = 0, \end{cases}
$$

$$
(2) \quad \begin{cases} \alpha = x_0 - y_0 + z_0, \\ \beta = 2x_0 - 2y_0 + z_0, \\ \gamma = x_0 - y_0, \end{cases}
$$

(1) 式 $\Rightarrow \alpha = \beta, \ \gamma = 0;$ (2) 式 $\Rightarrow x_0 = y_0, \ z_0 = \alpha.$

这样就得到了

$$
\varphi(t) = \mathrm{e}^{2t} \begin{pmatrix} \alpha t + x_0 \\ \alpha t + x_0 \\ \alpha \end{pmatrix}.
$$

这里需要指出的是在一些情况下可以取 $\alpha = \beta = \gamma = 0$, 而由 x_0, y_0, z_0 的选取得到两个线性无关的向量.

这样就得到了与二重特征值 $\lambda_2 = 2$ 相应的两个线性无关的解

$$
\varphi_2(t) = \mathrm{e}^{2t} \begin{pmatrix} t \\ t \\ 1 \end{pmatrix}, \quad \varphi_3(t) = \mathrm{e}^{2t} \begin{pmatrix} 1 \\ 1 \\ 0 \end{pmatrix},
$$

它们与

$$
\varphi_1(t) = \mathrm{e}^t v_1 = \mathrm{e}^t \begin{pmatrix} 0 \\ 1 \\ 1 \end{pmatrix}
$$

组成一个基本解组.

因此其通解为

$$
x(t) = c_1 \varphi_1(t) + c_2 \varphi_2(t) + c_3 \varphi_3(t).
$$

$$
x(0) = \begin{pmatrix} \eta_1 \\ \eta_2 \\ \eta_3 \end{pmatrix} \Leftrightarrow \begin{pmatrix} \eta_1 \\ \eta_2 \\ \eta_3 \end{pmatrix} = \begin{pmatrix} c_3 \\ c_1 + c_3 \\ c_1 + c_2 \end{pmatrix},
$$

由此得到常数 c_1, c_2, c_3 满足

$$
c_1 = \eta_2 - \eta_1, \quad c_2 = \eta_3 - \eta_2 + \eta_1, \quad c_3 = \eta_1.
$$

答案: (1) 因此满足初值条件的解为

$$x(t) = \begin{pmatrix} e^{2t}((\eta_3 - \eta_2 + \eta_1)t + \eta_1) \\ e^t(\eta_2 - \eta_1) + e^{2t}((\eta_3 - \eta_2 + \eta_1)t + \eta_1) \\ e^t(\eta_2 - \eta_1) + e^{2t}(\eta_3 - \eta_2 + \eta_1) \end{pmatrix}.$$

现在确定一个特殊的基本解组:

$$x_1(0) = \begin{pmatrix} 1 \\ 0 \\ 0 \end{pmatrix} \Leftrightarrow x_1(t) = \begin{pmatrix} e^{2t}(t+1) \\ -e^t + e^{2t}(t+1) \\ -e^t + e^{2t} \end{pmatrix},$$

$$x_2(0) = \begin{pmatrix} 0 \\ 1 \\ 0 \end{pmatrix} \Leftrightarrow x_2(t) = \begin{pmatrix} -e^{2t}t \\ e^t - e^{2t}t \\ e^t - e^{2t} \end{pmatrix}.$$

$$x_3(0) = \begin{pmatrix} 0 \\ 0 \\ 1 \end{pmatrix} \Leftrightarrow x_3(t) = \begin{pmatrix} e^{2t}t \\ e^{2t}t \\ e^{2t} \end{pmatrix}.$$

答案: (2) 由柯西问题的解的唯一性, 我们得到

$$e^{tA} = \begin{pmatrix} e^{2t}(t+1) & -e^{2t}t & e^{2t}t \\ -e^t + e^{2t}(t+1) & e^t - e^{2t}t & e^{2t}t \\ -e^t + e^{2t} & e^t - e^{2t} & e^{2t} \end{pmatrix}.$$

其他的例子

求下列一阶常系数线性方程组的基本解组:

$$\begin{cases} x_1'(t) = 5x_1(t) - 28x_2(t) - 18x_3(t), \\ x_2'(t) = -x_1(t) + 5x_2(t) + 3x_3(t), \\ x_3'(t) = 3x_1(t) - 16x_2(t) - 10x_3(t), \\ x_4'(t) = 3x_4(t) - x_5(t) + x_6(t), \\ x_5'(t) = 2x_4(t) + x_6(t), \\ x_6'(t) = x_4(t) - x_5(t) + 2x_6(t). \end{cases}$$

立即看出这是前面的两个方程组的组合, 因此立即可以得到由六个解组成的基本解组:

$$\varphi_1(t) = \begin{pmatrix} -2 \\ -1 \\ 1 \\ 0 \\ 0 \\ 0 \end{pmatrix}, \quad \varphi_2(t) = e^t \begin{pmatrix} -2 \\ 1 \\ -2 \\ 0 \\ 0 \\ 0 \end{pmatrix}, \quad \varphi_3(t) = e^{-t} \begin{pmatrix} 3 \\ 0 \\ 1 \\ 0 \\ 0 \\ 0 \end{pmatrix},$$

$$\varphi_4(t) = \mathrm{e}^t \begin{pmatrix} 0 \\ 0 \\ 0 \\ 0 \\ 1 \\ 1 \end{pmatrix}, \quad \varphi_5(t) = \mathrm{e}^{2t} \begin{pmatrix} 0 \\ 0 \\ 0 \\ t \\ t \\ 1 \end{pmatrix}, \quad \varphi_6(t) = \mathrm{e}^{2t} \begin{pmatrix} 0 \\ 0 \\ 0 \\ 1 \\ 1 \\ 0 \end{pmatrix}.$$

1.【补齐佩亚诺定理的证明】

(1) 考虑柯西问题

$$\begin{cases} x'(t) = A(t)x(t) + f(t), \\ x(t_0) = x_0, \end{cases} \tag{3.10}$$

其中 $A(t)$ 是定义在开区间 $]a, b[$ 上的 $n \times n$ 实值连续函数矩阵, $f(t)$ 是定义在开区间 $]a, b[$ 上的实值连续向量值函数, $t_0 \in]a, b[$, $x_0 \in \mathbb{R}^n$. 证明上述柯西问题 (3.10) 等价于积分方程

$$x(t) = x_0 + \int_{t_0}^t (A(s)x(s) + f(s))\mathrm{d}s. \tag{3.11}$$

即: $x(t)$ 是柯西问题 (3.10) 的在 $]a, b[$ 上的一个解, 当且仅当它是积分方程 (3.11) 在 $]a, b[$ 上的一个解.

(2) 假设定义在 $[\alpha, \beta]$ $(\alpha < t_0 < \beta)$ 上的序列 $\{x^m(t)\}$ 满足

$$\|x^m(t) - x^{m-1}(t)\| \leqslant C^{m+1} \frac{|t - t_0|^m}{m!}, \quad \forall t \in [\alpha, \beta], \forall m \in \mathbb{N}_+.$$

证明级数

$$x^0(t) + \sum_{k=1}^{+\infty} (x^k(t) - x^{k-1}(t))$$

在 $[\alpha, \beta]$ 上一致收敛于一个连续函数 $x(t)$ (也在 $[\alpha, \beta]$ 上连续).

2.【常系数方程组的解】

(1) 考虑柯西问题

$$\begin{cases} x'(t) = Ax(t) + f(t), \\ x(t_0) = x_0, \end{cases} \tag{3.12}$$

其中 A 是 $n \times n$ 实常数系数矩阵, $f(t)$ 是定义在开区间 $]a, b[$ 上的实值连续向量值函数, $t_0 \in]a, b[$, $x_0 \in \mathbb{R}^n$. 证明上述柯西问题 (3.12) 有下面的解:

$$x(t) = \mathrm{e}^{(t-t_0)A} \left(x_0 + \int_{t_0}^t \mathrm{e}^{-(s-t_0)A} f(s)\mathrm{d}s \right). \tag{3.13}$$

(2) 假设 A 是可逆矩阵, f 是常数向量, 证明 (3.13) 式可以写成

$$x(t) = \mathrm{e}^{(t-t_0)A} (x_0 + A^{-1}f) - A^{-1}f.$$

3.【题 2 的应用】求解柯西问题

$$x'(t) = Ax(t) + f, \ x(0) = \begin{pmatrix} 3 \\ 2 \end{pmatrix}, \ A = \begin{pmatrix} 1 & 2 \\ 2 & 1 \end{pmatrix}, \ f = \begin{pmatrix} 1 \\ 2 \end{pmatrix}.$$

(1) 首先对角化矩阵 A, 即: 证明存在对角矩阵 D 以及可逆矩阵 P 使得

$$A = PDP^{-1}.$$

(2) 计算 e^{tA}.

(3) 应用 (3.13) 式.

4.【补齐定理 3.3 的证明】

详细证明定理 3.3.

5.【补齐定理 3.4 的证明】回顾 n 阶行列式的定义, 先给出下列式子中符号的定义, 然后证明等式:

$$W(t) = \sum_{k=1}^{n} \varphi_{jk}(t) A_{jk} \ \Rightarrow \ \frac{\partial W}{\partial \varphi_{jk}} = A_{jk}.$$

$$W'(t) = \sum_{j,k=1}^{n} \frac{\partial W}{\partial \varphi_{jk}} \varphi'_{jk}(t) = \sum_{j=1}^{n} \left(\sum_{k=1}^{n} \varphi'_{jk}(t) A_{jk} \right) = \sum_{j=1}^{n} W_j(t).$$

6. 假设 $\varPhi(t)$ 是常系数齐次方程 $x'(t) = Ax(t)$ 的一个基本解矩阵, 证明

$$\varPhi(t) \, \varPhi(0) = \exp(tA).$$

7.【对角化矩阵】令

$$A = \begin{pmatrix} 1 & -1 & 4 \\ 3 & 2 & -1 \\ 2 & 1 & -1 \end{pmatrix}, \quad P = \begin{pmatrix} 1/3 & 1/6 & 1/2 \\ -1/3 & -2/3 & 1 \\ -1/3 & -1/6 & 1/2 \end{pmatrix}$$

以及

$$P^{-1} = \begin{pmatrix} 1 & 1 & -3 \\ 1 & -2 & 3 \\ 1 & 0 & 1 \end{pmatrix}.$$

验证

$$P^{-1}AP = \begin{pmatrix} -2 & 0 & 0 \\ 0 & 1 & 0 \\ 0 & 0 & 3 \end{pmatrix}.$$

求解柯西问题

$$x'(t) = Ax(t), \quad x(0) = \begin{pmatrix} 1 \\ 0 \\ -1 \end{pmatrix}.$$

8.【若尔当矩阵】令

$$B = \begin{pmatrix} -4 & -4 & 0 \\ 10 & 9 & 1 \\ -4 & -3 & 1 \end{pmatrix}, \quad P = \begin{pmatrix} -4 & -6 & 1 \\ 6 & 10 & 0 \\ -2 & -4 & 0 \end{pmatrix}$$

以及

$$P^{-1} = \begin{pmatrix} 0 & 1 & 5/2 \\ 0 & -1/2 & -3/2 \\ 1 & 1 & 1 \end{pmatrix}.$$

验证

$$P^{-1}BP = \begin{pmatrix} 2 & 1 & 0 \\ 0 & 2 & 1 \\ 0 & 0 & 2 \end{pmatrix}.$$

求解柯西问题

$$x'(t) = Bx(t) + f, \quad x(0) = \begin{pmatrix} 2 \\ 1 \\ -1 \end{pmatrix}, \ \text{其中} \ f = \begin{pmatrix} e^{-t} \\ e^t \\ 0 \end{pmatrix}.$$

9. 令

$$A = \begin{pmatrix} 0 & 2 & -1 \\ 3 & -2 & 0 \\ -2 & 2 & 1 \end{pmatrix},$$

求下列柯西问题的基本解组:

$$x'(t) = Ax(t).$$

10. 令

$$A = \begin{pmatrix} 3 & -2 & -4 \\ -2 & 3 & 2 \\ 3 & -3 & -4 \end{pmatrix}, \quad B(t) = \begin{pmatrix} -t \\ -2t+2 \\ -1 \end{pmatrix},$$

求下列柯西问题的通解:

$$x'(t) = Ax(t) + B(t).$$

11. 令

$$A = \begin{pmatrix} 3 & -2 \\ 2 & -1 \end{pmatrix},$$

求下列柯西问题的基本解组:

$$x'(t) = Ax(t).$$

12. 令

$$A = \begin{pmatrix} 1 & 0 & -1 & 1 \\ 0 & 1 & 1 & 0 \\ 0 & 0 & 1 & 0 \\ 0 & 0 & 1 & 0 \end{pmatrix},$$

求下列柯西问题的基本解组:

$$x'(t) = Ax(t).$$

13. 令

$$A = \begin{pmatrix} 1 & 0 & 0 \\ 0 & 2 & 3 \\ 1 & 3 & 2 \end{pmatrix},$$

求下列柯西问题的基本解组:

$$x'(t) = Ax(t).$$

14. 令

$$A = \begin{pmatrix} 0 & -2 & -1 & -1 \\ 1 & 2 & 1 & 1 \\ 0 & 1 & 1 & 0 \\ 0 & 0 & 0 & 1 \end{pmatrix},$$

求下列柯西问题的基本解组:

$$x'(t) = Ax(t).$$

15. 令

$$A = \begin{pmatrix} 1 & 0 & 0 \\ -1 & 2 & 0 \\ 1 & 1 & 2 \end{pmatrix},$$

求下列柯西问题的基本解组:

$$x'(t) = Ax(t).$$

16. 求下列方程组的通解:

$$\begin{cases} x' = -x - 2y + 2z \,, \\ y' = -x + z \,, \\ z' = -x - y + 2z \,. \end{cases}$$

17. 求下列方程组的基本解组:

$$\begin{cases} x_1' = -x_1 + x_2 , \\ x_2' = -4x_1 + 3x_2 , \\ x_3' = 2x_1 - x_2 + x_3 . \end{cases}$$

18. 【题 2 的应用】

(1) 求下列方程组的通解:

$$\begin{cases} x' = x + y + t, \\ y' = -y + 1. \end{cases}$$

(2) 求下列方程组的通解:

$$\begin{cases} x_1' = -x_1 + x_2 + x_3 + a\mathrm{e}^{2t}, \\ x_2' = -x_1 + x_2 + x_3 + b\mathrm{e}^{2t}, \\ x_3' = x_1 + x_2 - x_3 + c\mathrm{e}^{2t}, \end{cases}$$

其中 a, b, c 是三个实数.

3.7 练习题
部分参考答案

19. 【变系数方程组】求解下列方程组:

$$\begin{cases} x' = tx + y, \\ y' = x + ty. \end{cases}$$

(提示: 考虑 $x + y, x - y$ 是方程的新变量.)

作 业 三

1. 考虑线性方程组

$$\begin{pmatrix} x_1' \\ x_2' \end{pmatrix} = \begin{pmatrix} 1 & 1 \\ 0 & 1 \end{pmatrix} \begin{pmatrix} x_1 \\ x_2 \end{pmatrix} + \begin{pmatrix} \mathrm{e}^{-t} \\ 0 \end{pmatrix}. \tag{3.14}$$

(1) 求方程组 (3.14) 的相应的齐次方程组的基本解矩阵 $\Phi(t)$.

(2) 令

$$\varphi(t) = \Phi(t)c(t), \quad c(t) = \begin{pmatrix} c_1(t) \\ c_2(t) \end{pmatrix},$$

其中 $\Phi(t)$ 是 (1) 中的基本解矩阵, $c(t)$ 是待定向量值函数. 证明: $\varphi(t)$ 是非齐次方程组 (3.14) 的解的充要条件是向量值函数 $c(t)$ 满足

$$\Phi(t)c'(t) = \begin{pmatrix} \mathrm{e}^{-t} \\ 0 \end{pmatrix}.$$

(3) 利用 (2) 的结果求非齐次方程组 (3.14) 的通解.

(4) 求非齐次方程组 (3.14) 的满足柯西初值条件

$$\begin{pmatrix} x_1(0) \\ x_2(0) \end{pmatrix} = \begin{pmatrix} 1 \\ 2 \end{pmatrix}$$

的特解.

2. 考虑线性方程组

$$\begin{cases} x_1' = -x_1 + 2x_2 - 2x_3, \\ x_2' = 6x_1 - 5x_2 + 6x_3, \\ x_3' = 4x_1 - 4x_2 + 5x_3. \end{cases} \tag{3.15}$$

(1) 求方程组 (3.15) 的系数矩阵 A 的特征值, 以及其单重特征值的相应特征向量.

(2) 对于在 (1) 中求出的矩阵 A 的二重特征值 λ, 求方程组 (3.15) 的形如

$$\varphi(t) = \mathrm{e}^{\lambda t} \begin{pmatrix} P_1(t) \\ P_2(t) \\ P_3(t) \end{pmatrix}$$

的解, 其中 $P_1(t), P_2(t), P_3(t)$ 都是一次多项式或者常数 (零次多项式).

(3) 利用 (1) 和 (2) 的结果求出方程组 (3.15) 的一个基本解矩阵.

(4) 求方程组 (3.15) 的满足初值条件

$$\begin{pmatrix} x_1(0) \\ x_2(0) \\ x_3(0) \end{pmatrix} = \begin{pmatrix} \eta_1 \\ \eta_2 \\ \eta_3 \end{pmatrix} \in \mathbb{R}^3$$

的解.

(5) 计算 e^{tA}.

(6) 求下列方程组的基本解组:

$$\begin{cases} x_1' = -x_1 + 2x_2 - 2x_3, \\ x_2' = 6x_1 - 5x_2 + 6x_3, \\ x_3' = 4x_1 - 4x_2 + 5x_3, \\ x_4' = x_4 + x_5, \\ x_5' = x_5. \end{cases} \tag{3.16}$$

作业三部分
参考答案

第四章 高阶线性微分方程

在这一章, 我们讨论单个未知函数的高阶线性微分方程. 虽然存在唯一性定理可以将其转换成一阶线性微分方程组来证明, 但单个方程和方程组还是有很大的不同, 因此我们需要专门研究高阶线性微分方程.

4.1 高阶线性方程的一般理论

现在研究 n 阶线性方程

$$y^{(n)}(t) + a_1(t)y^{(n-1)}(t) + \cdots + a_n(t)y(t) = f(t), \tag{4.1}$$

其中 $a_1, a_2, \cdots, a_n, f \in C^0(]a,b[)$, 以及柯西初值条件

$$y(t_0) = x_1^0, \; y'(t_0) = x_2^0, \cdots, y^{(n-1)}(t_0) = x_n^0.$$

令

$$x_1(t) = y(t), x_2(t) = y'(t), \cdots, x_n(t) = y^{(n-1)}(t).$$

则方程 (4.1) 转换成一阶线性方程组

$$\begin{cases} x_1'(t) = x_2(t), \\ x_2'(t) = x_3(t), \\ \quad\cdots\cdots\cdots\cdots \\ x_{n-1}'(t) = x_n(t), \\ x_n'(t) = -a_1(t)x_n(t) - \cdots - a_n(t)x_1(t) + f(t), \end{cases}$$

或者简写成

$$x'(t) = A(t)x(t) + F(t), \quad x(t_0) = x^0,$$

其中

$$A(t) = \begin{pmatrix} 0 & 1 & 0 & \cdots & 0 \\ 0 & 0 & 1 & \cdots & 0 \\ \vdots & \vdots & \vdots & & \vdots \\ 0 & 0 & 0 & \cdots & 1 \\ -a_n(t) & -a_{n-1}(t) & -a_{n-2}(t) & \cdots & -a_1(t) \end{pmatrix},$$

$$F(t) = \begin{pmatrix} 0 \\ \vdots \\ 0 \\ f(t) \end{pmatrix}, \quad x^0 = \begin{pmatrix} x_1^0 \\ x_2^0 \\ \vdots \\ x_n^0 \end{pmatrix}.$$

因此 n 阶线性方程的基本定理都可以从一阶线性方程组的基本定理导出, 比如柯西问题解的存在性和唯一性.

定理 4.1. 假设 $a_1, a_2, \cdots, a_n, f \in C^0(]a,b[)$, 则任给初值条件 $t_0 \in]a,b[$, 以及任给 $x^0 \in \mathbb{R}^n$, 柯西问题 (4.1) 存在唯一解 $y \in C^n(]a,b[)$.

对于齐次方程

$$y^{(n)}(t) + a_1(t)y^{(n-1)}(t) + \cdots + a_n(t)y(t) = 0, \tag{4.2}$$

记 $S(a_1, a_2, \cdots, a_n)$ 为上述齐次方程的解组成的集合, 则也有

定理 4.2. $S(a_1, a_2, \cdots, a_n)$ 是一个 n 维线性空间.

定义 4.1. 微分方程 (4.2) 的 n 个解 $(y_1(t), y_2(t), \cdots, y_n(t))$ 称为一个基本解组, 是指它们是解空间 $S(a_1, a_2, \cdots, a_n)$ 的一个基底.

这里函数线性相关性的定义如下:

定义 4.2. 对于定义在区间 $]a,b[$ 上的函数 $x_1(t), x_2(t), \cdots, x_k(t)$, 如果存在不全为零的常数 $c_1, c_2, \cdots, c_k$, 使得

$$c_1 x_1(t) + c_2 x_2(t) + \cdots + c_k x_k(t) \equiv 0$$

在 $]a,b[$ 上成立, 则称这些函数在 $]a,b[$ 上线性相关. 否则, 称这些函数在 $]a,b[$ 上线性无关.

假设 $(y_1(t), y_2(t), \cdots, y_n(t))$ 是定义在 $]a,b[$ 上的 n 个 $n-1$ 阶可微函数, 定义朗斯基行列式

$$W(t) = \det \begin{pmatrix} y_1(t) & y_2(t) & \cdots & y_n(t) \\ y_1'(t) & y_2'(t) & \cdots & y_n'(t) \\ \vdots & \vdots & & \vdots \\ y_1^{(n-1)}(t) & y_2^{(n-1)}(t) & \cdots & y_n^{(n-1)}(t) \end{pmatrix}.$$

定理 4.3 (刘维尔定理). 假设 $y_1, y_2, \cdots, y_n \in S(a_1, a_2, \cdots, a_n)$, 则对于任意的 $t_0 \in]a,b[$

有

$$W(t) = W(t_0) \exp \left(- \int_{t_0}^t a_1(s)\mathrm{d}s \right).$$

这个定理可以由方程组的定理导出, 也可以直接证明, 请读者作为练习自己给出证明. 利用刘维尔定理立即可以证明:

定理 4.4. $y_1, y_2, \cdots, y_n \in S(a_1, a_2, \cdots, a_n)$ 是一个基本解组的充要条件是对于某个 $t_0 \in]a, b[, W(t_0) \neq 0$.

研究线性微分方程的一个非常重要的工作是确定一个基本解组, 利用上面的定理, 我们首先求 n 个解, 然后计算其朗斯基行列式, 如果 $W(t_0) \neq 0$, 则就得到了一个基本解组.

我们将在下一节对常系数齐次 n 阶方程给出具体的方法来计算其基本解组. 虽然可以利用常系数方程组的方法, 但是直接计算有时候更加简单.

非齐次方程

现在回到非齐次方程 (4.1). 记 $S(a_1, a_2, \cdots, a_n; f)$ 为方程 (4.1) 的解组成的集合, 与方程组一样也有下面的定理.

定理 4.5.
$$S(a_1, a_2, \cdots, a_n; f) = \bar{y} + S(a_1, a_2, \cdots, a_n),$$

其中 $\bar{y}$ 是方程 (4.1) 的一个特解.

现在假设已经确定了 $S(a_1, a_2, \cdots, a_n)$, 即已经得到了方程 (4.2) 的一组解 $(y_1, y_2, \cdots, y_n)$, 满足

$$W(t) = \det \begin{pmatrix} y_1(t) & y_2(t) & \cdots & y_n(t) \\ y_1'(t) & y_2'(t) & \cdots & y_n'(t) \\ \vdots & \vdots & & \vdots \\ y_1^{(n-1)}(t) & y_2^{(n-1)}(t) & \cdots & y_n^{(n-1)}(t) \end{pmatrix} \neq 0.$$

我们需要找到一个特解 $\bar{y}$.

常数变易法

现在使用常数变易法求方程 (4.1) 的一个特解. 令

$$y(t) = c_1(t)y_1(t) + c_2(t)y_2(t) + \cdots + c_n(t)y_n(t),$$

其中 $c_1(t), c_2(t), \cdots, c_n(t)$ 是待定函数. 则

$$y'(t) = c_1'(t)y_1(t) + c_2'(t)y_2(t) + \cdots + c_n'(t)y_n(t) +$$
$$c_1(t)y_1'(t) + c_2(t)y_2'(t) + \cdots + c_n(t)y_n'(t).$$

令

$$(1) \qquad c_1'(t)y_1(t) + c_2'(t)y_2(t) + \cdots + c_n'(t)y_n(t) = 0,$$

得

$$(1') \qquad y'(t) = c_1(t)y_1'(t) + c_2(t)y_2'(t) + \cdots + c_n(t)y_n'(t).$$

对 $(1')$ 式两边再微分得

$$y''(t) = c_1'(t)y_1'(t) + c_2'(t)y_2'(t) + \cdots + c_n'(t)y_n'(t) +$$
$$c_1(t)y_1''(t) + c_2(t)y_2''(t) + \cdots + c_n(t)y_n''(t).$$

令

$$(2) \qquad c_1'(t)y_1'(t) + c_2'(t)y_2'(t) + \cdots + c_n'(t)y_n'(t) = 0,$$

得

$$(2') \qquad y''(t) = c_1(t)y_1''(t) + c_2(t)y_2''(t) + \cdots + c_n(t)y_n''(t).$$

继续上面的做法, 直到获得第 $n-1$ 个方程

$$(n-1) \qquad c_1'(t)y_1^{(n-2)}(t) + c_2'(t)y_2^{(n-2)}(t) + \cdots + c_n'(t)y_n^{(n-2)}(t) = 0,$$

以及

$$((n-1)') \qquad y^{(n-1)}(t) = c_1(t)y_1^{(n-1)}(t) + c_2(t)y_2^{(n-1)}(t) + \cdots + c_n(t)y_n^{(n-1)}(t).$$

对 $((n-1)')$ 式两边再微分得

$$y^{(n)}(t) = c_1'(t)y_1^{(n-1)}(t) + c_2'(t)y_2^{(n-1)}(t) + \cdots + c_n'(t)y_n^{(n-1)}(t) +$$
$$c_1(t)y_1^{(n)}(t) + c_2(t)y_2^{(n)}(t) + \cdots + c_n(t)y_n^{(n)}(t).$$

将上面得到的 $y', y'', \cdots, y^{(n)}$ 的表达式代入方程 (4.1), 同时注意到 $y_1, y_2, \cdots, y_n$ 是齐次方程 (4.2) 的解, 得

$$(n) \qquad c_1'(t)y_1^{(n-1)}(t) + c_2'(t)y_2^{(n-1)}(t) + \cdots + c_n'(t)y_n^{(n-1)}(t) = f(t).$$

联立方程式 $(1), (2), \cdots, (n)$ 得到以 $c_1'(t), c_2'(t), \cdots, c_n'(t)$ 为未知量的代数线性方程组

$$\begin{cases} c_1'(t)y_1(t) + c_2'(t)y_2(t) + \cdots + c_n'(t)y_n(t) = 0, \\ c_1'(t)y_1'(t) + c_2'(t)y_2'(t) + \cdots + c_n'(t)y_n'(t) = 0, \\ \qquad \cdots\cdots\cdots\cdots \\ c_1'(t)y_1^{(n-2)}(t) + c_2'(t)y_2^{(n-2)}(t) + \cdots + c_n'(t)y_n^{(n-2)}(t) = 0, \\ c_1'(t)y_1^{(n-1)}(t) + c_2'(t)y_2^{(n-1)}(t) + \cdots + c_n'(t)y_n^{(n-1)}(t) = f(t), \end{cases} \quad (4.3)$$

其系数矩阵为

$$\Psi(t) = \begin{pmatrix} y_1(t) & y_2(t) & \cdots & y_n(t) \\ y_1'(t) & y_2'(t) & \cdots & y_n'(t) \\ \vdots & \vdots & & \vdots \\ y_1^{(n-1)}(t) & y_2^{(n-1)}(t) & \cdots & y_n^{(n-1)}(t) \end{pmatrix},$$

因为 $y_1(t), y_2(t), \cdots, y_n(t)$ 是基本解组, 所以其朗斯基行列式 $W(t) = \det \Psi(t) \neq 0$.

因此方程组 (4.3) 唯一可解, 且

$$\begin{pmatrix} c_1'(t) \\ \vdots \\ c_{n-1}'(t) \\ c_n'(t) \end{pmatrix} = \begin{pmatrix} y_1(t) & y_2(t) & \cdots & y_n(t) \\ \vdots & \vdots & & \vdots \\ y_1^{(n-2)}(t) & y_2^{(n-2)}(t) & \cdots & y_n^{(n-2)}(t) \\ y_1^{(n-1)}(t) & y_2^{(n-1)}(t) & \cdots & y_n^{(n-1)}(t) \end{pmatrix}^{-1} \begin{pmatrix} 0 \\ \vdots \\ 0 \\ f(t) \end{pmatrix}.$$

得

$$c_j'(t) = \frac{f(t)\Psi_j(t)}{W(t)},$$

其中 $\Psi_j(t)$ 是矩阵 $\Psi(t)$ 的关于 $y_j^{(n-1)}(t)$ 的代数余子式. 因此

$$c_j(t) = \int \frac{f(t)\Psi_j(t)}{W(t)} \mathrm{d}t + \gamma_j.$$

最后通过常数变易法得到了非齐次 n 阶线性方程 (4.1)

$$y^{(n)}(t) + a_1(t)y^{(n-1)}(t) + \cdots + a_n(t)y(t) = f(t)$$

的通解

$$y(t) = c_1(t)y_1(t) + c_2(t)y_2(t) + \cdots + c_n(t)y_n(t)$$
$$= \sum_{j=1}^{n} \gamma_j y_j(t) + \sum_{j=1}^{n} y_j(t) \int \frac{f(t)\Psi_j(t)}{W(t)} \mathrm{d}t,$$

这里 $\gamma_1, \gamma_2, \cdots, \gamma_n$ 是任意常数.

例 4.1. *求方程*

$$x'' + x = \frac{1}{\cos t}$$

的通解和满足柯西初值条件 $x(0) = 1, x'(0) = 1$ 的特解.

解: 对应的齐次方程 $x'' + x = 0$ 的基本解组是 $\cos t, \sin t$.

利用常数变易法, 令

$$x(t) = c_1(t)\cos t + c_2(t)\sin t.$$

将它代入方程, 则可得关于 $c_1'(t), c_2'(t)$ 的两个方程

$$\begin{cases} \cos t\, c_1'(t) + \sin t\, c_2'(t) = 0, \\ -\sin t\, c_1'(t) + \cos t\, c_2'(t) = \dfrac{1}{\cos t}. \end{cases}$$

解得

$$\begin{cases} c_1'(t) = -\tan t, \\ c_2'(t) = 1. \end{cases} \qquad \begin{cases} c_1(t) = \ln|\cos t| + \gamma_1, \\ c_2(t) = t + \gamma_2. \end{cases}$$

故通解为

$$x(t) = \gamma_1 \cos t + \gamma_2 \sin t + \cos t \ln|\cos t| + t \sin t,$$

其中 γ_1, γ_2 为任意常数.

关于满足柯西初值条件的特解:

$$x(0) = 1, \ x'(0) = 1 \ \Rightarrow \ \gamma_1 = 1, \ \gamma_2 = 1.$$

故满足柯西初值条件 $x(0) = 1, x'(0) = 1$ 的特解为

$$x(t) = \cos t + \sin t + \cos t \ln|\cos t| + t \sin t.$$

4.2 高阶常系数齐次线性方程

现在研究下列常系数齐次线性方程的基本解组:

$$y^{(n)}(t) + a_1 y^{(n-1)}(t) + \cdots + a_n y(t) = 0, \tag{4.4}$$

其中 $a_1, a_2, \cdots, a_n \in \mathbb{R}$.

我们知道, 一阶常系数齐次线性方程

$$x' + ax = 0$$

有解 $x(t) = c\,\mathrm{e}^{-at}$. 受此启发, 对方程 (4.4) 尝试求指数函数形式的解

$$x(t) = \mathrm{e}^{\lambda t},$$

这里 λ 是待定常数. 把它代入方程 (4.4) 得

$$(\lambda^n + a_1 \lambda^{n-1} + \cdots + a_{n-1}\lambda + a_n)\mathrm{e}^{\lambda t} = 0.$$

因此, $\mathrm{e}^{\lambda t}$ 为方程 (4.4) 的解的**充要条件**是: λ 是代数方程

$$\lambda^n + a_1 \lambda^{n-1} + \cdots + a_{n-1}\lambda + a_n = 0 \tag{4.5}$$

的根. 方程 (4.5) 称为方程 (4.4) 的特征方程, 它的根为方程 (4.5) 的特征根.

(1) 特征根是单根的情形.

假设 $\lambda_1, \lambda_2, \cdots, \lambda_n$ 是特征方程 (4.5) 的 n 个彼此不相等的特征根, 则相应方程 (4.4) 有 n 个解

$$\mathrm{e}^{\lambda_1 t}, \ \mathrm{e}^{\lambda_2 t}, \ \cdots, \ \mathrm{e}^{\lambda_n t}.$$

由于

$$W(t) = \det \begin{pmatrix} e^{\lambda_1 t} & e^{\lambda_2 t} & \cdots & e^{\lambda_n t} \\ (e^{\lambda_1 t})' & (e^{\lambda_2 t})' & \cdots & (e^{\lambda_n t})' \\ \vdots & \vdots & & \vdots \\ (e^{\lambda_1 t})^{(n-1)} & (e^{\lambda_2 t})^{(n-1)} & \cdots & (e^{\lambda_n t})^{(n-1)} \end{pmatrix}$$

$$= e^{(\lambda_1 + \lambda_2 + \cdots + \lambda_n)t} \det \begin{pmatrix} 1 & 1 & \cdots & 1 \\ \lambda_1 & \lambda_2 & \cdots & \lambda_n \\ \vdots & \vdots & & \vdots \\ \lambda_1^{n-1} & \lambda_2^{n-1} & \cdots & \lambda_n^{n-1} \end{pmatrix}$$

$$= e^{(\lambda_1 + \lambda_2 + \cdots + \lambda_n)t} \prod_{1 \leqslant j < k \leqslant n} (\lambda_k - \lambda_j) \neq 0,$$

故

$$e^{\lambda_1 t}, e^{\lambda_2 t}, \cdots, e^{\lambda_n t},$$

线性无关.

(2) 如果 $\lambda_1, \lambda_2, \cdots, \lambda_n$ 都是实数, 则它们组成一个基本解组.

(3) 如果某个 λ_j 是复数, 因特征方程 (4.5) 的系数都是实数, 则复根将成对共轭出现. 这样对于每一对共轭复根 $\lambda = \alpha \pm i\beta$, 也有两个相应的实解

$$e^{\alpha t} \cos \beta t, \quad e^{\alpha t} \sin \beta t.$$

因此在特征方程有 n 个不同的特征根的情况下, 我们都立即得到一个基本解组.

● 如果 λ 是一个 k 重实特征根, 则对应 k 个线性无关的解

$$e^{\lambda t}, t e^{\lambda t}, t^2 e^{\lambda t}, \cdots, t^{k-1} e^{\lambda t}.$$

● 如果 $\lambda = \alpha \pm i\beta$ 是两个 k 重共轭复特征根, 则对应 $2k$ 个线性无关的解

$$e^{\alpha t} \cos \beta t, \ te^{\alpha t} \cos \beta t, \ \cdots, \ t^{k-1} e^{\alpha t} \cos \beta t;$$
$$e^{\alpha t} \sin \beta t, \ te^{\alpha t} \sin \beta t, \ \cdots, \ t^{k-1} e^{\alpha t} \sin \beta t.$$

事实上我们可以证明下面的命题:

命题 4.1. 假设 λ 是特征方程 (4.5) 一个 k 重特征根, 则对于任意的不大于 $k-1$ 次的多项式 $Q(t)$, $Q(t)e^{\lambda t}$ 都是方程 (4.4) 的一个解.

证明: 记 $y^{(k)}(t) = D^k y(t)$,

$$P(D)y = D^n y + a_1 D^{n-1} y + \cdots + a_{n-1} Dy + a_n y$$
$$= y^{(n)} + a_1 y^{(n-1)} + \cdots + a_{n-1} y' + a_n y.$$

任给常数 μ 和 m 阶可微函数 $f(t)$, 利用莱布尼茨公式有

$$D^m\left(e^{\mu t}f(t)\right) = \left(e^{\mu t}f(t)\right)^{(m)} = \sum_{k=0}^{m}C_m^k\left(e^{\mu t}\right)^{(k)}f^{(m-k)}(t)$$

$$= e^{\mu t}\sum_{k=0}^{m}C_m^k\mu^k f^{(m-k)}(t) = e^{\mu t}\sum_{k=0}^{m}C_m^k\mu^k D^{m-k}f(t)$$

$$= e^{\mu t}(D+\mu)^m f(t).$$

则

$$P(D)\left(e^{\mu t}f(t)\right) = e^{\mu t}P(D+\mu)f(t).$$

因为 λ 是一个 k 重特征根,

$$P(X) = X^n + a_1 X^{n-1} + \cdots + a_n = (X-\lambda)^k P_\lambda(X)$$

以及

$$P(X+\lambda) = X^k P_\lambda(X+\lambda) = X^k \tilde{P}(X),$$

其中 $\tilde{P}(X) = P_\lambda(X+\lambda)$ 是一个 $n-k$ 次多项式.

因此对于任意的不大于 $k-1$ 次的多项式 $Q(t)$,

$$P(D)\left(e^{\lambda t}Q(t)\right) = e^{\lambda t}P(D+\lambda)Q(t) = e^{\lambda t}\tilde{P}(D)D^k Q(t) = 0,$$

因为

$$D^k Q(t) = Q^{(k)}(t) \equiv 0.$$

结论: 计算 n 阶常系数线性方程的基本解组的步骤:

(1) 计算特征方程的特征根.

(2) 单的实特征根 λ 对应的解为 $e^{\lambda t}$.

(3) 单的共轭复特征根 $\lambda = \alpha \pm i\beta$ 对应的两个解为 $e^{\alpha t}\cos\beta t$, $e^{\alpha t}\sin\beta t$.

(4) k 重实特征根 λ 对应的 k 个解为 $e^{\lambda t}, te^{\lambda t}, \cdots, t^{k-1}e^{\lambda t}$.

(5) k 重共轭复特征根 $\lambda = \alpha \pm i\beta$ 对应的 $2k$ 个解为

$$e^{\alpha t}\cos\beta t, \ te^{\alpha t}\cos\beta t, \ \cdots, \ t^{k-1}e^{\alpha t}\cos\beta t;$$

$$e^{\alpha t}\sin\beta t, \ te^{\alpha t}\sin\beta t, \ \cdots, \ t^{k-1}e^{\alpha t}\sin\beta t.$$

例 4.2. *求解方程*

$$x^{(3)} - 3x'' + 4x = 0.$$

解: 其特征方程为

$$\lambda^3 - 3\lambda^2 + 4 = (\lambda+1)(\lambda-2)^2 = 0,$$

有单根 $\lambda_1 = -1$, 以及二重根 $\lambda_{2,3} = 2$, 则有基本解组

$$e^{-t}, \ e^{2t}, \ te^{2t},$$

以及通解

$$x(t) = c_1 \mathrm{e}^{-t} + c_2 \mathrm{e}^{2t} + c_3 t \mathrm{e}^{2t},$$

这里 c_1, c_2, c_3 为任意常数.

例 4.3. 求解方程

$$x^{(4)} - x = 0.$$

解: 其特征方程为 $\lambda^4 - 1 = 0$, 有 4 个单根 $\lambda_1 = 1, \lambda_2 = -1, \lambda_3 = \mathrm{i}, \lambda_4 = -\mathrm{i}$, 则有基本解组

$$\mathrm{e}^t, \ \mathrm{e}^{-t}, \ \cos t, \ \sin t,$$

以及通解

$$x(t) = c_1 \mathrm{e}^t + c_2 \mathrm{e}^{-t} + c_3 \cos t + c_4 \sin t,$$

这里 c_1, c_2, c_3, c_4 为任意常数.

例 4.4. 求解方程

$$x^{(4)} + 2x'' + x = 0.$$

解: 其特征方程为 $\lambda^4 + 2\lambda^2 + 1 = (\lambda^2 + 1)^2 = 0$, 有 2 个二重复根 $\lambda = \pm\mathrm{i}$, 则有基本解组

$$\cos t, \ t\cos t, \ \sin t, \ t\sin t,$$

以及通解

$$x(t) = (c_1 + c_2 t)\cos t + (c_3 + c_4 t)\sin t,$$

这里 c_1, c_2, c_3, c_4 为任意常数.

4.3 欧 拉 方 程

形如

$$t^n y^{(n)}(t) + a_1 t^{n-1} y^{(n-1)}(t) + \cdots + a_{n-1} t y'(t) + a_n y(t) = 0, \ t > 0$$

的微分方程称为欧拉方程, 其中 $a_1, a_2, \cdots, a_n \in \mathbb{R}$.

引进变换: $t = \mathrm{e}^s \, (s = \ln t)$, 则

$$\frac{\mathrm{d}y}{\mathrm{d}t} = \frac{\mathrm{d}y}{\mathrm{d}s}\frac{\mathrm{d}s}{\mathrm{d}t} = \frac{1}{t}\frac{\mathrm{d}y}{\mathrm{d}s} = \mathrm{e}^{-s}\frac{\mathrm{d}y}{\mathrm{d}s}$$

以及

$$\frac{\mathrm{d}^2 y}{\mathrm{d}t^2} = \frac{\mathrm{d}}{\mathrm{d}t}\frac{\mathrm{d}y}{\mathrm{d}t} = \frac{\mathrm{d}}{\mathrm{d}s}\left(\mathrm{e}^{-s}\frac{\mathrm{d}y}{\mathrm{d}s}\right)\frac{\mathrm{d}s}{\mathrm{d}t}$$
$$= \mathrm{e}^{-2s}\left(\frac{\mathrm{d}^2 y}{\mathrm{d}s^2} - \frac{\mathrm{d}y}{\mathrm{d}s}\right).$$

利用数学归纳法可以证明

$$\frac{\mathrm{d}^k y}{\mathrm{d}t^k} = \mathrm{e}^{-ks}\left(\frac{\mathrm{d}^k y}{\mathrm{d}s^k} + \beta_1\frac{\mathrm{d}^{k-1}y}{\mathrm{d}s^{k-1}} + \cdots + \beta_{k-1}\frac{\mathrm{d}y}{\mathrm{d}s}\right),$$

$$t^k\frac{\mathrm{d}^k y}{\mathrm{d}t^k} = \frac{\mathrm{d}^k y}{\mathrm{d}s^k} + \beta_1\frac{\mathrm{d}^{k-1}y}{\mathrm{d}s^{k-1}} + \cdots + \beta_{k-1}\frac{\mathrm{d}y}{\mathrm{d}s},$$

其中 $\beta_1, \beta_2, \cdots, \beta_{k-1} \in \mathbb{R}$. 将它们代入欧拉方程:

$$y^{(n)}(s) + b_1 y^{(n-1)}(s) + \cdots + b_n y(s) = 0,$$

得到了一个 n 阶常系数方程, 其中 $b_1, b_2, \cdots, b_n \in \mathbb{R}$, 其通解形如

$$\mathrm{e}^{\lambda s},\ s\mathrm{e}^{\lambda s}, \cdots, s^{m-1}\mathrm{e}^{\lambda s}.$$

从而得到欧拉方程的形如

$$t^\lambda, (\ln t)t^\lambda, \cdots, (\ln t)^{m-1}t^\lambda \tag{4.6}$$

的解. 由此启发, 试求欧拉方程的形如 $y(t) = t^\lambda$ 的解, 得到与欧拉方程相应的特征方程为

$$\lambda(\lambda - 1)\cdots(\lambda - n + 1) + a_1\lambda(\lambda - 1)\cdots(\lambda - n + 2) + \cdots + a_n = 0.$$

这个特征方程的根就给出欧拉方程的形如 (4.6) 式的解.

例 4.5. 求解方程

$$t^2 y''(t) + 3ty'(t) + 5y(t) = 0.$$

解: 设 $y = t^\lambda$, 得到 λ 的代数方程

$$\lambda(\lambda - 1) + 3\lambda + 5 = \lambda^2 + 2\lambda + 5 = 0,$$

这个方程有一对复根 $\lambda = -1 + 2\mathrm{i}$, 故其通解为

$$y(t) = \frac{1}{t}\left(c_1\cos(2\ln t) + c_2\sin(2\ln t)\right),$$

这里 c_1, c_2 为任意常数.

注记: 对于欧拉方程, 我们的求解区域是 $t > 0$, 利用例 4.5 的方法也可以考虑区域 $t < 0$ 上的解, 但是需要 t^λ 有定义.

4.4 常系数非齐次线性方程的解法

现在研究下列常系数非齐次线性方程的解法:

$$y^{(n)}(t) + a_1 y^{(n-1)}(t) + \cdots + a_n y(t) = f(t),$$

一般情况下利用**常数变易法**. 下面利用比较系数法介绍几类特殊情况下求特解的方法.

(1) f 是多项式.

假设
$$f(t) = b_0 t^m + b_1 t^{m-1} + \cdots + b_m.$$

(a) 如果 $a_n \neq 0$, 试求形如
$$\tilde{y}(t) = B_0 t^m + B_1 t^{m-1} + \cdots + B_m$$

的特解, $B_0, B_1, \cdots, B_m$ 为待定常数.

把 $\tilde{y}(t)$ 代入方程, 比较两端同次幂的系数, 得 $B_0, B_1, \cdots, B_m$ 应满足的方程:
$$\begin{cases} B_0 a_n = b_0, \\ B_1 a_n + m B_0 a_{n-1} = b_1, \\ \cdots\cdots\cdots\cdots \\ B_m a_n + \cdots = b_m. \end{cases}$$

(b) 如果 $a_n = a_{n-1} = \cdots = a_{n-k+1} = 0, a_{n-k} \neq 0$, 则相应的方程为
$$y^{(n)}(t) + a_1 y^{(n-1)}(t) + \cdots + a_{n-k} y^{(k)}(t) = f(t),$$

使用比较系数法, 试求形如
$$\tilde{y}(t) = t^k (B_0 t^m + B_1 t^{m-1} + \cdots + B_m)$$

的特解, $B_0, B_1, \cdots, B_m$ 为待定常数.

(2) $f(t) = (b_0 t^m + b_1 t^{m-1} + \cdots + b_m) e^{\lambda t}$.

令 $y(t) = e^{\lambda t} x(t)$, 则原方程转换成
$$x^{(n)}(t) + \tilde{a}_1 x^{(n-1)}(t) + \cdots + \tilde{a}_n x(t) = b_0 t^m + b_1 t^{m-1} + \cdots + b_m,$$

因此转换成了前面已经处理的情况. 回到原来的方程:

如果 λ 不是原方程的特征根, 则寻求如下形式的解:
$$\tilde{y}(t) = (B_0 t^m + B_1 t^{m-1} + \cdots + B_m) e^{\lambda t}.$$

如果 λ 是原方程的一个 k 重特征根, 则寻求如下形式的解:
$$\tilde{y}(t) = t^k (B_0 t^m + B_1 t^{m-1} + \cdots + B_m) e^{\lambda t}.$$

(3) $f(t) = (A(t)\cos\beta t + B(t)\sin\beta t) e^{\alpha t}$, 其中 $A(t), B(t)$ 为 m 次实系数多项式.

由欧拉公式,
$$(A(t)\cos\beta t + B(t)\sin\beta t) e^{\alpha t} = \frac{A(t) - iB(t)}{2} e^{(\alpha+i\beta)t} + \frac{A(t) + iB(t)}{2} e^{(\alpha-i\beta)t}$$
$$= f_1(t) + f_2(t).$$

根据非齐次方程的叠加原理, 以及 $\overline{f_1(t)} = f_2(t)$, 方程有如下形式的特解:

$$\varphi(t) = t^k D(t) \mathrm{e}^{(\alpha - \mathrm{i}\beta)t} + t^k \overline{D(t)} \mathrm{e}^{(\alpha + \mathrm{i}\beta)t}$$
$$= t^k (P(t) \cos \beta t + Q(t) \sin \beta t) \mathrm{e}^{\alpha t},$$

其中 $D(t), P(t), Q(t)$ 都是 m 次实系数多项式.

例 4.6. 求方程 $x'' - 2x' - 3x = 3t + 1$ 的通解.

解: 对应齐次方程的特征根为 $\lambda_1 = 3, \lambda_2 = -1$, 故该方程的特解形式为

$$\tilde{x}(t) = A + Bt,$$

代入方程得

$$-2B - 3(A + Bt) = 3t + 1,$$

比较系数得

$$\begin{cases} -2B - 3A = 1, \\ -3B = 3, \end{cases} \qquad \begin{cases} B = -1, \\ A = \dfrac{1}{3}, \end{cases}$$

从而一个特解为 $\tilde{x}(t) = \dfrac{1}{3} - t$. 因此原方程的通解为

$$x(t) = c_1 \mathrm{e}^{3t} + c_2 \mathrm{e}^{-t} - t + \frac{1}{3}.$$

例 4.7. 求方程 $x^{(3)} + 3x'' + 3x' + x = \mathrm{e}^{-t}(t - 5)$ 的通解.

解: 对应齐次方程有三重特征根 $\lambda = -1$, 故该方程有形如

$$\tilde{x}(t) = t^3 (A + Bt) \mathrm{e}^{-t}$$

的特解. 代入方程有

$$6A + 24Bt = t - 5.$$

比较系数得 $A = -\dfrac{5}{6}, B = \dfrac{1}{24}$, 从而得一特解

$$\tilde{x}(t) = \frac{1}{24} t^3 (t - 20) \mathrm{e}^{-t}.$$

因此原方程的通解为

$$x(t) = (c_1 + c_2 t + c_3 t^2) \mathrm{e}^{-t} + \frac{1}{24} t^3 (t - 20) \mathrm{e}^{-t}.$$

例 4.8. 求方程 $x'' + x' - 2x = \mathrm{e}^t(\cos t - 7 \sin t)$ 的通解.

解: 对应齐次方程的特征方程有两个特征根 $\lambda_1 = 1, \lambda_2 = -2$, 因此 $1 + \mathrm{i}$ 不是特征根, 故该方程有形如

$$\tilde{x}(t) = \mathrm{e}^t(A \cos t + B \sin t)$$

的特解. 代入方程得

$$(3B - A)\cos t - (B + 3A)\sin t = \cos t - 7\sin t.$$

比较上式两端 $\cos t, \sin t$ 的系数得 $A = 2, B = 1$.

从而原方程有特解 $\tilde{x}(t) = \mathrm{e}^t(2\cos t + \sin t)$. 故原方程的通解为

$$x(t) = c_1\mathrm{e}^t + c_2\mathrm{e}^{-2t} + \mathrm{e}^t(2\cos t + \sin t).$$

4.5   高阶微分方程的降阶解法

n 阶微分方程的一般形式是

$$F(t, x, x', \cdots, x^{(n)}) = 0.$$

(1) 不显含未知函数 x, 或更一般的不显含未知函数及其直到 $k-1\,(k>1)$ 阶导数的方程

若方程的一般形式为

$$F(t, x^{(k)}, x^{(k+1)}, \cdots, x^{(n)}) = 0.$$

令 $x^{(k)} = y$, 则可把方程化为 y 的 $n-k$ 阶方程

$$F(t, y, y', \cdots, y^{(n-k)}) = 0.$$

具体解题步骤:

第一步: 将方程化为 $n-k$ 阶方程.

第二步: 求 $n-k$ 阶方程的通解.

第三步: 对 $n-k$ 阶方程的通解求 k 次积分, 得原方程的通解.

例 4.9. 求方程 $x^{(5)} - \dfrac{1}{t}x^{(4)} = 0$ 的通解.

解: 令 $x^{(4)} = y$, 则方程化为

$$y' - \frac{1}{t}y = 0.$$

这个一阶方程的通解为 $y = ct$, 即

$$x^{(4)} = ct.$$

对上式积分 4 次, 得原方程的通解为

$$x = c_1 t^5 + c_2 t^3 + c_3 t^2 + c_4 t + c_5.$$

(2) 不显含自变量 t 的方程

若方程的一般形式为

$$F(x, x', \cdots, x^{(n)}) = 0.$$

令 $y = x'$ 作为新的未知函数, 而把 x 作为新的自变量. 则

$$\begin{cases} \dfrac{\mathrm{d}x}{\mathrm{d}t} = y, \\[2mm] \dfrac{\mathrm{d}^2 x}{\mathrm{d}t^2} = \dfrac{\mathrm{d}y}{\mathrm{d}t} = \dfrac{\mathrm{d}y}{\mathrm{d}x}\dfrac{\mathrm{d}x}{\mathrm{d}t} = y\dfrac{\mathrm{d}y}{\mathrm{d}x}, \\[2mm] \dfrac{\mathrm{d}^3 x}{\mathrm{d}t^3} = \dfrac{\mathrm{d}}{\mathrm{d}t}\dfrac{\mathrm{d}^2 x}{\mathrm{d}t^2} = \dfrac{\mathrm{d}}{\mathrm{d}t}\left(y\dfrac{\mathrm{d}y}{\mathrm{d}x} \right) \\[2mm] \qquad = \dfrac{\mathrm{d}}{\mathrm{d}x}\left(y\dfrac{\mathrm{d}y}{\mathrm{d}x} \right)\dfrac{\mathrm{d}x}{\mathrm{d}t} = y\left(\dfrac{\mathrm{d}y}{\mathrm{d}x} \right)^2 + y^2\dfrac{\mathrm{d}^2 y}{\mathrm{d}x^2}, \\[2mm] \cdots\cdots\cdots\cdots \\[2mm] \dfrac{\mathrm{d}^k x}{\mathrm{d}t^k} = G\left(y, \dfrac{\mathrm{d}y}{\mathrm{d}x}, \cdots, \dfrac{\mathrm{d}^{k-1} y}{\mathrm{d}x^{k-1}} \right), \\[2mm] \cdots\cdots\cdots\cdots \end{cases}$$

将这些表达式代入原方程可得

$$F\left(x, y, y\dfrac{\mathrm{d}y}{\mathrm{d}x}, \cdots, G\left(y, \dfrac{\mathrm{d}y}{\mathrm{d}x}, \cdots, \dfrac{\mathrm{d}^{k-1} y}{\mathrm{d}x^{k-1}} \right), \cdots \right) = 0,$$

即有新方程

$$\tilde{F}\left(x, y, \dfrac{\mathrm{d}y}{\mathrm{d}x}, \cdots, \dfrac{\mathrm{d}^{n-1} y}{\mathrm{d}x^{n-1}} \right) = 0,$$

它比原方程降低一阶. 具体解题步骤:

第一步: 令 $y = x'$, 将原方程化为自变量是 x、未知函数是 y 的 $n-1$ 阶方程.

第二步: 求以上 $n-1$ 阶方程的通解 $y = \varphi(x, c_1, c_2, \cdots, c_{n-1})$.

第三步: 求解一阶方程

$$\dfrac{\mathrm{d}x}{\mathrm{d}t} = \varphi(x, c_1, c_2, \cdots, c_{n-1}),$$

即得原方程的通解.

例 4.10. 求方程

$$x\dfrac{\mathrm{d}^2 x}{\mathrm{d}t^2} - \left(\dfrac{\mathrm{d}x}{\mathrm{d}t} \right)^2 = 0$$

的通解.

解: 令 $y = \dfrac{\mathrm{d}x}{\mathrm{d}t}$, 以 x 作为新的自变量, 则方程化为

$$xy\dfrac{\mathrm{d}y}{\mathrm{d}x} - y^2 = 0 \ \Rightarrow \ y\left(x\dfrac{\mathrm{d}y}{\mathrm{d}x} - y \right) = 0,$$

从而可得两个方程

$$y = 0, \quad \dfrac{\mathrm{d}y}{\mathrm{d}x} = \dfrac{y}{x}.$$

这两个方程的全部解是 $y = c_1 x$, 再代回原来变量得到

$$\frac{\mathrm{d}x}{\mathrm{d}t} = c_1 x,$$

所以得原方程的通解为 $x = c_2 \mathrm{e}^{c_1 t}$.

(3) 齐次线性方程: 已知一个非零特解

(a) 二阶齐次线性方程

$$\frac{\mathrm{d}^2 x}{\mathrm{d}t^2} + p(t)\frac{\mathrm{d}x}{\mathrm{d}t} + q(t)x = 0.$$

假设已知一个非零解 $x_1 \neq 0$. 令 $x = x_1 y$, 则

$$\begin{cases} x' = x_1 y' + x_1' y, \\ x'' = x_1 y'' + 2x_1' y' + x_1'' y, \end{cases}$$

代入方程得

$$x_1 y'' + (2x_1' + p(t)x_1)y' + (x_1'' + p(t)x_1' + q(t)x_1)y = 0.$$

因为

$$x_1'' + p(t)x_1' + q(t)x_1 = 0,$$

得

$$x_1 y'' + (2x_1' + p(t)x_1)y' = 0.$$

引入新的未知函数 $z = y'$, 方程变为

$$z' + \left(2\frac{x_1'}{x_1} + p(t)\right)z = 0,$$

这是一个一阶线性方程, 解之得

$$z = \frac{c_2}{x_1^2}\mathrm{e}^{-\int p(t)\mathrm{d}t} \;\Rightarrow\; y = c_2 \int \frac{1}{x_1^2}\mathrm{e}^{-\int p(t)\mathrm{d}t}\mathrm{d}t + c_1.$$

因而求得原方程的解为

$$x = x_1\left(c_2 \int \frac{1}{x_1^2}\mathrm{e}^{-\int p(t)\mathrm{d}t}\mathrm{d}t + c_1\right). \tag{4.7}$$

取 $c_1 = 0, c_2 = 1$, 得

$$x_2 = x_1 \int \frac{1}{x_1^2}\mathrm{e}^{-\int p(t)\mathrm{d}t}\mathrm{d}t, \tag{4.8}$$

因为 $\dfrac{x_2}{x_1}$ 不等于常数, 故 x_1, x_2 线性无关. 因此 (4.7) 式是原二阶齐次线性方程的通解.

例 4.11. 已知 $x_1 = \dfrac{\sin t}{t}$ 是方程

$$\frac{d^2x}{dt^2} + \frac{2}{t}\frac{dx}{dt} + x = 0$$

的一个解, 试求方程的通解.

解: 现在 $p(t) = \dfrac{2}{t}, x_1 = \dfrac{\sin t}{t}$. 由前面的通解公式, 得

$$x = \frac{\sin t}{t}\left(c_1 + c_2\int \frac{t^2}{\sin^2 t}e^{-\int \frac{2}{t}dt}dt\right)$$

$$= \frac{\sin t}{t}\left(c_1 + c_2\int \frac{t^2}{\sin^2 t}\frac{1}{t^2}dt\right)$$

$$= \frac{\sin t}{t}\left(c_1 - c_2\frac{\cos t}{\sin t}\right) = \frac{1}{t}\left(c_1\sin t - c_2\cos t\right),$$

这里 c_1, c_2 是任意常数.

(b) 一般的 n 阶齐次线性方程

$$\frac{d^n x}{dt^n} + a_1(t)\frac{d^{n-1}x}{dt^{n-1}} + \cdots + a_n(t)x = 0. \tag{4.2$'$}$$

假设已知 $k\ (k < n)$ 个线性无关的解 $x_1, x_2, \cdots, x_k$. 令 $x = x_k y$, 则由莱布尼茨公式,

$$x' = x_k y' + x_k' y,$$

$$x^{(n)} = \sum_{j=0}^n C_n^j x_k^{(j)} y^{(n-j)}.$$

代入方程 (4.2)$'$ 得

$$x_k y^{(n)} + (nx_k' + a_1(t)x_k)y^{(n-1)} + \cdots +$$

$$(x_k^{(n)} + a_1(t)x_k^{(n-1)} + \cdots + a_n(t)x_k)y = 0.$$

因为 x_k 是齐次方程的解, 故 y 的系数为零, 因此得到一个不含 y 的方程:

$$y^{(n)} + b_1(t)y^{(n-1)} + \cdots + b_{n-1}(t)y' = 0, \tag{4.9}$$

而且

$$y_1 = \frac{x_1}{x_k}, y_2 = \frac{x_2}{x_k}, \cdots, y_{k-1} = \frac{x_{k-1}}{x_k}$$

是 (4.9) 的 $k-1$ 个解.

令 $z = y'$, 得到一个 $n-1$ 阶方程

$$z^{(n-1)} + b_1(t)z^{(n-2)} + \cdots + b_{n-1}(t)z = 0, \tag{4.10}$$

而且

$$z_1 = \left(\frac{x_1}{x_k}\right)', z_2 = \left(\frac{x_2}{x_k}\right)', \cdots, z_{k-1} = \left(\frac{x_{k-1}}{x_k}\right)'$$

是 (4.10) 的 $k-1$ 个线性无关的解. 因为若

$$\alpha_1 z_1 + \alpha_2 z_2 + \cdots + \alpha_{k-1} z_{k-1} \equiv 0,$$

则

$$\alpha_1 \frac{x_1}{x_k} + \alpha_2 \frac{x_2}{x_k} + \cdots + \alpha_{k-1} \frac{x_{k-1}}{x_k} \equiv -\alpha_k,$$

即

$$\alpha_1 x_1 + \alpha_2 x_2 + \cdots + \alpha_{k-1} x_{k-1} + \alpha_k x_k \equiv 0,$$

由于 $x_1, x_2, \cdots, x_k$ 线性无关, 则有 $\alpha_1 = \alpha_2 = \cdots = \alpha_k = 0$, 这就证明了 $z_1, z_2, \cdots, z_{k-1}$ 是线性无关的.

仿照上面的方法, 令

$$u = \left(\frac{z}{z_{k-1}} \right)',$$

可以导出一个关于 u 的 $n-2$ 阶的线性方程

$$u^{(n-2)} + c_1(t) u^{(n-3)} + \cdots + c_{n-2}(t) u = 0, \tag{4.11}$$

以及方程 (4.11) 具有 $k-2$ 个线性无关的解.

以上做法一直进行下去, 可降低 k 阶得到一个 $n-k$ 阶的线性方程

$$v^{(n-k)} + d_1(t) v^{(n-k-1)} + \cdots + d_{n-k}(t) v = 0. \tag{4.12}$$

第二宇宙速度的计算

(i) 第二宇宙速度: 在这个速度下, 物体将摆脱地球的引力.

- 首先有牛顿的万有引力定律:

$$F = G \frac{mM}{r^2}.$$

这里 G 是万有引力常数, m, M 是两个物体的质量, r 是两个物体之间的距离, F 是作用于两个物体之间的引力.

(ii) 牛顿第二定律:

$$F = ma.$$

这里 F 是质点所受的作用合力, m 是质点的质量, a 是质点运动的加速度.

(iii) 现在从地球表面向上垂直发射一个卫星, M 是地球的质量, m 是卫星的质量, r 是两者的质心的距离. 则加速度是

$$a = -\frac{\mathrm{d}^2 r}{\mathrm{d}t^2}.$$

运动方程

$$m \frac{\mathrm{d}^2 r}{\mathrm{d}t^2} = -G \frac{mM}{r^2} \ \Rightarrow \ \frac{\mathrm{d}^2 r}{\mathrm{d}t^2} = -G \frac{M}{r^2}.$$

这里 r 是未知函数, 这个方程与 t 无关, 因此可以使用前面介绍过的降阶法, 令

$$v = \frac{\mathrm{d}r}{\mathrm{d}t}, \quad \frac{\mathrm{d}^2 r}{\mathrm{d}t^2} = \frac{\mathrm{d}v}{\mathrm{d}t} = \frac{\mathrm{d}v}{\mathrm{d}r}\frac{\mathrm{d}r}{\mathrm{d}t} = v\frac{\mathrm{d}v}{\mathrm{d}r},$$

因此得到一阶方程

$$v\frac{\mathrm{d}v}{\mathrm{d}r} = -G\frac{M}{r^2}.$$

很容易得到这个方程的通解

$$\frac{v^2}{2} = \frac{GM}{r} + c.$$

回到卫星发射的问题, 地球的半径为 $R = 64 \times 10^5$ m, 发射的初始速度为 v_0, 即

$$r(0) = R, \quad \frac{\mathrm{d}r}{\mathrm{d}t}(0) = v_0.$$

因此满足这个初值条件的特解的常数

$$c = \frac{v_0^2}{2} - \frac{GM}{R}.$$

最后得到运动方程

$$\frac{v^2}{2} = \frac{GM}{r} + \frac{v_0^2}{2} - \frac{GM}{R}.$$

保持 $\frac{v^2}{2} > 0$ 的充要条件是

$$\frac{v_0^2}{2} - \frac{GM}{R} \geqslant 0.$$

因此保持速度一直大于 0 的最低发射速度为

$$v_0 = \sqrt{\frac{2GM}{R}}.$$

在地球的表面, 即 $r = R$ 时, 重力加速度 $g = 9.8$ m/s^2, 因此

$$g = G\frac{M}{R^2}, \quad \Rightarrow \quad GM = gR^2,$$

因此

$$v_0 = \sqrt{2gR} = \sqrt{2 \times 9.8 \times 64 \times 10^5} \approx 11.2 \times 10^3 \ \mathrm{m/s},$$

这就是通常所说的第二宇宙速度

$$v_0 = 11.2 \ \mathrm{km/s}.$$

4.6 二阶线性方程的幂级数解法

考虑二阶变系数齐次线性方程的柯西问题

$$\begin{cases} \dfrac{\mathrm{d}^2 y}{\mathrm{d}t^2} + p(t)\dfrac{\mathrm{d}y}{\mathrm{d}t} + q(t)y = 0, \\ y(t_0) = y_0, \quad y'(t_0) = y_0^1. \end{cases} \tag{4.13}$$

其求解问题, 归结为寻求它的一个非零解. (令 $t_0 = 0$.)

定理 4.6. 若柯西问题 (4.13) 中系数 $p(t)$ 和 $q(t)$ 都可展开成 t 的幂级数, 且收敛区间为 $|t| < R$, 则柯西问题 (4.13) 有形如

$$y(t) = \sum_{n=0}^{+\infty} a_n t^n$$

的特解, 其中 $a_0 = y_0, a_1 = y_0^1$, 也以 $|t| < R$ 为收敛区间.

定理的证明需要用到解析函数理论, 本教程仅以几个例子给出求解方法.

例 4.12. 求解

$$\begin{cases} \dfrac{\mathrm{d}^2 y}{\mathrm{d} t^2} - 2t \dfrac{\mathrm{d} y}{\mathrm{d} t} - 4y = 0, \\ y(0) = 0, \quad y'(0) = 1. \end{cases}$$

解: 假设级数

$$y(t) = \sum_{n=0}^{+\infty} a_n t^n$$

为方程的解, 其中 $a_0 = 0, a_1 = 1$. 因此

$$y(t) = t + a_2 t^2 + \cdots + a_n t^n + \cdots,$$
$$y'(t) = 1 + 2a_2 t + \cdots + n a_n t^{n-1} + \cdots,$$
$$y''(t) = 2a_2 + 3 \times 2a_3 t + \cdots + n(n-1)a_n t^{n-2} + \cdots.$$

将其代入方程, 合并同类项, 并令各项系数等于零, 得

$$\begin{aligned} & 2a_2 = 0, \\ & 3 \times 2a_3 - 2 - 4 = 0, \\ & 4 \times 3 a_4 - 4a_2 - 4a_2 = 0, \cdots, \\ & n(n-1)a_n - 2(n-2)a_{n-2} - 4a_{n-2} = 0, \cdots. \end{aligned}$$

因此

$$a_2 = 0, a_3 = 1, a_4 = 0, \cdots, a_n = \frac{2}{n-1} a_{n-2}, \cdots.$$

从而对所有正整数 k 有

$$a_{2k} = 0, \quad a_{2k+1} = \frac{1}{k!}.$$

故方程的解为

$$\begin{aligned} y(t) &= t + t^3 + \frac{t^5}{2!} + \cdots + \frac{t^{2k+1}}{k!} + \cdots \\ &= t \left(1 + t^2 + \frac{t^4}{2!} + \cdots + \frac{t^{2k}}{k!} + \cdots \right) = t \mathrm{e}^{t^2}. \end{aligned}$$

直接验证也可以知道 $y(t) = t\mathrm{e}^{t^2}$ 是一个解.

贝塞尔 (Bessel) 方程

定理 4.7. 若方程

$$\frac{\mathrm{d}^2 y}{\mathrm{d}t^2} + p(t)\frac{\mathrm{d}y}{\mathrm{d}t} + q(t)y = 0$$

中系数满足 $tp(t)$ 和 $t^2q(t)$ 都可展开成 t 的幂级数, 且收敛区间为 $|t| < R$, 则方程有形如

$$y(t) = t^\alpha \sum_{k=0}^{+\infty} a_k t^k$$

的特解, 其中 $a_0 \neq 0$, 也以 $|t| < R$ 为收敛区间.

例 4.13. 求解 n 阶贝塞尔方程 (n 为非负常数)

$$t^2 \frac{\mathrm{d}^2 y}{\mathrm{d}t^2} + t\frac{\mathrm{d}y}{\mathrm{d}t} + (t^2 - n^2)y = 0.$$

解: 将方程改写为

$$\frac{\mathrm{d}^2 y}{\mathrm{d}t^2} + \frac{1}{t}\frac{\mathrm{d}y}{\mathrm{d}t} + \frac{t^2 - n^2}{t^2}y = 0.$$

易见, 它满足定理的条件, 且

$$tp(t) = 1, \quad t^2 q(t) = t^2 - n^2.$$

因此幂级数收敛区间为 $-\infty < t < +\infty$. 求形如

$$y(t) = \sum_{k=0}^{+\infty} a_k t^{k+\alpha}$$

的解, 代入贝塞尔方程得

$$t^2 \sum_{k=0}^{+\infty}(k+\alpha)(k+\alpha-1)a_k t^{k+\alpha-2} + t\sum_{k=0}^{+\infty}(k+\alpha)a_k t^{k+\alpha-1} + (t^2 - n^2)\sum_{k=0}^{+\infty} a_k t^{k+\alpha} = 0.$$

比较 t 的同次幂系数得

$$a_0(\alpha^2 - n^2) = 0,$$
$$a_1((\alpha+1)^2 - n^2) = 0,$$
$$a_k((\alpha+k)^2 - n^2) + a_{k-2} = 0, \quad k = 2, 3, \cdots.$$

因为 $a_0 \neq 0$, 则有 $\alpha^2 - n^2 = 0$, 从而 $\alpha = \pm n$.

当 $\alpha = n$ 时, 得

$$a_1 = 0, \quad a_k = -\frac{a_{k-2}}{k(2n+k)}, \quad k = 2, 3, \cdots,$$

从而可得

$$a_{2k-1} = 0, \quad k = 1, 2, \cdots,$$

$$a_{2k} = (-1)^k \frac{a_0}{2^{2k} k! (n+1)(n+2)\cdots(n+k)}, \quad k = 1, 2, \cdots.$$

因此当 $\alpha = n > 0$ 时, 得到贝塞尔方程的一个解

$$y_1(t) = a_0 t^n + \sum_{k=1}^{+\infty} (-1)^k \frac{a_0}{2^{2k} k! (n+1)(n+2)\cdots(n+k)} t^{2k+n}.$$

记 Γ 函数 $(p > 0)$

$$\Gamma(p) = \int_0^{+\infty} \mathrm{e}^{-x} x^{p-1} \mathrm{d}x,$$

则 $\Gamma(p+1) = p\Gamma(p)$. 特别地取

$$a_0 = \frac{1}{2^n \Gamma(n+1)},$$

则

$$y_1(t) = \sum_{k=0}^{+\infty} (-1)^k \frac{1}{k! \Gamma(n+k+1)} \left(\frac{t}{2}\right)^{2k+n} \equiv \mathrm{J}_n(t).$$

$\mathrm{J}_n(t)$ 称为 n 阶贝塞尔函数.

当 $\alpha = -n < 0$ 时, 我们类似可得, 对于 $n \notin \mathbb{N}$,

$$a_{2k-1} = 0, \quad k = 1, 2, \cdots,$$

$$a_{2k} = (-1)^k \frac{a_0}{2^{2k} k! (-n+1)(-n+2)\cdots(-n+k)}, \quad k = 1, 2, \cdots.$$

取初值条件

$$a_0 = \frac{1}{2^{-n} \Gamma(-n+1)},$$

则可以得到另外一个特解

$$y_2(t) = \sum_{k=0}^{+\infty} (-1)^k \frac{1}{k! \Gamma(-n+k+1)} \left(\frac{t}{2}\right)^{2k-n} \equiv \mathrm{J}_{-n}(t).$$

$\mathrm{J}_{-n}(t)$ 称为 $-n$ 阶贝塞尔函数.

因此, 当 α 不等于非负整数时, 我们得到了两个线性无关的解 $\mathrm{J}_n, \mathrm{J}_{-n}$. 从而贝塞尔方程的通解为

$$y = c_1 \mathrm{J}_n + c_2 \mathrm{J}_{-n}.$$

当 n 等于正整数时, 取 $\alpha = n$, 我们可以得到一个非零解 J_n, 但是对于 $\alpha = -n$, 不能利用前面的方法确定 $a_{2k}, k \geqslant n$, 因为一定有一项的系数的分母为零. 因此, 不能像上面一样求得另外一个解 J_{-n}. 但是这时候可以利用前面介绍的降阶法 (见公式 (4.8)), 求出与 J_n

线性无关的解:

$$y_2(t) = \mathrm{J}_n(t) \int \frac{1}{\mathrm{J}_n^2(t)} \mathrm{e}^{-\int \frac{1}{t} \mathrm{d}t} \mathrm{d}t = \mathrm{J}_n(t) \int \frac{1}{t \mathrm{J}_n^2(t)} \mathrm{d}t.$$

Γ 函数

Γ 函数还可以利用解析延拓原理延拓到 $\mathbb{C} \setminus \mathbb{Z}_-$:

$$\Gamma(z) = \int_0^{+\infty} \mathrm{e}^{-t} t^{z-1} \mathrm{d}t, \quad z \in \mathbb{C} \setminus \mathbb{Z}_-.$$

利用不完全 Γ 函数, 还可以写为无穷乘积的形式

$$\Gamma(x+1) = \lim_{n \to +\infty} \frac{n! n^x}{\displaystyle\prod_{m=1}^{n} (x+m)}, \quad x \notin \mathbb{Z}_-.$$

此外也有

$$\Gamma(p) = 2 \int_0^{+\infty} \mathrm{e}^{-x^2} x^{2p-1} \mathrm{d}x.$$

因此 $\Gamma\left(\dfrac{1}{2}\right) = \sqrt{\pi}$, 以及对于正整数 k,

$$\Gamma(k) = (k-1)! \Gamma(1).$$

例 4.14. *求方程*

$$x^2 y'' + xy' + \left(4x^2 - \frac{9}{25}\right) y = 0$$

的通解.

解: 引入新变量 $t = 2x, \tilde{y}(t) = y(x)$, 则

$$\frac{\mathrm{d}\tilde{y}}{\mathrm{d}t} = y'(x) \frac{\mathrm{d}(x)}{\mathrm{d}t} = \frac{1}{2} y'(x), \quad \frac{\mathrm{d}^2 \tilde{y}}{\mathrm{d}t^2} = \frac{1}{4} y''(x),$$

$$t^2 \frac{\mathrm{d}^2 \tilde{y}}{\mathrm{d}t^2} + t \frac{\mathrm{d}\tilde{y}}{\mathrm{d}t} + \left(t^2 - \frac{9}{25}\right) \tilde{y} = 0.$$

这是 $n = \dfrac{3}{5}$ 的贝塞尔方程, 故方程的通解为

$$\tilde{y}(t) = c_1 \mathrm{J}_{\frac{3}{5}}(t) + c_2 \mathrm{J}_{-\frac{3}{5}}(t),$$

代回原来的变量得原方程的通解为

$$y = c_1 \mathrm{J}_{\frac{3}{5}}(2x) + c_2 \mathrm{J}_{-\frac{3}{5}}(2x).$$

4.7   二阶线性方程的边值问题

本节研究二阶线性方程的两点边值问题 (狄利克雷问题)

$$\begin{cases} y''(t) + a_1(t)y'(t) + a_0(t)y(t) = f(t), \\ y(t_1) = y_1, \quad y(t_2) = y_2, \end{cases}$$

其中 $a_1, a_0, f \in C^0(]a, b[), a < t_1 < t_2 < b$ 以及 y_1, y_2 都是实值.

该两点边值问题有别于下面的柯西问题:

$$\begin{cases} y''(t) + a_1(t)y'(t) + a_2(t)y(t) = f(t), \\ y(t_0) = y_1, \quad y'(t_0) = y_2. \end{cases}$$

关于柯西问题我们已经有抽象的存在唯一性定理.

现在研究两点边值问题, 情况要复杂得多. 我们仅仅研究二阶常系数齐次方程的两点边值问题 (狄利克雷问题)

$$\begin{cases} y''(t) + a_1 y'(t) + a_0 y(t) = 0, \\ y(t_1) = y_1, \quad y(t_2) = y_2, \end{cases} \tag{4.14}$$

其中 $a_1, a_0, y_1, y_2 \in \mathbb{R}, t_1 < t_2$.

首先考虑特征方程

$$\lambda^2 + a_1 \lambda + a_0 = 0,$$

假设两个特征根为 $\lambda_\pm$, 则有如下结果:

定理 4.8. (1) 假设 $\lambda_\pm \in \mathbb{R}$, 则任给 $t_1 < t_2, y_1, y_2 \in \mathbb{R}$, 狄利克雷问题 (4.14) 存在唯一解.
(2) 假设 $\lambda_\pm = \alpha \pm \beta \mathrm{i}$ 是两个共轭复特征根, 则有下面三种情况之一发生:

   (a) 狄利克雷问题 (4.14) 存在唯一解.

   (b) 狄利克雷问题 (4.14) 存在无穷多个解.

   (c) 狄利克雷问题 (4.14) 没有解存在.

因此两点边值问题和柯西问题不一样, 有可能没有解存在, 也有可能存在无穷多个解. 但是在不考虑定解条件时, 我们知道

$$S(a_1, a_0) \text{ 是二维线性空间.}$$

定理 4.8 的证明:

(1) (a) $\lambda_\pm \in \mathbb{R}, \lambda_+ \neq \lambda_-$, 则二阶方程的通解为

$$y(t) = c_1 \mathrm{e}^{\lambda_+ t} + c_2 \mathrm{e}^{\lambda_- t}, \quad c_1, c_2 \in \mathbb{R}.$$

验证边界条件

$$\begin{cases} y_1 = y(t_1) = c_1 \mathrm{e}^{\lambda_+ t_1} + c_2 \mathrm{e}^{\lambda_- t_1}, \\ y_2 = y(t_2) = c_1 \mathrm{e}^{\lambda_+ t_2} + c_2 \mathrm{e}^{\lambda_- t_2}, \end{cases}$$

$$\begin{pmatrix} e^{\lambda_+ t_1} & e^{\lambda_- t_1} \\ e^{\lambda_+ t_2} & e^{\lambda_- t_2} \end{pmatrix} \begin{pmatrix} c_1 \\ c_2 \end{pmatrix} = \begin{pmatrix} y_1 \\ y_2 \end{pmatrix}.$$

这个线性方程组**唯一可解**的充分条件是

$$\det \begin{pmatrix} e^{\lambda_+ t_1} & e^{\lambda_- t_1} \\ e^{\lambda_+ t_2} & e^{\lambda_- t_2} \end{pmatrix} = e^{\lambda_+ t_1} e^{\lambda_- t_2} - e^{\lambda_- t_1} e^{\lambda_+ t_2} \neq 0$$

$$\Leftrightarrow \ e^{(\lambda_+ - \lambda_-)(t_1 - t_2)} - 1 \neq 0 \ \Leftrightarrow \ (\lambda_+ - \lambda_-)(t_1 - t_2) \neq 0.$$

(b) $\lambda_\pm \in \mathbb{R}, \lambda_+ = \lambda_- = \lambda_0$ 是一个实的二重根, 则二阶方程的通解为

$$y(t) = (c_1 + c_2 t) e^{\lambda_0 t}, \quad c_1, c_2 \in \mathbb{R}.$$

验证边界条件

$$\begin{cases} y_1 = y(t_1) = (c_1 + c_2 t_1) e^{\lambda_0 t_1}, \\ y_2 = y(t_2) = (c_1 + c_2 t_2) e^{\lambda_0 t_2}, \end{cases}$$

$$\begin{pmatrix} e^{\lambda_0 t_1} & t_1 e^{\lambda_0 t_1} \\ e^{\lambda_0 t_2} & t_2 e^{\lambda_0 t_2} \end{pmatrix} \begin{pmatrix} c_1 \\ c_2 \end{pmatrix} = \begin{pmatrix} y_1 \\ y_2 \end{pmatrix}.$$

这个线性方程组**唯一可解**的充分条件是

$$\det \begin{pmatrix} e^{\lambda_0 t_1} & t_1 e^{\lambda_0 t_1} \\ e^{\lambda_0 t_2} & t_2 e^{\lambda_0 t_2} \end{pmatrix} = e^{\lambda_0 (t_1 + t_2)} (t_2 - t_1) \neq 0.$$

(2) $\lambda_\pm = \alpha \pm \beta i, \alpha, \beta \in \mathbb{R}, \beta \neq 0$, 则二阶方程的通解为

$$y(t) = c_1 e^{\lambda_+ t} + c_2 e^{\lambda_- t}, \quad c_1, c_2 \in \mathbb{R}.$$

验证边界条件

$$\begin{cases} y_1 = y(t_1) = c_1 e^{\lambda_+ t_1} + c_2 e^{\lambda_- t_1}, \\ y_2 = y(t_2) = c_1 e^{\lambda_+ t_2} + c_2 e^{\lambda_- t_2}, \end{cases}$$

$$\begin{pmatrix} e^{\lambda_+ t_1} & e^{\lambda_- t_1} \\ e^{\lambda_+ t_2} & e^{\lambda_- t_2} \end{pmatrix} \begin{pmatrix} c_1 \\ c_2 \end{pmatrix} = \begin{pmatrix} y_1 \\ y_2 \end{pmatrix}. \tag{4.15}$$

这个线性方程组 (4.15) 的可解性依赖于

$$\det \begin{pmatrix} e^{\lambda_+ t_1} & e^{\lambda_- t_1} \\ e^{\lambda_+ t_2} & e^{\lambda_- t_2} \end{pmatrix} = e^{\lambda_+ t_1} e^{\lambda_- t_2} - e^{\lambda_- t_1} e^{\lambda_+ t_2}.$$

因此

$$\begin{aligned} e^{\lambda_+ t_1} e^{\lambda_- t_2} - e^{\lambda_- t_1} e^{\lambda_+ t_2} &= e^{(\lambda_+ + \lambda_-) t_2} \left(e^{\lambda_+ (t_1 - t_2)} - e^{\lambda_- (t_1 - t_2)} \right) \\ &= e^{2\alpha t_2} e^{\alpha(t_1 - t_2)} \left(e^{i\beta(t_1 - t_2)} - e^{-i\beta(t_1 - t_2)} \right) \\ &= 2i e^{\alpha(t_1 + t_2)} \sin(\beta(t_1 - t_2)). \end{aligned}$$

(a) 如果

$$\sin(\beta(t_1 - t_2)) \neq 0 \quad \Leftrightarrow \quad \beta \neq \frac{n\pi}{t_1 - t_2}, \quad n \in \mathbb{Z}.$$

则线性方程组 (4.15) **唯一可解**, 这时候狄利克雷问题 (4.14) 也唯一可解.

(b) 如果

$$\sin(\beta(t_1 - t_2)) = 0 \quad \Leftrightarrow \quad \beta = \frac{n\pi}{t_1 - t_2}, \quad n \in \mathbb{Z}.$$

则线性方程组 (4.15) 的可解性依赖于 y_1, y_2 的值, 如果线性方程组 (4.15) **有解**, 则一定有无穷多个解, 这时候狄利克雷问题 (4.14) 也有无穷多个解.

(c) 如果

$$\sin(\beta(t_1 - t_2)) = 0 \quad \Leftrightarrow \quad \beta = \frac{n\pi}{t_1 - t_2}, \quad n \in \mathbb{Z},$$

而对于 y_1, y_2, 线性方程组 (4.15) **没有解**, 这时候狄利克雷问题 (4.14) 也没有解.

例 4.15. 求解边值问题

$$\begin{cases} y'' + 4y = 0, \\ y(0) = y_1^0, \quad y\left(\frac{\pi}{4}\right) = y_2^0. \end{cases}$$

解: 首先考虑特征方程

$$\lambda^2 + 4 = 0 \quad \Leftrightarrow \quad \lambda_\pm = \alpha \pm \beta\mathrm{i} \quad \Leftrightarrow \quad \alpha = 0, \beta = 2.$$

则方程的通解是

$$y(t) = c_1 \cos(2t) + c_2 \sin(2t).$$

验证边界条件

$$\begin{cases} y_1^0 = y(0) = c_1 \cos 0 + c_2 \sin 0 = c_1, \\ y_2^0 = y\left(\frac{\pi}{4}\right) = c_1 \cos\left(\frac{\pi}{2}\right) + c_2 \sin\left(\frac{\pi}{2}\right) = c_2, \\ \qquad \Rightarrow \quad c_1 = y_1^0, \quad c_2 = y_2^0. \end{cases}$$
$$\sin(\beta(t_1 - t_2)) \neq 0 \quad \Leftrightarrow \quad 2 \neq \frac{n\pi}{-\frac{\pi}{4}}, \quad n \in \mathbb{Z}.$$

最后得到唯一解

$$y(t) = y_1^0 \cos(2t) + y_2^0 \sin(2t).$$

图像如图 4.1 所示.

例 4.16. 下面是一个有无穷多个解的例子:

$$\begin{cases} y'' + 4y = 0, \\ y(0) = 1, \quad y\left(\frac{\pi}{2}\right) = -1. \end{cases}$$

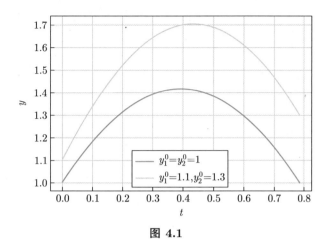

图 4.1

解: 通解还是

$$y(t) = c_1 \cos(2t) + c_2 \sin(2t).$$

验证边界条件

$$\begin{cases} 1 = y(0) = c_1 \cos 0 + c_2 \sin 0 = c_1, \\ -1 = y\left(\dfrac{\pi}{2}\right) = c_1 \cos \pi + c_2 \sin \pi = -c_1, \end{cases}$$

因此

$$\begin{pmatrix} 1 & 0 \\ -1 & 0 \end{pmatrix} \begin{pmatrix} c_1 \\ c_2 \end{pmatrix} = \begin{pmatrix} 1 \\ -1 \end{pmatrix},$$

求得解

$$c_1 = 1, \ c_2 \ \text{自由选取}.$$

因此得到无穷多个解

$$y(t) = \cos(2t) + c_2 \sin(2t), \quad c_2 \in \mathbb{R}.$$

这里

$$\sin(\beta(t_1 - t_2)) = 0 \quad \Leftrightarrow \quad 2 = \frac{n\pi}{-\dfrac{\pi}{2}}, \quad n = -1.$$

图像如图 4.2 所示.

例 4.17. 下面是一个没有解的例子:

$$\begin{cases} y'' + 4y = 0, \\ y(0) = y_1, \quad y\left(\dfrac{\pi}{2}\right) = y_2, \quad y_1 \neq -y_2. \end{cases}$$

解: 通解还是

$$y(t) = c_1 \cos(2t) + c_2 \sin(2t).$$

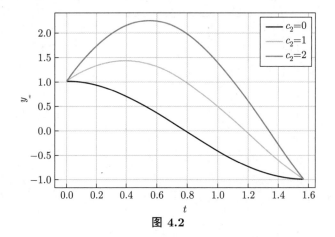

图 4.2

验证边界条件

$$\begin{cases} y_1 = y(0) = c_1 \cos 0 + c_2 \sin 0 = c_1, \\ y_2 = y\left(\dfrac{\pi}{2}\right) = c_1 \cos \pi + c_2 \sin \pi = -c_1, \end{cases}$$

因此

$$\begin{pmatrix} 1 & 0 \\ -1 & 0 \end{pmatrix} \begin{pmatrix} c_1 \\ c_2 \end{pmatrix} = \begin{pmatrix} y_1 \\ y_2 \end{pmatrix},$$

求得解

$$c_1 = y_1 = -y_2, \quad c_2 \text{ 自由选取}.$$

因此如果 $y_1 \neq -y_2$, 则没有解. 这里

$$\sin(\beta(t_1 - t_2)) = 0 \quad \Leftrightarrow \quad 2 = \dfrac{n\pi}{-\dfrac{\pi}{2}}, \quad n = -1.$$

特别地, 取 $y_1 = 1 = y_2$, 则边值问题没有满足边界条件的解, 因为如图 4.3 (任给 $c_2 \in \mathbb{R}$),

$$y(t) = \cos(2t) + c_2 \sin(2t), \quad y(0) = 1, \quad y\left(\dfrac{\pi}{2}\right) \neq 1.$$

图 4.3 原图

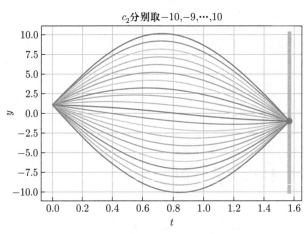

图 4.3

因此, 我们考虑了复特征根的三种情况!

实特征根的情形与唯一解的情形类似!

一般的边值问题

现在研究二阶线性方程的一般的边值问题

$$\begin{cases} y''(t) + a_1(t)y'(t) + a_0(t)y(t) = f(t), \\ \alpha_1 y(t_1) + \beta_1 y'(t_1) = y_1^0, \\ \alpha_2 y(t_2) + \beta_2 y'(t_2) = y_2^0, \end{cases} \tag{4.16}$$

其中 $a_1, a_0, f \in C^0(]a, b[), a < t_1 < t_2 < b$ 以及 $\alpha_1, \alpha_2, \beta_1, \beta_2, y_1^0, y_2^0$ 都是实值.

(1) $\alpha_1 = \alpha_2 = 1, \beta_1 = \beta_2 = 0$, 称为狄利克雷问题, 亦称第一边值问题.

(2) $\alpha_1 = \alpha_2 = 0, \beta_1 = \beta_2 = 1$, 称为诺伊曼 (Neumann) 问题, 亦称第二边值问题.

假设二阶线性方程的通解为

$$y(t) = c_1 y_1(t) + c_2 y_2(t) + \tilde{y}(t),$$

这里 y_1, y_2 为齐次方程的两个线性无关的解, $\tilde{y}(t)$ 是非齐次方程的一个特解.

研究边值问题 (4.16) 的基本方法就是使用上面的通解.

- 通过验证两个边界条件, 可以确定常数 c_1, c_2. 这时候就会出现前面的三种情形: 存在唯一解, 存在无穷多个解, 无解.
- 二阶非线性方程也有类似的边值问题.
- 高阶方程也有类似的边值问题.

例 4.18. 求解边值问题

$$\begin{cases} y'' + 4y = \sin t, \\ y(0) = y_1, \quad y\left(\dfrac{\pi}{4}\right) = y_2. \end{cases}$$

解: 首先将齐次方程的通解 "常数变易":

$$y(t) = c_1(t)\cos(2t) + c_2(t)\sin(2t),$$

$$\begin{aligned} y'(t) = {}& c_1'(t)\cos(2t) + c_2'(t)\sin(2t) \\ & - 2c_1(t)\sin(2t) + 2c_2(t)\cos(2t). \end{aligned}$$

令

$$(1) \quad c_1'(t)\cos(2t) + c_2'(t)\sin(2t) = 0.$$

则

$$\begin{aligned} y''(t) = {}& -2c_1'(t)\sin(2t) + 2c_2'(t)\cos(2t) \\ & - 4c_1(t)\cos(2t) - 4c_2(t)\sin(2t). \end{aligned}$$

因此

$$(2) \quad y''(t) + 4y(t) = -2c_1'(t)\sin(2t) + 2c_2'(t)\cos(2t) = \sin t.$$

联立 (1), (2) 式得

$$\begin{cases} c_1'(t)\cos(2t) + c_2'(t)\sin(2t) = 0, \\ -c_1'(t)\sin(2t) + c_2'(t)\cos(2t) = \dfrac{1}{2}\sin t, \end{cases}$$

$$c_1' = -\frac{1}{2}\sin(2t)\sin t \quad \Rightarrow \quad c_1 = -\frac{1}{3}\sin^3 t + K_1,$$

$$c_2' = \frac{1}{2}\cos(2t)\sin t = \left(\cos^2 t - \frac{1}{2}\right)\sin t$$

$$\Rightarrow \quad c_2 = -\frac{1}{3}\cos^3 t + \frac{1}{2}\cos t + K_2.$$

因此得到非齐次方程的一个特解

$$\begin{aligned} y(t) &= -\frac{1}{3}\cos(2t)\sin^3 t - \frac{1}{3}\sin(2t)\cos^3 t + \frac{1}{2}\sin(2t)\cos t \\ &= \left(-\frac{1}{3}\sin^3 t\right)\cos(2t) + \left(-\frac{1}{3}\cos^3 t + \frac{1}{2}\cos t\right)\sin(2t). \end{aligned}$$

事实上

$$\begin{aligned} y'(t) &= \left(-\frac{1}{3}\sin^3 t\right)'\cos(2t) + \left(-\frac{1}{3}\cos^3 t + \frac{1}{2}\cos t\right)'\sin(2t) \\ &\qquad\qquad (= 0) \\ &\quad -2\left(-\frac{1}{3}\sin^3 t\right)\sin(2t) + 2\left(-\frac{1}{3}\cos^3 t + \frac{1}{2}\cos t\right)\cos(2t). \end{aligned}$$

$$\begin{aligned} y''(t) &= -2\left(-\frac{1}{3}\sin^3 t\right)'\sin(2t) + 2\left(-\frac{1}{3}\cos^3 t + \frac{1}{2}\cos t\right)'\cos(2t) \\ &\quad -4\left(-\frac{1}{3}\sin^3 t\right)\cos(2t) - 4\left(-\frac{1}{3}\cos^3 t + \frac{1}{2}\cos t\right)\sin(2t) \\ &(= -4y(t)). \end{aligned}$$

因此非齐次方程的通解为

$$\begin{aligned} y(t) &= K_1\cos(2t) + K_2\sin(2t) \\ &\quad -\frac{1}{3}\cos(2t)\sin^3 t - \frac{1}{3}\sin(2t)\cos^3 t + \frac{1}{2}\sin(2t)\cos t. \end{aligned}$$

验证通解的边界条件

$$\begin{cases} y_1 = y(0) = K_1, \\ y_2 = y\left(\dfrac{\pi}{4}\right) = K_2 + \dfrac{\sqrt{2}}{6}, \end{cases}$$

$$\Rightarrow \quad K_1 = y_1, \quad K_2 = y_2 - \frac{\sqrt{2}}{6}.$$

最后得到满足边界条件的唯一解

$$y(t) = y_1 \cos(2t) + \left(y_2 - \frac{\sqrt{2}}{6}\right) \sin(2t)$$

$$- \frac{1}{3} \cos(2t) \sin^3 t - \frac{1}{3} \sin(2t) \cos^3 t + \frac{1}{2} \sin(2t) \cos t.$$

4.8 小结和评注

这一章主要研究高阶线性微分方程, 有关存在唯一性定理可以从前一章关于线性方程组的抽象定理导出. 因此这一章的学习主要集中于高阶线性微分方程的求解方法, 我们主要介绍了

(1) 求高阶常系数齐次线性微分方程的基本解组的方法.

(2) 高阶线性微分方程转换成一阶线性微分方程组, 常数变易法.

(3) 欧拉方程的解法.

(4) 比较系数法.

(5) 二阶线性方程的幂级数解法.

(6) 二阶线性方程的边值问题.

此外还有很多求解微分方程的方法将会在后续的其他章节或课程中学习, 比如:

● 数值解, 将在第八章中介绍.

● 拉普拉斯 (Laplace) 变换法, 将由专门的课程 "工程数学" 介绍.

第四章小结

总的来说, 研究高阶线性微分方程主要关注的是求解方法, 或者是研究解的性态, 事实上微分方程的求解是 18—19 世纪数学研究的热门课题. 当时几乎所有著名的数学家都在这方面有自己的贡献, 因此创造了很多与特殊微分方程相关的特殊函数, 这方面的工作非常多, 也有大量的文献可以参阅.

4.9 练 习 题

1. 利用定理 4.1 证明定理 4.2.

2. (1) 假设 $\lambda_1, \lambda_2, \cdots, \lambda_n$ 是特征方程 (4.5) 的 n 个彼此不相等的特征根, 证明相应的方程 (4.4) 有如下 n 个解:

$$e^{\lambda_1 t}, e^{\lambda_2 t}, \cdots, e^{\lambda_n t},$$

且这 n 个解是线性无关的.

(2) 假设 $\lambda = \alpha + i\beta$ 是特征方程 (4.5) 的一个复特征根, 证明: $\lambda = \alpha - i\beta$ 也是特征方程 (4.5) 的一个特征根, 且

$$e^{\alpha t} \cos \beta t, \quad e^{\alpha t} \sin \beta t$$

是方程 (4.4) 的两个线性无关的解.

(3) 假设 λ 是一个 k 重特征根. 证明方程 (4.4) 有下面 k 个线性无关的解:

$$\mathrm{e}^{\lambda t}, \ t\mathrm{e}^{\lambda t}, \ t^2\mathrm{e}^{\lambda t}, \cdots, \ t^{k-1}\mathrm{e}^{\lambda t}.$$

3.【转换成方程组】 考虑三阶微分方程

$$x^{(3)} - 2x'' - x' + 2x = 0.$$

将这个方程转换成方程组, 然后求其基本解组.

4.【常数变易法】 考虑二阶微分方程

$$x'' + a(t)x' + b(t)x = c(t), \tag{4.17}$$

其中 a, b, c 是定义在 $]a, b[$ 上的实值连续函数. 假设 φ_1, φ_2 是相应的齐次方程的两个线性无关的解.

(1) 求解关于 $\lambda_1(t), \lambda_2(t)$ 的微分方程组

$$\begin{cases} \lambda_1'\varphi_1 + \lambda_2'\varphi_2 = 0, \\ \lambda_1'\varphi_1' + \lambda_2'\varphi_2' = c(t). \end{cases}$$

(2) 证明: $p(t) = \lambda_1\varphi_1 + \lambda_2\varphi_2$ 是方程 (4.17) 的解.

(3) 证明: 方程 (4.17) 的所有解都可以这样得到.

5. (1) 求方程

$$\frac{\mathrm{d}^3 x}{\mathrm{d}t^3} + 3\frac{\mathrm{d}^2 x}{\mathrm{d}t^2} + 3\frac{\mathrm{d}x}{\mathrm{d}t} + x = \mathrm{e}^{-t}(t - 5)$$

的通解.

(2) 求方程

$$t^2\frac{\mathrm{d}^2 x}{\mathrm{d}t^2} - 4t\frac{\mathrm{d}x}{\mathrm{d}t} + 6x = 0$$

的通解.

6. 求解方程

$$x'' + x = f(t),$$

其中 $f(t)$ 是定义在 $\mathbb{R}$ 上的连续函数.

7. 求解下列方程:

(1) $y'' - y = |t|$ (在 $\mathbb{R}$ 上).

(2) $y'' - 6y' + 9y = \dfrac{9}{t} + \dfrac{6}{t^2} + \dfrac{2}{t^3}$ (在 $\mathbb{R}_+$ 上).

(3) $y'' + y = \left|t - \dfrac{\pi}{2}\right| + \left|t + \dfrac{\pi}{2}\right|$ (在 $\mathbb{R}$ 上).

8.【欧拉方程】 求解下列方程:

(1) $t^2 y'' - 3ty' + 4y = t^3$.

(2) $t^3 x^{(3)} + tx' - x = 3t^4$.

(3) $(2t+1)^2 x'' - 2(2t+1)x' - 12x = 6t$.

9. 【级数解】求解下列方程:

(1) $2ty'' + y' - y = 0$.

(2) $4t(1-t)y'' + 2(1-3t)y' - y = 0$.

4.9 练习题
部分参考答案

作 业 四

施图姆–刘维尔 (Sturm-Liouville) 定理: 考虑二阶微分方程

$$x'' + a_1(t)x' + a_0(t)x = 0, \tag{4.18}$$

其中 a_1, a_0 是定义在 $[a, b]$ 上的实值连续函数. 假设 φ_1, φ_2 是 (4.18) 的两个线性无关的解. 证明: φ_1 的两个相邻零点之间恰好有 φ_2 的一个零点.

【本作业就是证明施图姆–刘维尔定理】

1. 将二阶微分方程 (4.18) 转换成方程组

$$x'(t) = A(t)x(t).$$

给出系数矩阵 $A(t)$.

2. 利用方程组的存在唯一性定理 (佩亚诺定理) 证明方程 (4.18) 的存在唯一性, 给出方程 (4.18) 的解线性无关的判别准则.

3. 假设 φ_1, φ_2 是 (4.18) 的两个线性无关的解, 证明朗斯基行列式

$$W(\varphi_1, \varphi_2)(t) \neq 0, \quad \forall t \in [a, b].$$

4. 假设 t_1, t_2 是 φ_1 的两个相邻零点, 即

$$\varphi_1(t_1) = \varphi_1(t_2) = 0; \quad \varphi_1(t) \neq 0, \quad \forall t \in]t_1, t_2[.$$

利用朗斯基行列式的性质证明: $\varphi_2(t_1) \neq 0, \varphi_2(t_2) \neq 0$.

作业四部分
参考答案

5. **反证法:** 假设

$$\varphi_2(t) \neq 0, \quad \forall t \in]t_1, t_2[.$$

则函数

$$f(t) = \frac{\varphi_1(t)}{\varphi_2(t)}, \text{ 满足 } f(t) \neq 0, \forall t \in]t_1, t_2[, \quad f(t_1) = f(t_2) = 0.$$

因此存在 $t_1 < t_0 < t_2$ 使得 $f'(t_0) = 0$, 由此导出与朗斯基行列式的性质矛盾. 因此在 t_1, t_2 之间 φ_2 至少有一个零点.

6. 利用 φ_1, φ_2 的对称关系证明在 t_1, t_2 之间 φ_2 只有一个零点.

第五章　微分方程的基本定理

在这一章中, 我们将证明微分方程的基本定理: 一阶非线性微分方程组柯西问题解的存在唯一性定理. 在第三章中我们已经研究了线性微分方程组的情形, 现在我们研究一般的标准非线性方程组的情形.

5.1　预备知识

我们首先回顾一下泰勒 (Taylor) 公式 (为了简化记号, 我们假设下面出现的函数和相应的微分都是有定义的):

$$f(x) = f(x_0) + f'(x_0)(x - x_0) + \cdots + \frac{f^{(n)}(x_0)}{n!}(x - x_0)^n + R_n(x), \tag{5.1}$$

其中

$$R_n(x) = \frac{f^{(n+1)}(\xi)}{(n+1)!}(x - x_0)^{n+1},$$

这里 ξ 是 x_0 与 x 之间的某个值, 称为拉格朗日 (Lagrange) 余项. 带拉格朗日余项的泰勒公式需要 $n+1$ 阶的微分存在. 如果仅有 n 阶的微分存在, 则有佩亚诺余项:

$$R_n(x) = o(x^n).$$

当 $n = 0$ 时, 变成了拉格朗日中值公式

$$f(x) - f(x_0) = f'(\xi)(x - x_0) \quad (\xi \text{ 在 } x_0 \text{ 与 } x \text{ 之间}).$$

需要指出的是带拉格朗日余项的泰勒公式仅对于一个变量的函数成立, 而对于多变量函数则是积分余项, 当 $n = 0$ 时, 其形式为

$$F(y) - F(y^0) = \sum_{j=1}^{d} (y_j - y_j^0) \int_0^1 \frac{\partial F(y^0 + t(y - y^0))}{\partial y_j} \mathrm{d}t, \quad y^0, y \in \mathbb{R}^d.$$

上述公式对于向量值函数也成立. 因此, 如果在 $\mathbb{R}^d$ 的一个凸区域 D 上有

$$\sup_{1 \leqslant j \leqslant d} \sup_{y \in D} \left\| \frac{\partial F(y)}{\partial y_j} \right\| \leqslant L,$$

则有

$$\|F(y) - F(x)\|_1 \leqslant L\|y - x\|_1, \quad \forall x, y \in D.$$

函数序列和函数级数的收敛性以及一致收敛性, 也是我们这一章需要使用的非常重要的数学分析概念.

5.2 存在唯一性定理

现在研究下列柯西问题:

$$\begin{cases} \dfrac{\mathrm{d}y}{\mathrm{d}t} = f(t, y), \\ y(t_0) = y_0, \end{cases} \tag{5.2}$$

这里

$$y = \begin{pmatrix} y_1 \\ y_2 \\ \vdots \\ y_n \end{pmatrix}, \quad f(t, y) = \begin{pmatrix} f_1(t, (y_1, y_2, \cdots, y_n)) \\ f_2(t, (y_1, y_2, \cdots, y_n)) \\ \vdots \\ f_n(t, (y_1, y_2, \cdots, y_n)) \end{pmatrix},$$

其中 $f_j(t, (y_1, y_2, \cdots, y_n)), j = 1, 2, \cdots, n$ 是定义在

$$I \times \Omega = [t_0 - a, t_0 + a] \times \{y \in \mathbb{R}^n; |y - y_0| \leqslant b\}$$

上的实值函数 $(a, b > 0)$.

(1) 在第二章已经研究了可以利用初等方法求解的方程.

(2) 在第三章已经研究了线性方程组, 即

$$f_j(t, (y_1, y_2, \cdots, y_n)) = a_{j1}(t)y_1 + a_{j2}(t)y_2 + \cdots + a_{jn}(t)y_n + b_j(t), \quad j = 1, 2, \cdots, n.$$

或者写出向量形式

$$f(t, y) = A(t)y + b(t),$$

其中 $A(t)$ 是 $n \times n$ 连续函数矩阵, $b(t)$ 是 n 维连续向量值函数.

(3) 现在研究一般的标准非线性微分方程组.

定义 5.1 (利普希茨 (Lipschitz) 条件). 假设 $f(t, y)$ 是定义在 $I \times \Omega$ 上的实值连续函数, 称 f 关于 y 满足 L-利普希茨条件 (或简称利普希茨条件), 是指

$$\|f(t, y_1) - f(t, y_2)\| \leqslant L\|y_1 - y_2\|, \forall t \in I, \ y_1, y_2 \in \Omega.$$

• 线性函数满足利普希茨条件, 其中

$$L = \sup_{1 \leqslant j, k \leqslant n} \sup_{t \in I} |a_{jk}(t)|.$$

• 这里给的是所谓整体利普希茨条件, 局部利普希茨条件的定义如下:

定义 5.2 (局部利普希茨条件). 假设 $f(t, y)$ 是定义在 $\mathbb{R} \times \mathbb{R}^n$ 的一个开区域 D 上的连续函数, 若任给 $(t_0, y_0) \in D$, 存在 $a > 0, b > 0$, 存在 $L > 0$, 使得 $I \times \Omega \subset D$, 以及 $f(t, y)$ 在 $I \times \Omega$ 上关于 y 满足 L-利普希茨条件, 则称 f 关于 y 满足局部利普希茨条件.

定理 5.1 (柯西-利普希茨定理). 假设 $f(t, y)$ 在 $I \times \Omega$ 上有定义, 且满足利普希茨条件, 则柯西问题 (5.2) 在区间 $]t_0 - h, t_0 + h[$ 上存在唯一解. 这里

$$h = \min \left\{ a, \frac{b}{M} \right\}, \quad M = \sup_{(t,y) \in I \times \Omega} \|f(t, y)\|.$$

此外还有下列局部表述的柯西-利普希茨定理, 一般情况下我们都是使用这个局部表述.

定理 5.2 (局部柯西-利普希茨定理). 假设 $f(t, y)$ 在 D 上满足局部利普希茨条件, 则任给 $(t_0, y_0) \in D$, 柯西问题 (5.2) 在 t_0 的一个邻域上存在唯一解 (图 5.1).

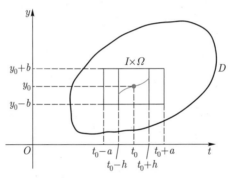

图 5.1

柯西-利普希茨定理的证明分下面几步:

命题 5.1 (转换成积分方程). 柯西问题 (5.2) 等价于下列积分方程:

$$y(t) = y_0 + \int_{t_0}^t f(s, y(s)) \mathrm{d}s. \tag{5.3}$$

这个命题的证明与线性方程的类似的命题一样.

下面的迭代过程称为**皮卡迭代**:

$$(\mathrm{P}) \quad \begin{cases} \varphi_0(t) = y_0, \\ \varphi_k(t) = y_0 + \displaystyle\int_{t_0}^t f\left(s, \varphi_{k-1}(s)\right) \mathrm{d}s, \quad k \in \mathbb{N}_+. \end{cases}$$

命题 5.2 (皮卡逼近函数序列). 在柯西-利普希茨定理的假设条件下, 可以构造上述皮卡逼近函数序列 $\{\varphi_k(t), k \in \mathbb{N}\}$.

证明: 我们需要证明迭代过程 (P) 可以无限制地迭代下去, 因此需要证明若

$$\varphi_{k-1} \in C^0([t_0 - h, t_0 + h]; \mathbb{R}^n), \quad \|\varphi_{k-1}(t) - y_0\| \leqslant b, \tag{5.4}$$

则由 (P) 定义的 φ_k 满足

$$\varphi_k \in C^0([t_0 - h, t_0 + h]; \mathbb{R}^n), \quad \|\varphi_k(t) - y_0\| \leqslant b. \tag{5.5}$$

事实上, 由 (5.4) 式,

$$f(\cdot, \varphi_{k-1}(\cdot)) \in C^0([t_0 - h, t_0 + h]; \mathbb{R}^n),$$

因此由积分公式 (P) 得

$$\varphi_k \in C^1([t_0 - h, t_0 + h]; \mathbb{R}^n),$$

以及

$$
\begin{aligned}
\|\varphi_k(t) - y_0\| &= \left\| \int_{t_0}^{t} f(s, \varphi_{k-1}(s)) \mathrm{d}s \right\| \\
&\leqslant \left| \int_{t_0}^{t} \|f(s, \varphi_{k-1}(s))\| \mathrm{d}s \right| \\
&\leqslant \sup_{s \in I} \|f(s, \varphi_{k-1}(s))\| |t - t_0| \leqslant Mh \leqslant b.
\end{aligned}
$$

因此可以构造逼近函数序列 $\{\varphi_k(t), k \in \mathbb{N}\}$.

佩亚诺在 1890 年的工作就是到了这一步, 然后使用选择公理得到一个极限, 由此导出存在性结果, 到现在为止我们仅用到了函数的连续性, 还没有使用利普希茨条件. 因此没有唯一性, 这一工作后来由阿斯科利完全从数学分析的角度严格化. 我们后面会再回来证明阿斯科利 – 佩亚诺定理.

现在研究逼近函数序列的收敛性.

命题 5.3 (皮卡逼近函数序列的收敛性). 在柯西 – 利普希茨定理的假设条件下, 皮卡逼近函数序列 $\{\varphi_k(t), k \in \mathbb{N}\}$ 在 $[t_0 - h, t_0 + h]$ 上一致收敛.

因此存在 $\varphi \in C^0([t_0 - h, t_0 + h])$ 使得在 $[t_0 - h, t_0 + h]$ 上有一致收敛

$$\lim_{k \to +\infty} \varphi_k(t) = \varphi(t).$$

证明: 函数序列 $\{\varphi_k(t), k \in \mathbb{N}\}$ 在 $[t_0 - h, t_0 + h]$ 上的一致收敛性等价于函数项级数

$$\varphi_0(t) + \sum_{k=1}^{+\infty} (\varphi_k(t) - \varphi_{k-1}(t))$$

在 $[t_0 - h, t_0 + h]$ 上的一致收敛性.

对级数的每一项进行估计:

$$\|\varphi_1(t) - \varphi_0(t)\| \leqslant \left| \int_{t_0}^{t} \|f(s, \varphi_0(s))\| \mathrm{d}s \right| \leqslant M |t - t_0|,$$

由利普希茨条件得到

$$\|\varphi_2(t) - \varphi_1(t)\| \leqslant \left| \int_{t_0}^{t} \|f(s, \varphi_1(s)) - f(s, \varphi_0(s))\| \mathrm{d}s \right|$$

$$\leqslant L\left|\int_{t_0}^{t}\|\varphi_1(s)-\varphi_0(s)\|\mathrm{d}s\right|$$

$$\leqslant ML\left|\int_{t_0}^{t}|s-t_0|\mathrm{d}s\right|\leqslant\frac{ML}{2}|t-t_0|^2.$$

现在归纳假设

$$\|\varphi_k(t)-\varphi_{k-1}(t)\|\leqslant\frac{ML^{k-1}}{k!}|t-t_0|^k,\quad|t-t_0|\leqslant h.$$

证明上式对于 $k+1$ 也成立.

由利普希茨条件和归纳假设得到

$$\|\varphi_{k+1}(t)-\varphi_k(t)\|\leqslant\left|\int_{t_0}^{t}\|f(s,\varphi_k(s))-f(s,\varphi_{k-1}(s))\|\mathrm{d}s\right|$$

$$\leqslant L\left|\int_{t_0}^{t}\|\varphi_k(s)-\varphi_{k-1}(s)\|\mathrm{d}s\right|$$

$$\leqslant\frac{ML^k}{k!}\left|\int_{t_0}^{t}|s-t_0|^k\mathrm{d}s\right|$$

$$\leqslant\frac{ML^k}{(k+1)!}|t-t_0|^{k+1}.$$

因而函数序列 $\{\varphi_k(t)\}$ 在 $[t_0-h,t_0+h]$ 上一致收敛.

命题 5.4 (存在性). 在柯西–利普希茨定理的假设条件下, 积分方程 (5.3) 在 $[t_0-h,t_0+h]$ 上存在一个解.

证明: 首先存在 $\varphi\in C^0([t_0-h,t_0+h])$ 使得 $\{\varphi_k(t)\}$ 在 $[t_0-h,t_0+h]$ 上一致收敛于 φ, 即

$$\lim_{k\to+\infty}\varphi_k(t)=\varphi(t).$$

由利普希茨条件

$$\|f(t,\varphi_k(t))-f(t,\varphi(t))\|\leqslant L\|\varphi_k(t)-\varphi(t)\|,$$

在 $[t_0-h,t_0+h]$ 上也有一致收敛

$$\lim_{k\to+\infty}f(t,\varphi_k(t))=f(t,\varphi(t)).$$

利用一致收敛性, 在 (P) 的两边取极限得

$$\lim_{k\to+\infty}\varphi_k(t)=y_0+\lim_{k\to+\infty}\int_{t_0}^{t}f(s,\varphi_{k-1}(s))\mathrm{d}s$$

$$=y_0+\int_{t_0}^{t}\lim_{k\to+\infty}f(s,\varphi_{k-1}(s))\mathrm{d}s,$$

即

$$\varphi(t)=y_0+\int_{t_0}^{t}f(s,\varphi(s))\mathrm{d}s.$$

故 φ 是柯西问题 (5.2) 在 $I=[t_0-h,t_0+h]$ 上的一个解.

命题 5.5 (唯一性). 在柯西-利普希茨定理的假设条件下, 积分方程 (5.3) 在区间 $[t_0-h, t_0+h]$ 上的解是唯一的.

证明: 假设 φ, ψ 是积分方程 (5.3) 定义在区间 $[t_0-h, t_0+h]$ 上的两个解, 令 $g(t) = \|\varphi(t) - \psi(t)\|$, 则 g 是定义在 I 上的非负连续函数. 由利普希茨条件得

$$g(t) = \|\varphi(t) - \psi(t)\| = \left\|\int_{t_0}^t (f(s, \varphi(s)) - f(s, \psi(s)))\mathrm{d}s\right\|$$
$$\leqslant \left|\int_{t_0}^t \|f(s, \varphi(s)) - f(s, \psi(s))\|\mathrm{d}s\right|$$
$$\leqslant L\left|\int_{t_0}^t \|\varphi(s) - \psi(s)\|\mathrm{d}s\right| \leqslant L\left|\int_{t_0}^t g(s)\mathrm{d}s\right|.$$

利用下面的格朗沃尔 (Gronwall) 不等式, 可以证明在 I 上有 $g \equiv 0$.

引理 5.1 (格朗沃尔不等式). 假设 φ 是定义在区间 $[a,b]$ 上的一个非负连续函数, $c \in [a,b]$, 以及存在 $A \geqslant 0, B \geqslant 0$ 使得

$$\varphi(t) \leqslant A + B\left|\int_c^t \varphi(s)\mathrm{d}s\right|, \quad t \in [a,b],$$

则

$$\varphi(t) \leqslant Ae^{B|t-c|}, \quad t \in [a,b].$$

格朗沃尔不等式的证明: 令

$$F(t) = A + B\int_c^t \varphi(s)\mathrm{d}s, \quad t \in [c,b].$$

则

$$F'(t) = B\varphi(t) \leqslant BF(t),$$

因此

$$\frac{\mathrm{d}}{\mathrm{d}t}\left(e^{-Bt}F(t)\right) = e^{-Bt}(F'(t) - BF(t)) \leqslant 0, \quad t \in [c,b].$$

利用单调性, 得

$$e^{-Bt}F(t) \leqslant e^{-Bc}F(c) = Ae^{-Bc}, \quad t \in [c,b].$$

这就证明了

$$\varphi(t) \leqslant F(t) \leqslant Ae^{B(t-c)}, \quad t \in [c,b].$$

在 $[a,c]$ 的证明是类似的.

一阶隐式方程的解的存在唯一性定理

定理 5.3. 考虑一阶隐式方程 (单个未知函数的方程)

$$F(t, y, y') = 0, \tag{5.6}$$

如果在 (t_0, y_0, y_0') 的某邻域中,

(1) $F(t, y, y')$ 关于 (t, y, y') 连续一阶可微.
(2) 满足

$$F(t_0, y_0, y_0') = 0, \quad \frac{\partial F(t_0, y_0, y_0')}{\partial y'} \neq 0.$$

则方程 (5.6) 在 t_0 的一个邻域存在唯一解 $y = y(t)$ 满足初值条件

$$y(t_0) = y_0.$$

证明: 根据隐函数定理, 存在 $a > 0, b > 0, c > 0$, 以及存在一阶连续可微函数

$$f : [t_0 - a, t_0 + a] \times [y_0 - b, y_0 + b] \rightarrow [y_0' - c, y_0' + c]$$

使得

$$F(t, y, y') = 0, F(t_0, y_0, y_0') = 0 \Leftrightarrow F(t, y, f(t, y)) = 0, \quad f(t_0, y_0) = y_0'$$

$$\Leftrightarrow y' = f(t, y), \quad y(t_0) = y_0$$

对于任意的

$$(t, y, y') \in [t_0 - a, t_0 + a] \times [y_0 - b, y_0 + b] \times [y_0' - c, y_0' + c]$$

成立. 因此求解一阶隐式方程

$$F(t, y, y') = 0, \quad F(t_0, y_0, y_0') = 0$$

等价于求解下列标准微分方程的柯西问题:

$$\begin{cases} y' = f(t, y), \\ y(t_0) = y_0, \end{cases} \tag{5.7}$$

其中 f 定义在 $[t_0 - a, t_0 + a] \times [y_0 - b, y_0 + b]$ 上, 以及

$$\frac{\partial f(t, y)}{\partial y} = -\frac{F_y(t, y, f(t, y))}{F_{y'}(t, y, f(t, y))}$$

是 $[t_0 - a, t_0 + a] \times [y_0 - b, y_0 + b]$ 上的连续函数.

因此柯西问题 (5.7) 满足柯西 – 利普希茨定理的条件. 从而方程 (5.6) 在 t_0 的一个邻域存在唯一解 $y = y(t)$.

近似计算和误差估计

下面的皮卡迭代也是求方程近似解的方法之一:

$$(\text{P}) \quad \begin{cases} \varphi_0(t) = y_0, \\ \varphi_k(t) = y_0 + \int_{t_0}^{t} f(s, \varphi_{k-1}(s)) \mathrm{d}s. \end{cases}$$

对方程的近似解 $\varphi_k(t)$ 和真正解 $\varphi(t)$ 在 $[t_0 - h, t_0 + h]$ 上的误差估计为

$$\|\varphi_k(t) - \varphi(t)\| \leqslant \frac{ML^k h^{k+1}}{(k+1)!}.$$

上式可用数学归纳法证明.

关于存在性, 我们还有下面的弱一些的结果.

定理 5.4 (阿斯科利–佩亚诺定理). 假设 $f(t, y)$ 在 $I \times \Omega$ 上连续, 则柯西问题 (5.2) 在区间 $]t_0 - h, t_0 + h[$ 上存在 (至少) 一个解. 这里

$$h = \min\left\{a, \frac{b}{M}\right\}, \quad M = \sup_{(t,y) \in I \times \Omega} \|f(t, y)\|.$$

下面是关于柯西问题的解非唯一的例子: 考虑柯西问题

$$x' = |x|^{\frac{1}{2}}, \quad x(0) = 0. \tag{5.8}$$

对于任意的常数 $0 \leqslant c \leqslant 1$, 定义在 $[-1, 1]$ 上的函数 (图 5.2)

$$\varphi_c(t) = \begin{cases} \dfrac{1}{4}(t - c)^2, & c \leqslant t \leqslant 1, \\ 0, & -1 \leqslant t \leqslant c \end{cases}$$

都是柯西问题 (5.8) 的解, 因此柯西问题 (5.8) 具有无穷多个解. 这里 $f(t, x) = |x|^{\frac{1}{2}}$ 是连续函数, 但是 $f(t, x)$ 关于 x 不满足利普希茨条件.

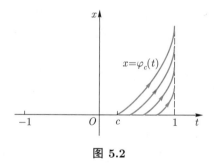

图 5.2

利普希茨条件是柯西问题的解的唯一性的一个充分条件, 但不是必要条件, 还有很多关于解的唯一性的工作.

定义 5.3 (等度连续). 定义在区间 I 上的函数序列 $\{f_n\}$ 称为在 I 上等度连续, 是指任给 $\varepsilon > 0$, 存在 $\delta > 0$, 使得

$$\|f_n(x) - f_n(y)\| < \varepsilon, \quad \forall \|x - y\| < \delta, \, x, y \in I, \, \forall n \in \mathbb{N}.$$

由等度连续可以得到函数序列 $\{f_n\}$ 的每个函数都是一致连续的.

定理 5.5 (阿斯科利–阿尔泽拉 (Ascoli-Arzelà) 定理). 假设函数序列 $\{\varphi_n\}$ 在有界闭

间 $[a,b]$ 上等度连续, 以及存在 $M>0$ 使得

$$\sup_{x\in[a,b]} \|\varphi_n(x)\| \leqslant M, \quad \forall n \in \mathbb{N},$$

则 $\{\varphi_n\}$ 有一个在 $[a,b]$ 上一致收敛的子序列.

这里一致收敛的子序列不是唯一的, 因此没有唯一性.

阿斯科利–佩亚诺定理的证明: 考虑柯西问题 (5.2), 前面已经证明可以构造一个定义在 $[t_0-h,t_0+h]$ 上的逼近函数序列 $\{y_n(t)\}$ 如下:

$$y_n(t) = y_0 + \int_{t_0}^{t} f(s, y_n(s))\mathrm{d}s.$$

有界性:

$$\|y_n(t)\| \leqslant \|y_0\| + \left|\int_{t_0}^{t} \|f(s,y_n(s))\|\mathrm{d}s\right| \leqslant \|y_0\| + Mh, \quad \forall t \in [t_0-h, t_0+h].$$

等度连续性:

$$\|y_n(t) - y_n(t')\| \leqslant \left|\int_{t'}^{t} f(s,y_n(s))\mathrm{d}s\right| \leqslant M|t-t'|.$$

因此任给 $\varepsilon>0$, 取 $\delta = \dfrac{\varepsilon}{M} > 0$ 即可.

因此定义在 $[t_0-h, t_0+h]$ 上的序列 $\{y_n(t)\}$ 是有界且等度连续的. 由阿斯科利–阿尔泽拉定理, 存在一个在 $[t_0-h, t_0+h]$ 上一致收敛的子序列 $\{y_{n_j}(t)\}$, 收敛于连续函数 $y(t)$, 则有一致收敛

$$\lim_{j\to+\infty} f(t, y_{n_j}(t)) = f(t, y(t)).$$

因此

$$\lim_{j\to+\infty} y_{n_j}(t) = y_0 + \lim_{j\to+\infty} \int_{t_0}^{t} f(s, y_{n_j}(s))\mathrm{d}s.$$

这样就得到了

$$y(t) = y_0 + \int_{t_0}^{t} f(s, y(s))\mathrm{d}s,$$

这就证明了解的存在性.

例 5.1. 考虑定义在矩形区域

$$R = \{(t,x) \in \mathbb{R}^2; |t| \leqslant 1, |x| \leqslant 1\}$$

上的柯西问题

$$\frac{\mathrm{d}x}{\mathrm{d}t} = x+1, \quad x(0) = 0.$$

其右端函数 $f(t,x)$ 在区域 R 上关于 x 满足利普希茨条件, 利普希茨常数 $L=1$, 其最大值 $M=2$, $h = \min\{1, 1/2\} = 1/2$. 由柯西–利普希茨定理, 它在区间 $[-1/2, 1/2]$ 上的解存在且唯一. 现在构造出它的皮卡迭代序列如下:

$$\varphi_0(t) = 0,$$

$$\varphi_1(t) = 0 + \int_0^t (\varphi_0(s) + 1)\mathrm{d}s = t,$$

$$\varphi_2(t) = 0 + \int_0^t (\varphi_1(s) + 1)\mathrm{d}s = t + \frac{t^2}{2!},$$

$$\varphi_3(t) = 0 + \int_0^t (\varphi_2(s) + 1)\mathrm{d}s = t + \frac{t^2}{2!} + \frac{t^3}{3!}.$$

可以归纳求出

$$\varphi_n(t) = t + \frac{t^2}{2!} + \cdots + \frac{t^n}{n!}.$$

显然函数序列 $\{\varphi_n(t)\}$ 在区间 $[-1/2, 1/2]$ 上一致收敛于函数 $\varphi(t) = \mathrm{e}^t - 1$. 它与由一阶线性微分方程的特解给出的解完全一样. 此外我们还得到逼近函数 $\varphi_n(t)$ 的误差估计

$$\|\varphi_n(t) - \varphi(t)\| \leqslant \frac{1}{2^n(n+1)!}.$$

5.3 局部解的延拓

我们已经证明如下局部柯西–利普希茨定理:

定理 5.6 (局部柯西–利普希茨定理). 假设 $f(t, y)$ 在 D 上满足局部利普希茨条件, 则任给 $(t_0, y_0) \in D$, 柯西问题 (5.2):

$$\begin{cases} \dfrac{\mathrm{d}y}{\mathrm{d}t} = f(t, y), \\ y(t_0) = y_0 \end{cases}$$

在 t_0 的一个邻域上存在唯一解.

这里 D 是 $\mathbb{R} \times \mathbb{R}^n$ 的一个开区域. 这只是一个局部存在唯一性定理, 在实际应用中要求解的存在区间尽可能地大, 因此一个重要的工作是延拓上面的局部解, 这时候需要有唯一性保证.

为此先给出下面的定义.

定义 5.4 (饱和解). 对于定义在区域 D 上的微分方程

$$\frac{\mathrm{d}y}{\mathrm{d}t} = f(t, y). \tag{5.9}$$

(1) 假设 $y = \varphi(t)$ 是定义在区间 $]\alpha_1, \beta_1[$ 上的连续解.

(2) 假设 $y = \psi(t)$ 是定义在区间 $]\alpha_2, \beta_2[$ 上的另外一个连续解, 而且满足

(a) $]\alpha_1, \beta_1[\subsetneqq]\alpha_2, \beta_2[$;

(b) $\varphi(t) = \psi(t), \ \forall t \in]\alpha_1, \beta_1[$.

则称定义在 $]\alpha_1, \beta_1[$ 的解 φ 是可以延拓的, 并且称 $y = \psi$ 是 $y = \varphi$ 在 $]\alpha_2, \beta_2[$ 的一个延拓.

如果不存在上述的定义区域更大的解 $y = \psi$, 则称解 $\{y = \varphi,]\alpha_1, \beta_1[\}$ 为微分方程 (5.9) 的一个不可延拓解, 亦称饱和解 (或最大解). 此时其定义区域 $]\alpha_1, \beta_1[$ 称为一个饱和区域 (或饱和区间).

解的延拓定理

定理 5.7 (饱和解的判别准则). 假设 $f(t, y)$ 是定义在开区域 D 上的连续函数, 而且关于 y 满足局部利普希茨条件, 则任给 $(t_0, y_0) \in D$, 方程 (5.9) 的通过 (t_0, y_0) 的解 $y = \varphi(t)$ 可以延拓, 直到点 $(t, \varphi(t))$ 任意接近 D 的边界. 即: 如果 $y = \varphi(t)$ 只能延拓到区间 $]a, b[$, 则图 (5.3)

$$\lim_{t \to a}(t, \varphi(t)) \in \partial D, \quad \lim_{t \to b}(t, \varphi(t)) \in \partial D.$$

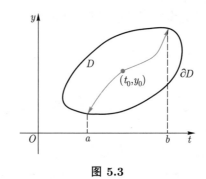

图 5.3

例 5.2. 如果 $D =]\alpha, \beta[\times \{y \in \mathbb{R}^n; \|y - y_0\| < M\}$, 其中 $-\infty \leqslant \alpha$ 以及 $\beta \leqslant +\infty$, 方程 (5.9) 的一个饱和解 $\varphi(t)$ 的定义区间为 $]a, b[$, 那么:

$$\text{或者 } a = \alpha, \text{ 或者若 } \alpha < a, \text{ 则 } \lim_{t \to a}\|y(t) - y_0\| = M,$$

以及

$$\text{或者 } b = \beta, \text{ 或者若 } b < \beta, \text{ 则 } \lim_{t \to b}\|y(t) - y_0\| = M.$$

在上面的例子中如果 $M = +\infty$, 即 $D =]\alpha, \beta[\times \mathbb{R}^n$, 方程 (5.9) 的一个饱和解 $\varphi(t)$ 的定义区间为 $]a, b[$, 则

$$\text{或者 } a = \alpha, \text{ 或者若 } \alpha < a, \text{ 则 } \lim_{t \to a}\|y(t)\| = +\infty.$$

以及

$$\text{或者 } b = \beta, \text{ 或者若 } b < \beta, \text{ 则 } \lim_{t \to b}\|y(t)\| = +\infty.$$

定理 5.7 的证明: 对于 $(t_0, y_0) \in D$, 由局部柯西-利普希茨定理, 柯西问题 (5.2):

$$\begin{cases} \dfrac{\mathrm{d}y}{\mathrm{d}t} = f(t, y), \\ y(t_0) = y_0 \end{cases}$$

存在唯一解 $\{\varphi(t), [t_0 - h_0, t_0 + h_0]\}$.

取 $t_1 = t_0 + h_0, y_1 = \varphi(t_1)$, 则 $(t_1, y_1) \in D$, 再次由局部柯西 – 利普希茨定理,

$$\begin{cases} \dfrac{\mathrm{d}y}{\mathrm{d}t} = f(t, y), \\ y(t_1) = y_1 \end{cases}$$

存在唯一解 $\{\psi(t), [t_1 - h_1, t_1 + h_1]\}$. 因为 $\varphi(t_1) = \psi(t_1)$, 由唯一性定理, 在两个区间重叠的部分有 $\varphi(t) = \psi(t), t_1 - h_1 \leqslant t \leqslant t_1$, 令

$$\varphi^*(t) = \begin{cases} \varphi(t), & t_0 - h_0 \leqslant t < t_0 + h_0, \\ \psi(t), & t_0 + h_0 \leqslant t \leqslant t_1 + h_1. \end{cases}$$

则 $y = \varphi^*(t)$ 是柯西问题 (5.2) 在 $[t_0 - h_0, t_0 + h_0 + h_1]$ 上的唯一解. 因此将解向右延拓了一段.

同样地, 取 $\bar{t}_1 = t_0 - h_0, \bar{y}_1 = \varphi(\bar{t}_1)$, 则 $(\bar{t}_1, \bar{y}_1) \in D$, 再次由局部柯西 – 利普希茨定理,

$$\begin{cases} \dfrac{\mathrm{d}y}{\mathrm{d}t} = f(t, y), \\ y(\bar{t}_1) = \bar{y}_1 \end{cases}$$

存在唯一解 $\{\bar{\psi}(t), [\bar{t}_1 - \bar{h}_1, \bar{t}_1 + \bar{h}_1]\}$. 因为 $\varphi^*(\bar{t}_1) = \bar{\psi}(\bar{t}_1)$, 由唯一性定理, 在两个区间重叠的部分有 $\varphi^*(t) = \bar{\psi}(t), \bar{t}_1 \leqslant t \leqslant \bar{t}_1 + \bar{h}_1$, 令

$$\bar{\varphi}^*(t) = \begin{cases} \bar{\psi}(t), & \bar{t}_1 - \bar{h}_1 \leqslant t < \bar{t}_1, \\ \varphi^*(t), & \bar{t}_1 \leqslant t \leqslant t_0 + h_0 + h_1. \end{cases}$$

则 $y = \bar{\varphi}^*(t)$ 是柯西问题 (5.2) 在 $[t_0 - h_0 - \bar{h}_1, t_0 + h_0 + h_1]$ 上的唯一解. 因此将解向左右各延拓了一段 (图 5.4).

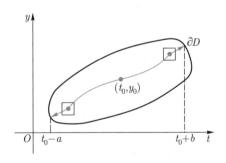

图 5.4

重复上面的步骤一次一次地进行下去, 直到无法延拓为止, 得到方程 (5.2) 的一个饱和解 $\{\varphi,]t_0 - a, t_0 + b[\}$, 使得对于任意的 $t \in]t_0 - a, t_0 + b[$ 有 $(t, \varphi(t)) \in D$, 以及

$$\lim_{t \to t_0 - a} (t, \varphi(t)) \in \partial D,$$

以及

$$\lim_{t \to t_0 + b} (t, \varphi(t)) \in \partial D.$$

因为, 如果

$$\lim_{t \to t_0 - a} (t, \varphi(t)) \in D,$$

则

$$\exists \tilde{y}_0 \text{ 使得 } \lim_{t \to t_0 - a} (t, \varphi(t)) = (t_0 - a, \tilde{y}_0) \in D.$$

再次利用局部柯西 – 利普希茨定理,

$$\begin{cases} \dfrac{\mathrm{d}y}{\mathrm{d}t} = f(t, y), \\ y(t_0 - a) = \tilde{y}_0 \end{cases}$$

存在唯一解 $\{\tilde{\psi}(t), [t_0 - a - \tilde{h}, t_0 - a + \tilde{h}]\}$. 另一方面有

$$\tilde{\psi}(t) = \varphi(t), \quad t \in]t_0 - a, t_0 - a + \tilde{h}].$$

因此将原来的解延拓到了 $[t_0 - a - \tilde{h}, t_0 + b[$, 这与饱和解的定义矛盾. 这就证明了定理.

注记:

(1) 任一非饱和解均可延拓为饱和解.

(2) 饱和解的定义区间一定是开区间.

例 5.3. *讨论方程*

$$\frac{\mathrm{d}y}{\mathrm{d}t} = \frac{y^2 - 1}{2},$$

通过点 $(\ln 2, -3)$ 的解的存在区间, 以及通过点 $\left(\ln 2, -\dfrac{1}{3} \right)$ 的解的存在区间.

解: 这个方程的通解为

$$y(t) = \frac{1 + c e^t}{1 - c e^t}.$$

令

$$-3 = y(\ln 2) = \frac{1 + c e^{\ln 2}}{1 - c e^{\ln 2}}, \ \Rightarrow \ c = 1,$$

故通过点 $(\ln 2, -3)$ 的解为

$$y(t) = \frac{1 + e^t}{1 - e^t}.$$

这个解的存在区间为 $]0, +\infty[$. 向右可延拓到 $+\infty$, 但向左只能延拓到 0, 因为

$$\lim_{t \to +\infty} \frac{1 + e^t}{1 - e^t} = -1, \quad \lim_{t \to 0^+} \frac{1 + e^t}{1 - e^t} = -\infty.$$

令

$$-\frac{1}{3} = y(\ln 2) = \frac{1 + c e^{\ln 2}}{1 - c e^{\ln 2}}, \ \Rightarrow \ c = -1,$$

故通过点 $\left(\ln 2, -\dfrac{1}{3}\right)$ 的解为

$$y(t) = \frac{1 - \mathrm{e}^t}{1 + \mathrm{e}^t}.$$

这个解的存在区间为 $]-\infty, +\infty[$. 向右可延拓到 $+\infty$, 向左可以延拓到 $-\infty$, 因为

$$\lim_{t \to +\infty} \frac{1 - \mathrm{e}^t}{1 + \mathrm{e}^t} = -1, \quad \lim_{t \to -\infty} \frac{1 - \mathrm{e}^t}{1 + \mathrm{e}^t} = 1.$$

图 5.5 中下半部分的图是第一个解, 而上半部分的图则相应于第二个解.

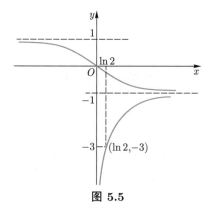

图 5.5

5.4　解对参数的连续性和可微性

现在研究方程依赖参数的情况, 记

$$\begin{aligned}
&\Lambda = \{\lambda \in \mathbb{R}^m; \|\lambda - \lambda_0\| \leqslant c\}, \\
&Q = I \times \bar{B}(x_0, b), \\
&I = \{t \in \mathbb{R}; |t - t_0| \leqslant a\},
\end{aligned}$$

其中

$$\bar{B}(x_0, b) = \{x \in \mathbb{R}^n; \|x - x_0\| \leqslant b\}.$$

假设存在 $M > 0, C > 0$ 使得

$$f: Q \times \Lambda \ \to \ \mathbb{R}^n \text{ 是连续映射,} \tag{5.10}$$

$$\|f(t, x, \lambda)\| \leqslant M, \quad \forall \, (t, x, \lambda) \in Q \times \Lambda, \tag{5.11}$$

$$\|f(t, x_1, \lambda) - f(t, x_2, \lambda)\| \leqslant C\|x_1 - x_2\|, \quad \forall \, (t, x_1, \lambda), (t, x_2, \lambda) \in Q \times \Lambda. \tag{5.12}$$

这里的条件 (5.12) 称为关于参数 $\lambda \in \Lambda$ 的一致利普希茨条件.

定理 5.8 (解对参数的连续性). 在条件 (5.10)—(5.12) 的假设下, 对于任意的 $\lambda \in \Lambda$, 柯西问题

$$
\begin{cases}
x' = f(t, x, \lambda), \\
x(t_0) = x_0
\end{cases}
\tag{5.13}
$$

存在唯一解 $x(t, \lambda)$, 它定义在区间 $J = [t_0 - T, t_0 + T]$ 上, 这里

$$
T = \min\left\{a, \frac{b}{M}\right\}.
$$

此外 $x(t, \lambda)$ 关于 (t, λ) 在 $J \times \Lambda$ 上连续, 以及关于 t 在 $]t_0 - T, t_0 + T[$ 上一阶连续可微.

本定理的证明完全重复柯西–利普希茨定理的证明.

定理的证明思路: 再一次利用皮卡迭代

$$
\begin{cases}
x_0(t, \lambda) = x_0, \\
x_k(t, \lambda) = x_0 + \displaystyle\int_{t_0}^t f(s, x_{k-1}(s, \lambda), \lambda)\mathrm{d}s, \quad k \in \mathbb{N}_+.
\end{cases}
$$

可以归纳证明, 对于 $(t, \lambda) \in J \times \Lambda$, 有一致估计

$$
\|x_k(t, \lambda) - x_{k-1}(t, \lambda)\| \leqslant \frac{MC^{k-1}}{k!}|t - t_0|^k, \quad |t - t_0| \leqslant T.
$$

因此序列 $\{x_k(t, \lambda)\}$ 在 $J \times \Lambda$ 上一致收敛于一个连续函数 $x(t, \lambda)$, 且 $x(t, \lambda)$ 是柯西问题的唯一解.

解对参数的可微性定理:

假设 $f(t, x, \lambda)$ 关于 (x, λ) 一阶连续可微, 以及

$$
\sup_{Q \times \Lambda}\left\{\left\|\frac{\partial f(t, x, \lambda)}{\partial x}\right\|, \left\|\frac{\partial f(t, x, \lambda)}{\partial \lambda}\right\|\right\} \leqslant C.
\tag{5.12$'$}
$$

定理 5.9 (解对参数的可微性). 在条件 (5.10)—(5.11) 以及 (5.12)$'$ 的假设下, 柯西问题 (5.13) 的解关于参数 λ 是一阶连续可微的.

由有限增长定理知道 (5.12)$' \Rightarrow$ (5.12). 因此关于 λ 连续的解的存在性由前面的定理保证. 且

$$
x(t, \lambda) = x_0 + \int_{t_0}^t f(s, x(s, \lambda), \lambda)\mathrm{d}s.
$$

为简化记号, 假设 $n = 1, m = 1$, 即 $\lambda \in \mathbb{R}$.

定理的证明思路: 首先

$$
\begin{cases}
x(t, \lambda) = x_0 + \displaystyle\int_{t_0}^t f(s, x(s, \lambda), \lambda)\mathrm{d}s, \\
x(t, \lambda + \Delta\lambda) = x_0 + \displaystyle\int_{t_0}^t f(s, x(s, \lambda + \Delta\lambda), \lambda + \Delta\lambda)\mathrm{d}s,
\end{cases}
$$

则

$$\frac{x(t, \lambda + \Delta\lambda) - x(t, \lambda)}{\Delta\lambda}$$

$$= \int_{t_0}^{t} \frac{f(s, x(s, \lambda + \Delta\lambda), \lambda + \Delta\lambda) - f(s, x(s, \lambda), \lambda)}{\Delta\lambda} \mathrm{d}s$$

$$= \int_{t_0}^{t} \int_0^1 \Big(\frac{\partial f}{\partial x}(s, \tau x(s, \lambda + \Delta\lambda) + (1 - \tau)x(s, \lambda), \lambda + \Delta\lambda)\frac{x(s, \lambda + \Delta\lambda) - x(s, \lambda)}{\Delta\lambda} +$$

$$\frac{\partial f}{\partial \lambda}(s, x(s, \lambda), \lambda + \tau\Delta\lambda)\Big)\mathrm{d}\tau\mathrm{d}s.$$

由条件 $(5.12)'$, 有下面的一致极限:

$$\lim_{\Delta\lambda \to 0} \frac{\partial f}{\partial x}(s, \tau x(s, \lambda + \Delta\lambda) + (1 - \tau)x(s, \lambda), \lambda + \Delta\lambda) = \frac{\partial f}{\partial x}(s, x(s, \lambda), \lambda),$$

$$\lim_{\Delta\lambda \to 0} \frac{\partial f}{\partial \lambda}(s, x(s, \lambda), \lambda + \tau\Delta\lambda) = \frac{\partial f}{\partial \lambda}(s, x(s, \lambda), \lambda).$$

因此, 令 $\Delta\lambda \to 0$, 得到下面的积分方程:

$$\frac{\partial x(t, \lambda)}{\partial \lambda} = \int_{t_0}^{t} \Big(\frac{\partial f}{\partial x}(s, x(s, \lambda), \lambda)\frac{\partial x(s, \lambda)}{\partial \lambda} + \frac{\partial f}{\partial \lambda}(s, x(s, \lambda), \lambda)\Big)\mathrm{d}s.$$

这就证明了 $\dfrac{\partial x(t, \lambda)}{\partial \lambda}$ 是下列柯西问题的一个解:

$$\begin{cases} y'(t) = \dfrac{\partial f}{\partial x}(t, x(t, \lambda), \lambda)y + \dfrac{\partial f}{\partial \lambda}(t, x(t, \lambda), \lambda), \\ y(t_0) = 0. \end{cases}$$

上面的方程是关于 y 的一阶线性方程, 其系数关于 (t, λ) 是连续的, 因此其唯一解 $\dfrac{\partial x(t, \lambda)}{\partial \lambda}$ 关于 λ 是连续的.

重复上面的证明就可以得到:

推论 5.1 (解对参数的高阶可微性). 假设 f 满足条件 (5.10)—(5.11), 以及对于 $1 \leqslant k \leqslant +\infty$ 一致地有 $f(t, \cdot, \cdot) \in C^k(\bar{B}(x_0, b) \times \Lambda)$, 则柯西问题 (5.13) 的解关于参数 $\lambda \in \Lambda$ 是 k 阶连续可微的.

5.5 解对初值的连续性和可微性

现在研究常微分方程的柯西问题的解对于初始时刻 s 和初始值 y 的依赖性.

$$\begin{cases} x' = f(t, x), \\ x|_{t=s} = y, \end{cases} \tag{5.14}$$

令

$$g(\tau, z, (s, y)) = f(\tau + s, z + y).$$

则柯西问题 (5.14) 等价于下面的柯西问题:

$$\begin{cases} z'(\tau) = g(\tau, z(\tau), (s, y)), \\ z|_{\tau=0} = 0, \end{cases} \tag{5.15}$$

其中 (s, y) 在 (t_0, x_0) 的一个邻域 V 中. 因为如果 $z(\tau, (s, y))$ 是问题 (5.15) 的定义在 $[-T, T]$ 上的连续依赖于参数 $(s, y) \in V$ 的解, 则

$$x(t, (s, y)) = z(t - s, (s, y)) + y$$

就是柯西问题 (5.14) 的解. 反之亦然.

上面的推理证明了下面的定理:

定理 5.10 (解对初值的连续性). 在柯西–利普希茨定理的条件假设下, 柯西问题 (5.14) 的解 $x(t, (s, y))$ 关于初值 (s, y) 是连续的.

同理可以证明:

定理 5.11 (解对初值的可微性). 对于 $1 \leqslant k \leqslant +\infty$ 假设 $f \in C^k(Q)$, 则柯西问题 (5.14) 的解 $x(t, (s, y))$ 关于初值 (s, y) 是 k 阶连续可微的.

上面这两个定理中的函数 f 也可以依赖于参数 $\lambda \in \Lambda$.

直接的证明 1:

我们现在直接证明柯西问题 (5.14) 的解 $x(t, (s, y))$ 关于初始变量 s 的连续可微性. 首先

$$\varphi = y + \int_s^t f(\tau, \varphi(\tau)) \mathrm{d}\tau,$$

$$\psi = y + \int_{s+\Delta s}^t f(\tau, \psi(\tau)) \mathrm{d}\tau.$$

则

$$\psi - \varphi = \int_{s+\Delta s}^t f(\tau, \psi(\tau)) \mathrm{d}\tau - \int_s^t f(\tau, \varphi(\tau)) \mathrm{d}\tau$$

$$= -\int_s^{s+\Delta s} f(\tau, \psi(\tau)) \mathrm{d}\tau + \int_s^t (f(\tau, \psi(\tau)) - f(\tau, \varphi(\tau))) \mathrm{d}\tau.$$

因此

$$\frac{\psi - \varphi}{\Delta s} = -\frac{1}{\Delta s} \int_s^{s+\Delta s} f(\tau, \psi(\tau)) \mathrm{d}\tau +$$

$$\int_s^t \int_0^1 \frac{\partial f}{\partial x}(\tau, \varphi(\tau) + \theta(\psi(\tau) - \varphi(\tau))) \frac{\psi(\tau) - \varphi(\tau)}{\Delta s} \mathrm{d}\theta \mathrm{d}\tau.$$

令 $\Delta s \to 0$, 得到

$$\frac{\partial x(t, (s, y))}{\partial s} = -f(s, y) + \int_s^t \frac{\partial f}{\partial x}(\tau, x(\tau, (s, y))) \frac{\partial x(\tau, (s, y))}{\partial s} \mathrm{d}\tau.$$

等价地, 有

$$\begin{cases} \dfrac{\partial^2 x(t,(s,y))}{\partial t \partial s} = \dfrac{\partial f}{\partial x}(t, x(t,(s,y))) \dfrac{\partial x(t,(s,y))}{\partial s}, \\ \dfrac{\partial x(t,(s,y))}{\partial s} \bigg|_{t=s} = -f(s,y). \end{cases}$$

直接的证明 2:

我们现在直接证明柯西问题 (5.14) 的解 $x(t,(s,y))$ 关于初始值 y 的连续可微性. 首先

$$\varphi = y + \int_s^t f(\tau, \varphi(\tau)) \mathrm{d}\tau,$$

$$\psi = y + \Delta y + \int_s^t f(\tau, \psi(\tau)) \mathrm{d}\tau.$$

则

$$\psi - \varphi = \Delta y + \int_s^t (f(\tau, \psi(\tau)) - f(\tau, \varphi(\tau))) \mathrm{d}\tau$$

$$= \Delta y + \int_s^t \int_0^1 \frac{\partial f}{\partial x}(\tau, \varphi(\tau) + \theta(\psi(\tau) - \varphi(\tau)))(\psi(\tau) - \varphi(\tau)) \mathrm{d}\theta \mathrm{d}\tau.$$

因此

$$\frac{\psi - \varphi}{\Delta y} = 1 + \int_s^t \int_0^1 \frac{\partial f}{\partial x}(\tau, \varphi(\tau) + \theta(\psi(\tau) - \varphi(\tau))) \frac{\psi(\tau) - \varphi(\tau)}{\Delta y} \mathrm{d}\theta \mathrm{d}\tau.$$

令 $\Delta y \to 0$, 得到

$$\frac{\partial x(t,(s,y))}{\partial y} = 1 + \int_s^t \frac{\partial f}{\partial x}(\tau, x(\tau,(s,y))) \frac{\partial x(\tau,(s,y))}{\partial y} \mathrm{d}\tau.$$

等价地,

$$\begin{cases} \dfrac{\partial^2 x(t,(s,y))}{\partial t \partial y} = \dfrac{\partial f}{\partial x}(t, x(t,(s,y))) \dfrac{\partial x(t,(s,y))}{\partial y}, \\ \dfrac{\partial x(t,(s,y))}{\partial y} \bigg|_{t=s} = 1. \end{cases}$$

最后, 如果利用线性方程的解的表达式, 我们就得到

$$\frac{\partial x(t,(s,y))}{\partial s} = -f(s,y) \exp\left(\int_s^t \frac{\partial f}{\partial x}(t, x(\tau,(s,y))) \mathrm{d}\theta \mathrm{d}\tau \right),$$

$$\frac{\partial x(t,(s,y))}{\partial y} = \exp\left(\int_s^t \frac{\partial f}{\partial x}(t, x(\tau,(s,y))) \mathrm{d}\theta \mathrm{d}\tau \right).$$

由上述表达式可以证明柯西问题的解关于初始条件的高阶可微性.

5.6 格朗沃尔不等式及其应用

现在我们专门研究格朗沃尔不等式及其应用. 格朗沃尔是一位瑞典数学家, 格朗沃尔不等式的微分形式首先由格朗沃尔在 1919 年证明, 而积分形式则由贝尔曼 (Bellman) 在 1943 年证明. 因此完整的应该称为格朗沃尔-贝尔曼不等式.

首先我们已经证明了下面的最简单的不等式:

引理 5.2 (格朗沃尔不等式 (一)). 假设 φ 是定义在 $[a, b]$ 上的一个非负连续函数, $c \in [a, b]$, 以及存在 $A \geqslant 0, B \geqslant 0$ 使得

$$\varphi(t) \leqslant A + B \left| \int_c^t \varphi(s)\mathrm{d}s \right|, \quad t \in [a, b], \tag{5.16}$$

则

$$\varphi(t) \leqslant A\mathrm{e}^{B|t-c|}, \quad t \in [a, b]. \tag{5.17}$$

下面的不等式稍微复杂一些, 也称为格朗沃尔不等式.

引理 5.3 (格朗沃尔不等式 (二)). 假设 φ 是定义在 $[a, b]$ 上的非负函数, $t_0 \in [a, b]$, 且满足 $(A, B, C \geqslant 0)$

$$\varphi(t) \leqslant A + B \left| \int_{t_0}^t \varphi(s)\mathrm{d}s \right| + C|t - t_0|, \quad t \in [a, b], \tag{5.18}$$

则

$$\varphi(t) \leqslant A\mathrm{e}^{B|t-t_0|} + \frac{C}{B} \left(\mathrm{e}^{B|t-t_0|} - 1 \right), \quad t \in [a, b].$$

由此导出

$$\varphi(t) \leqslant A\mathrm{e}^{B|t-t_0|} + C|t - t_0|\mathrm{e}^{B|t-t_0|}, \quad t \in [a, b]. \tag{5.19}$$

这个不等式的证明和格朗沃尔不等式 (一) 的类似.

应用的例子

研究柯西问题

$$\begin{cases} x' = f(x), \\ x(0) = x_0, \end{cases} \tag{5.20}$$

其中 $x_0 \in \mathbb{R}$ 以及 f 是定义在 $\mathbb{R}$ 上的实值函数, 且满足 $(k \geqslant 0)$

$$|f(x) - f(y)| \leqslant k|x - y|, \quad \forall x, y \in \mathbb{R}. \tag{5.21}$$

证明柯西问题 (5.20) 的局部解可以唯一延拓成饱和解, 即唯一延拓成一个定义在开区间 $]\alpha, \beta[$ 上的解 $x(t)$, 使得 $\alpha = -\infty$, 否则若 $-\infty < \alpha$, 则 $\lim\limits_{t \to \alpha} |x(t)| = +\infty$; 以及 $\beta = +\infty$, 否则若 $\beta < +\infty$, 则 $\lim\limits_{t \to \beta} |x(t)| = +\infty$.

在假设条件 (5.21) 下, 对于所有的在饱和区间 $]\alpha, \beta[$ 内的 t, 有

$$
\begin{aligned}
|x(t) - x_0| &= \left| \int_0^t f(x(s)) \mathrm{d}s \right| \\
&\leqslant \left| \int_0^t |f(x(s)) - f(x_0)| \mathrm{d}s \right| + \left| \int_0^t |f(x_0)| \mathrm{d}s \right| \\
&\leqslant k \left| \int_0^t |x(s) - x_0| \mathrm{d}s \right| + |f(x_0)||t|.
\end{aligned}
$$

因此由 (5.19) 式 $(A = 0, B = k, C = |f(x_0)|, t_0 = 0)$,

$$
|x(t) - x_0| \leqslant |t| \, |f(x_0)| \mathrm{e}^{k|t|} \quad \Rightarrow \quad |x(t)| \leqslant |x_0| + |t| \, |f(x_0)| \mathrm{e}^{k|t|}.
$$

如果 $-\infty < \alpha$, 则

$$
\lim_{t \to \alpha} |x(t)| \leqslant |x_0| + |\alpha| \, |f(x_0)| \mathrm{e}^{k|\alpha|} < +\infty,
$$

这与前面的结论矛盾, 因此 $\alpha = -\infty$, 同样的方法可以证明 $\beta = +\infty$.

所以在假设条件 (5.21) 下, 微分方程 (5.20) 的饱和解定义在全空间 $\mathbb{R}$ 上.

现在有如下更一般的不等式.

引理 5.4 (格朗沃尔不等式 (三)). 假设 $\varphi \in C^0([0, T], \mathbb{R})$ 以及 $a, b \in C^0([0, T], \mathbb{R})$, $a \geqslant 0$,

$$
\varphi(t) \leqslant \int_0^t a(s)\varphi(s) \mathrm{d}s + b(t). \tag{5.22}
$$

则对于 $t \in]0, T]$,

$$
\varphi(t) \leqslant \int_0^t a(s)b(s) \mathrm{e}^{\int_s^t a(\tau) \mathrm{d}\tau} \mathrm{d}s + b(t). \tag{5.23}
$$

(1) 在这个定理中没有要求函数 $\varphi \geqslant 0$.

(2) 我们将给出上述格朗沃尔不等式的证明, 但是对于格朗沃尔不等式, **记住其证明** 比其结果更加重要.

证明: 令

$$
v(t) = \int_0^t a(s)\varphi(s) \mathrm{d}s,
$$

则 (这里需要条件 $a \geqslant 0$)

$$
(5.22) \text{ 式} \quad \Rightarrow \quad v'(t) = a(t)\varphi(t) \leqslant a(t)(v(t) + b(t)),
$$

因此

$$
v'(t) - a(t)v(t) \leqslant a(t)b(t),
$$

以及

$$
\mathrm{e}^{-\int_0^t a(\tau) \mathrm{d}\tau} v'(t) - a(t) \mathrm{e}^{-\int_0^t a(\tau) \mathrm{d}\tau} v(t) \leqslant \mathrm{e}^{-\int_0^t a(\tau) \mathrm{d}\tau} a(t)b(t).
$$

由于

$$e^{-\int_0^t a(\tau)\mathrm{d}\tau} v'(t) - a(t)e^{-\int_0^t a(\tau)\mathrm{d}\tau} v(t) = \left(e^{-\int_0^t a(\tau)\mathrm{d}\tau} v(t) \right)',$$

两边积分得

$$e^{-\int_0^t a(\tau)\mathrm{d}\tau} v(t) - v(0) \leqslant \int_0^t e^{-\int_0^s a(\tau)\mathrm{d}\tau} a(s)b(s)\mathrm{d}s.$$

因此 $(v(0) = 0)$

$$\begin{aligned}
v(t) &\leqslant e^{\int_0^t a(\tau)\mathrm{d}\tau} \int_0^t e^{-\int_0^s a(\tau)\mathrm{d}\tau} a(s)b(s)\mathrm{d}s \\
&\leqslant \int_0^t e^{\int_0^t a(\tau)\mathrm{d}\tau - \int_0^s a(\tau)\mathrm{d}\tau} a(s)b(s)\mathrm{d}s \\
&\leqslant \int_0^t e^{\int_s^t a(\tau)\mathrm{d}\tau} a(s)b(s)\mathrm{d}s.
\end{aligned}$$

再回到条件 (5.22), 就证明了

$$\varphi(t) \leqslant \int_0^t a(s)b(s)e^{\int_s^t a(\tau)\mathrm{d}\tau}\mathrm{d}s + b(t).$$

形式更一般的格朗沃尔不等式

引理 5.5 (格朗沃尔不等式 (四): 微分形式). 假设 $u \in C^1([0,T], \mathbb{R})$ 以及 c, d 是定义在区间 $[0,T]$ 上的实值可积函数,

$$u'(t) \leqslant c(t)u(t) + d(t). \tag{5.24}$$

则对于 $t \in]0, T]$,

$$u(t) \leqslant \int_0^t e^{\int_s^t c(\tau)\mathrm{d}\tau} d(s)\mathrm{d}s + e^{\int_0^t c(s)\mathrm{d}s} u(0). \tag{5.25}$$

需要特别指出的是这里**没有假设** $c(t) \geqslant 0$, 也没有假设 $d(t) \geqslant 0$, 更没有假设连续性.

证明: 因为 $e^{-\int_0^t c(s)\mathrm{d}s} > 0$, 所以

$$e^{-\int_0^t c(s)\mathrm{d}s} u'(t) - c(t)e^{-\int_0^t c(s)\mathrm{d}s} u(t) \leqslant e^{-\int_0^t c(s)\mathrm{d}s} d(t).$$

因此

$$\left(e^{-\int_0^t c(s)\mathrm{d}s} u(t) \right)' \leqslant e^{-\int_0^t c(s)\mathrm{d}s} d(t).$$

这就证明了

$$u(t) \leqslant \int_0^t e^{\int_s^t c(\tau)\mathrm{d}\tau} d(s)\mathrm{d}s + e^{\int_0^t c(s)\mathrm{d}s} u(0).$$

定理 5.12 (比较原理). 假设 $f(t,x), g(t,x)$ 关于 x 是局部利普希茨函数, $g(t,x) \geqslant 0$, $x(t)$, $y(t)$ 满足

$$\begin{cases}
x'(t) = f(t, x(t)), & t > 0, \\
y'(t) = f(t, y(t)) + g(t, y(t)), & t > 0, \\
x(0) = y(0),
\end{cases}$$

则对于 $t \in [0,T]$,

$$x(t) \leqslant y(t).$$

证明: 首先因为 f 关于 x 是局部利普希茨的, 所以

$$x'(t) - y'(t) = f(t,x(t)) - f(t,y(t)) - g(t,y(t))$$
$$\leqslant f(t,x(t)) - f(t,y(t)) \leqslant k|x(t) - y(t)|.$$

令 $z(t) = x(t) - y(t)$, 则 $z(0) = 0$,

$$z'(t) \leqslant (k\operatorname{sgn} z(t))z(t).$$

其中

$$\operatorname{sgn} z(t) = \begin{cases} 1, & z(t) \geqslant 0, \\ -1, & z(t) < 0 \end{cases}$$

是分段连续函数. 由格朗沃尔不等式 (四), $c(t) = k\operatorname{sgn} z(t), d(t) = 0$, 直接给出

$$z(t) \leqslant 0.$$

扰动对于解的敏感程度

定理 5.13. 假设 $f(t,x)$ 关于变量 x 是 L-利普希茨函数, $\varepsilon(t)$ 是连续函数, 以及

$$\begin{cases} x'(t) = f(t,x(t)), & x(0) = x_0, \\ y'(t) = f(t,y(t)) + \varepsilon(t), & y(0) = y_0. \end{cases}$$

则对于 $t \in [0,T]$,

$$|x(t) - y(t)| \leqslant e^{LT}\left(|x_0 - y_0| + \int_0^T |\varepsilon(s)|\mathrm{d}s\right).$$

这个结果表明在利普希茨条件下, 常微分方程的柯西问题的解是稳定的. 这有非常重要的工程和物理意义.

证明: 首先

$$x(t) = x_0 + \int_0^t f(s,x(s))\mathrm{d}s,$$
$$y(t) = y_0 + \int_0^t f(s,y(s))\mathrm{d}s + \int_0^t \varepsilon(s)\mathrm{d}s.$$

因此

$$|x(t) - y(t)| \leqslant |x_0 - y_0| + \int_0^t |f(s,x(s)) - f(s,y(s))|\mathrm{d}s + \int_0^t |\varepsilon(s)|\mathrm{d}s$$
$$\leqslant |x_0 - y_0| + \int_0^t L|x(s) - y(s)|\mathrm{d}s + \int_0^T |\varepsilon(s)|\mathrm{d}s.$$

现在应用最简单的格朗沃尔不等式 (一), 其中

$$A = |x_0 - y_0| + \int_0^T |\varepsilon(s)| \mathrm{d}s, \quad B = L,$$

就证明了定理.

离散形式的格朗沃尔不等式

引理 5.6 (格朗沃尔不等式 (五): 离散形式). 假设 $\{u_n, n \in \mathbb{N}\}, \{a_n, n \in \mathbb{N}\}$, 以及 $\{b_n, n \in \mathbb{N}\}$ 是实数序列, $a_n \geqslant 0, n = 0, 1, 2, \cdots,$

$$0 \leqslant u_n \leqslant \sum_{k=0}^{n-1} a_k u_k + b_n. \tag{5.26}$$

则对于 $n \in \mathbb{N}$,

$$u_n \leqslant \sum_{l=0}^{n-1} \mathrm{e}^{\sum_{k=l+1}^{n-1} a_k} a_l b_l + b_n. \tag{5.27}$$

现在我们的变量 t 换成了离散的变量 n, 因此积分就是求和. 利用一样的思路, 将 "积分" 形式的条件 (5.26) 转换成 "微分" 形式的条件.

证明: 令

$$v_n = \sum_{k=0}^{n-1} a_k u_k, \quad v_0 = 0,$$

则

$$(5.26) \text{ 式} \quad \Rightarrow \quad v_{n+1} - v_n = a_n u_n \leqslant a_n(v_n + b_n),$$

因此

$$(v_{n+1} - v_n) - a_n v_n \leqslant a_n b_n.$$

即

$$\mathrm{e}^{-\sum_{k=0}^{n} a_k}(v_{n+1} - v_n) - a_n \mathrm{e}^{-\sum_{k=0}^{n} a_k} v_n \leqslant \mathrm{e}^{-\sum_{k=0}^{n} a_k} a_n b_n,$$

但是

$$\left(\mathrm{e}^{-\sum_{k=0}^{n} a_k} - \mathrm{e}^{-\sum_{k=0}^{n-1} a_k} \right) v_n \leqslant -a_n \mathrm{e}^{-\sum_{k=0}^{n} a_k} v_n,$$

因为 $v_n \geqslant 0$ 以及 $a_n \geqslant 0,$

$$1 - \mathrm{e}^{a_n} \leqslant -a_n \quad \Leftrightarrow \quad \mathrm{e}^{a_n} - 1 \geqslant a_n.$$

这就证明了

$$\mathrm{e}^{-\sum_{k=0}^{n} a_k} v_{n+1} - \mathrm{e}^{-\sum_{k=0}^{n-1} a_k} v_n \leqslant \mathrm{e}^{-\sum_{k=0}^{n} a_k} a_n b_n,$$

因此 $(v_0 = 0)$,

$$\mathrm{e}^{-\sum\limits_{k=0}^{n} a_k} v_{n+1} = \sum_{l=0}^{n} \left(\mathrm{e}^{-\sum\limits_{k=0}^{l} a_k} v_{l+1} - \mathrm{e}^{-\sum\limits_{k=0}^{l} a_k} v_l \right)$$

$$\leqslant \sum_{l=0}^{n} \mathrm{e}^{-\sum\limits_{k=0}^{l} a_k} a_l b_l.$$

所以

$$v_n \leqslant \sum_{l=0}^{n-1} \mathrm{e}^{\sum\limits_{k=l+1}^{n-1} a_k} a_l b_l.$$

再利用 (5.26) 式,

$$u_n \leqslant v_n + b_n \leqslant \sum_{l=0}^{n-1} \mathrm{e}^{\sum\limits_{k=l+1}^{n-1} a_k} a_l b_l + b_n.$$

在证明中我们只用到了条件

$$a_n \geqslant 0, \quad v_n = \sum_{k=0}^{n-1} a_k u_k \geqslant 0, \quad \forall n \in \mathbb{N},$$

因此这里并没有一定要 $u_n \geqslant 0$.

下面的不等式称为**非线性格朗沃尔不等式**.

引理 5.7 (格朗沃尔不等式 (六)). 假设 $\varphi \in C^0([0,T],\mathbb{R}), 0 < \alpha < 1$ 以及连续函数 $a \in C^0([0,T],\mathbb{R}), a(t) \geqslant 0$ 以及 $b \geqslant 0$ 是一个常数,

$$0 \leqslant \varphi(t) \leqslant \int_0^t a(s)(\varphi(s))^\alpha \mathrm{d}s + b. \tag{5.28}$$

则对于 $t \in]0,T]$,

$$\varphi(t) \leqslant \left(b^{1-\alpha} + (1-\alpha) \int_0^t a(s)\mathrm{d}s \right)^{\frac{1}{1-\alpha}}. \tag{5.29}$$

引理 5.8 (格朗沃尔不等式 (七)). 假设 $\varphi \in C^0([0,T],\mathbb{R}), \alpha > 1$ 以及连续函数 $a \in C^0([0,T],\mathbb{R}), a(t) \geqslant 0$ 以及 $b \geqslant 0$ 是一个常数,

$$0 \leqslant \varphi(t) \leqslant \int_0^t a(s)(\varphi(s))^\alpha \mathrm{d}s + b. \tag{5.28}$$

如果

$$1 + (1-\alpha)b^{\alpha-1} \int_0^t a(s)\mathrm{d}s > 0, \quad t \in [0,T], \tag{5.30}$$

则

$$\varphi(t) \leqslant \left(\frac{b^{\alpha-1}}{1 - (\alpha-1)b^{\alpha-1} \int_0^t a(s)\mathrm{d}s} \right)^{\frac{1}{\alpha-1}}. \tag{5.31}$$

证明: (5.29) 和 (5.31) 两个不等式的证明的原则是一样的, 将条件 (5.28) 转换成微分不等式. 令

$$v(t) = \int_0^t a(s)(\varphi(s))^\alpha \mathrm{d}s,$$

则

$$v'(t) = a(t)(\varphi(t))^\alpha \leqslant a(t)(v(t) + b)^\alpha,$$

因此

$$\frac{(v(t) + b)'}{(v(t) + b)^\alpha} \leqslant a(t),$$

$$\frac{1}{-\alpha + 1}\left((v(t) + b)^{-\alpha + 1}\right)' \leqslant a(t).$$

格朗沃尔不等式 (六) 的证明: 如果 $0 < \alpha < 1$, 则 $1 - \alpha > 0$,

$$(v(t) + b)^{-\alpha + 1} - b^{-\alpha + 1} \leqslant (1 - \alpha)\int_0^t a(s)\mathrm{d}s,$$

由此得到

$$v(t) + b \leqslant \left(b^{1-\alpha} + (1 - \alpha)\int_0^t a(s)\mathrm{d}s\right)^{\frac{1}{1-\alpha}}.$$

即

$$\varphi(t) \leqslant \left(b^{1-\alpha} + (1 - \alpha)\int_0^t a(s)\mathrm{d}s\right)^{\frac{1}{1-\alpha}}.$$

格朗沃尔不等式 (七) 的证明: 如果 $\alpha > 1$, 则 $1 - \alpha < 0$,

$$(v(t) + b)^{-\alpha + 1} - b^{-\alpha + 1} \geqslant (1 - \alpha)\int_0^t a(s)\mathrm{d}s,$$

因此

$$(v(t) + b)^{-\alpha + 1} \geqslant b^{1-\alpha} + (1 - \alpha)\int_0^t a(s)\mathrm{d}s.$$

$$\frac{1}{(v(t) + b)^{\alpha - 1}} \geqslant b^{1-\alpha} + (1 - \alpha)\int_0^t a(s)\mathrm{d}s.$$

利用条件 (5.30),

$$b^{1-\alpha} + (1 - \alpha)\int_0^t a(s)\mathrm{d}s > 0,$$

得到

$$v(t) + b \leqslant \left(\frac{1}{b^{1-\alpha} + (1 - \alpha)\int_0^t a(s)\mathrm{d}s}\right)^{\frac{1}{\alpha - 1}},$$

我们证明了

$$\varphi(t) \leqslant \left(\frac{b^{\alpha-1}}{1 - (\alpha-1)b^{\alpha-1}\int_0^t a(s)\mathrm{d}s} \right)^{\frac{1}{\alpha-1}}.$$

当 $\alpha > 1$ 时, 非线性格朗沃尔不等式成立的条件是: 初值条件 b 非常小, 或者 T 非常小使得

$$(\alpha-1)b^{\alpha-1}\int_0^T a(s)\mathrm{d}s < 1.$$

5.7　小结和评注

本章的知识重点是微分方程组的存在唯一性定理, 解的延拓, 对参数和初值的连续依赖以及可微性定理, 称为微分方程的基本定理. 简单点说, 我们在这一部分不特别注重方程的精确解, 而是证明抽象的存在性结果以及解的定性分析. 因此除了需要记住几个主要定理的结论外, 掌握这一章的分析方法和技巧是尤其重要的. 我们想强调以下几点:

(1) 使用 "迭代逼近法" 求解的存在性是一个非常重要的数学方法, 以后在其他问题中还会加以改进和使用.

(2) 使用格朗沃尔不等式证明解的唯一性和稳定性也是一个非常重要的数学方法, 以后在其他问题中也会加以改进和使用.

(3) 研究解的延拓和对参数的依赖性的分析方法和思想在后续课程中也会经常使用.

(4) 关于解的唯一性, 利普希茨条件是柯西问题解唯一性的一个充分条件, 但不是必要条件. 还有很多关于解的唯一性的工作.

总的来说, 微分方程的基本定理聚集了从 18 世纪末到 20 世纪初大量数学家的心血, 推动了近代数学分析理论的发展, 同时为动力系统、微分几何、泛函分析、偏微分方程等学科的发展奠定了基础.

第五章小结

5.8　练　习　题

1.【线性方程组】

(1) 假设

$$f(t, y) = A(t)y + b(t),$$

其中 $A(t)$ 是定义在有界闭区间 $[\alpha, \beta]$ 上的 $n \times n$ 连续函数矩阵, $b(t)$ 是定义在有界闭区间 $[\alpha, \beta]$ 上的 n 维连续向量值函数. 证明 f 在 $[\alpha, \beta] \times \mathbb{R}^n$ 上满足利普希茨条件, 请确定常数 L.

(2) 假设

$$f(t,y) = A(t)y + b(t),$$

其中 $A(t)$ 是定义在开区间 $]a,b[$ 上的 $n \times n$ 连续函数矩阵, $b(t)$ 是定义在开区间 $]a,b[$ 上的 n 维连续向量值函数. 证明 f 在 $]a,b[\times \mathbb{R}^n$ 上满足局部利普希茨条件.

(3) 假设 $\Omega \subset \mathbb{R}^n$ 是一个开区域, $F(t,y)$ 是定义在 $]a,b[\times \Omega$ 上的 n 维连续向量值函数, 假设 $\partial_{y_j} F(t,y), j = 1,2,\cdots,n$ 都是 $]a,b[\times \Omega$ 上的 n 维连续向量值函数. 证明 $F(t,y)$ 在 $]a,b[\times \Omega$ 上关于 y 满足局部利普希茨条件.

2. 考虑柯西问题

$$\begin{cases} x'(t) = f(x(t)), \\ x(t_0) = x_0, \end{cases} \tag{5.32}$$

这里 f 是一个从 $\mathbb{R}$ 到 $\mathbb{R}$ 的 C^1 函数, 满足

$$f(x) > 0, \forall x \in \mathbb{R}; \quad \int_{-\infty}^{+\infty} \frac{\mathrm{d}s}{f(s)} < +\infty.$$

(1) 解释为什么柯西问题 (5.32) 存在唯一解, 然后证明柯西问题 (5.32) 等价于形如 $G(x(t)) = t - t_0$ 的泛函方程, 这里 G 是一个定义在 $\mathbb{R}$ 上的 C^1 函数, 满足 $G(x_0) = 0$.
(提示: 使用分离变量法找到函数 G.)

(2) 证明 $G : \mathbb{R} \to]a,b[$ 是一个严格单调上升的一对一的映射, 确定 a,b 的值.

(3) 求解柯西问题 (5.32), 确定其饱和区间 $]T_-, T_+[$.

(4) 应用上述结果于函数 $f(x) = 1 + x^2$.

3. 假设 $F : \mathbb{R}^d \to \mathbb{R}$ 是一个 C^2 函数, $(t_0, x_0) \in \mathbb{R} \times \mathbb{R}^d$. 考虑柯西问题

$$\begin{cases} x'(t) = -\nabla F(x(t)), \\ x(t_0) = x_0, \end{cases} \tag{5.33}$$

这里

$$\nabla F(x) = \begin{pmatrix} \dfrac{\partial F}{\partial x_1}(x) \\ \dfrac{\partial F}{\partial x_2}(x) \\ \vdots \\ \dfrac{\partial F}{\partial x_d}(x) \end{pmatrix}.$$

假设

$$\lim_{\|x\| \to +\infty} F(x) = +\infty.$$

5.8 练习题
部分参考答案

(1) 证明问题 (5.33) 存在唯一饱和解 $x(t)$, 其饱和区间为 $]T_-, T_+[$, 证明函数 $F(x(t))$ 是单调下降的. 从而导出 $T_+ = +\infty$.

(2) 考虑 $d = 1, F(x) = \dfrac{x^4}{4}$, 证明在此情况下有 $T_- > -\infty$.

4. 考虑 $\mathbb{R}$ 上的柯西问题

$$\begin{cases} x' = \dfrac{1}{x}, \\ x(0) = 1. \end{cases} \tag{5.34}$$

(1) 证明问题 (5.34) 存在唯一饱和解, 这个饱和解的定义区间是 $\mathbb{R}$?

(2) 确定饱和解的定义区间. 当 t 趋于饱和解的端点时解的状态如何?

作 业 五

【奥斯古德 (Osgood) 唯一性定理】 假设 $\alpha > 0$, h 是定义在 $]0, \alpha[$ 的连续函数, 以及:

• $h(u) > 0, \forall u \in]0, \alpha[$;

• $\forall 0 < \varepsilon < \alpha' < \alpha, h$ 在 $[\varepsilon, \alpha']$ 上满足利普希茨条件;

• h 满足

$$\lim_{\varepsilon \to 0^+} \int_\varepsilon^\alpha \frac{\mathrm{d}u}{h(u)} = +\infty.$$

假设连续向量值函数

$$f : \mathbb{R} \times \Omega \to \mathbb{R}^d$$

满足条件

$$\|f(t, y_1) - f(t, y_2)\| \leqslant h(\|y_1 - y_2\|), \quad \forall t \in \mathbb{R}, \forall y_1, y_2 \in \Omega, \|y_1 - y_2\| < \alpha.$$

则 $\forall (t_0, y_0) \in \mathbb{R} \times \Omega$, 柯西问题

$$\begin{cases} y' = f(t, y), \\ y(t_0) = y_0 \end{cases} \tag{5.35}$$

存在唯一局部解.

【本作业就是证明奥斯古德唯一性定理】

1. 令

$$G(s) = \int_s^\alpha \frac{\mathrm{d}u}{h(u)}.$$

证明 $G :]0, \alpha[\to]0, +\infty[$ 是一对一的双射.

2. 假设 $t_1 > 0, u_1 \in]0, \alpha[$, 考虑柯西问题

$$\begin{cases} u' = 2h(u), \\ u(t_1) = u_1. \end{cases} \tag{5.36}$$

使用函数 G 给出这个柯西问题的精确解, 确定其最大存在区间.

3. 假设柯西问题 (5.35) 有两个解 φ_1, φ_2 都定义在 $[t_0, t_0 + \delta[$ 上. 记 $\psi(t) = \|\varphi_1(t) - \varphi_2(t)\|$. 假设存在 $t \in]t_0, t_0 + \delta[$ 使得 $\psi(t) > 0$. 证明存在 $\tilde{t}_1 \in]t_0, t_0 + \delta[$ 使得 $0 < \psi(\tilde{t}_1) < \alpha$.

4. 假设 u 是柯西问题 (5.36) 的解, 其中 $t_1 = \tilde{t}_1, u_1 = \psi(\tilde{t}_1)$. 证明: 存在 $\varepsilon > 0$, 使得任给 $|t - \tilde{t}_1| \leqslant \varepsilon$,

$$\psi(t) - u(t) \leqslant \int_{\tilde{t}_1}^{t} (h(\psi(s)) - 2h(u(s))) \mathrm{d}s.$$

由此导出存在 $\tilde{\varepsilon} > 0$, 使得对任给的 $t \in]\tilde{t}_1 - \tilde{\varepsilon}, \tilde{t}_1[$ 有

$$u(t) \leqslant \psi(t).$$

5. 记

$$T^* = \inf\{T \in [t_0, \tilde{t}_1]; u(t) \leqslant \psi(t), t \in [T, \tilde{t}_1]\}.$$

证明 $T^* = t_0$. 由此导出如果 $\psi(t_0) = 0$, 则在 $[t_0, t_0 + \delta[$ 上 $\psi(t) \equiv 0$. 这就证明了奥斯古德唯一性定理.

6. 为什么说奥斯古德唯一性定理推广了柯西–利普希茨定理?

7. 【奥斯古德唯一性定理的例子】命令

$$f(y) = \begin{cases} y \ln|y|, & 0 < |y| < 1, \\ 0, & y = 0. \end{cases}$$

我们证明这个函数满足奥斯古德唯一性定理的条件, 但是不满足利普希茨条件.

(1) 证明

$$|f(y_2) - f(y_1)| = |y_2 - y_1| \, |\ln|y_2 - y_1| + g(u)|,$$

其中

$$u = \frac{y_1 + y_2}{2(y_2 - y_1)},$$

以及

$$g(u) = \left(u + \frac{1}{2}\right) \ln\left|u + \frac{1}{2}\right| - \left(u - \frac{1}{2}\right) \ln\left|u - \frac{1}{2}\right|.$$

(2) 证明存在 $C > 0$ 使得

$$\frac{|g(u)|}{|\ln|y_2 - y_1|| + 1} \leqslant C, \quad \forall u \in \left] -\frac{1}{2|y_2 - y_1|}, \frac{1}{2|y_2 - y_1|} \right[$$

对于任意的 $y_1, y_2 \in]-1, 1[$ 成立.

(3) 由此证明

$$|f(y_2) - f(y_1)| \leqslant C|y_2 - y_1|(|\ln|y_2 - y_1|| + 1), \quad \forall y_1, y_2 \in]-1, 1[.$$

作业五部分
参考答案

(4) 对于任意的 $y_0 \in]-1,1[$，证明柯西问题

$$\begin{cases} y' = f(t,y), \\ y(t_0) = y_0 \end{cases}$$

存在唯一解.

第六章 微分方程稳定性理论

在本章中, 我们研究微分方程的定性理论, 也就是说, 在不求出具体解的情况下, 根据方程的结构和初值条件研究解的性态. 我们将主要集中研究解的稳定性, 这是由俄国数学家和力学家李雅普诺夫 (Lyapunov) 在 1892 年所创立的系统稳定性理论. 本教程仅仅介绍李雅普诺夫理论的最基础的部分.

6.1 预备知识

我们现在需要多变量、向量值函数、带佩亚诺余项的泰勒公式, 其形式为

$$f(y) = f(y^0) + \sum_{j=1}^{n} \frac{\partial f}{\partial y_j}(y^0)(y_j - y_j^0) + o(\|y - y^0\|^2), \quad y^0, y \in \mathbb{R}^n.$$

这里

$$f(y) = \begin{pmatrix} f_1(y_1, y_2, \cdots, y_n) \\ f_2(y_1, y_2, \cdots, y_n) \\ \vdots \\ f_n(y_1, y_2, \cdots, y_n) \end{pmatrix}$$

是 n 维向量值函数, 因此

$$\sum_{j=1}^{n} \frac{\partial f}{\partial y_j}(y^0)(y_j - y_j^0) = \begin{pmatrix} \sum_{j=1}^{n} \frac{\partial f_1}{\partial y_j}(y^0)(y_j - y_j^0) \\ \sum_{j=1}^{n} \frac{\partial f_2}{\partial y_j}(y^0)(y_j - y_j^0) \\ \vdots \\ \sum_{j=1}^{n} \frac{\partial f_n}{\partial y_j}(y^0)(y_j - y_j^0) \end{pmatrix} = A \begin{pmatrix} y_1 - y_1^0 \\ y_2 - y_2^0 \\ \vdots \\ y_n - y_n^0 \end{pmatrix},$$

以及

$$A = \begin{pmatrix} \dfrac{\partial f_1}{\partial y_1}(y^0) & \dfrac{\partial f_1}{\partial y_2}(y^0) & \cdots & \dfrac{\partial f_1}{\partial y_n}(y^0) \\[2mm] \dfrac{\partial f_2}{\partial y_1}(y^0) & \dfrac{\partial f_2}{\partial y_2}(y^0) & \cdots & \dfrac{\partial f_2}{\partial y_n}(y^0) \\[2mm] \vdots & \vdots & & \vdots \\[2mm] \dfrac{\partial f_n}{\partial y_1}(y^0) & \dfrac{\partial f_n}{\partial y_2}(y^0) & \cdots & \dfrac{\partial f_n}{\partial y_n}(y^0) \end{pmatrix}$$

是一个常系数的 $n \times n$ 方阵.

现在研究非线性微分方程组

$$\frac{\mathrm{d}y}{\mathrm{d}t} = g(t, y), \quad y \in \mathbb{R}^n \tag{6.1}$$

的解的性态. 假设 g 满足柯西 – 利普希茨定理的条件, 因此解的存在性、唯一性以及延拓成饱和解都得到保证. 我们现在仅仅做定性分析. 为此首先给定方程组 (6.1) 的一个解 $y = \varphi(t)$, 研究这个解附近的其他解的性态. 首先作变换

$$x = y - \varphi(t),$$

将方程组 (6.1) 化为

$$\frac{\mathrm{d}x}{\mathrm{d}t} = f(t, x), \quad x \in \mathbb{R}^n, \tag{6.2}$$

其中

$$f(t, x) = g(t, x + \varphi(t)) - g(t, \varphi(t)).$$

因为

$$f(t, 0) = 0, \tag{6.3}$$

所以 $x \equiv 0$ 是方程组 (6.2) 的一个特解. 这样就将研究与一般特解邻近的解的性态问题转换成研究与零解邻近的解的性态问题.

一般性假设: 假设 G 为原点在 $\mathbb{R}^n$ 的邻域, $f(t, x)$ 定义在 $]a, +\infty[\times G$ 上, 满足条件 (6.3) 且有连续的偏导数. 从而满足解的存在性、唯一性以及延拓、连续性和可微性定理的条件.

利用前面的泰勒公式, 有

$$\frac{\mathrm{d}x}{\mathrm{d}t} = A(t)x + o(|x|^2), \tag{6.4}$$

其中

$$A(t) = \begin{pmatrix} \dfrac{\partial f_1}{\partial x_1}(t,0) & \dfrac{\partial f_1}{\partial x_2}(t,0) & \cdots & \dfrac{\partial f_1}{\partial x_n}(t,0) \\[2mm] \dfrac{\partial f_2}{\partial x_1}(t,0) & \dfrac{\partial f_2}{\partial x_2}(t,0) & \cdots & \dfrac{\partial f_2}{\partial x_n}(t,0) \\ \vdots & \vdots & & \vdots \\ \dfrac{\partial f_n}{\partial x_1}(t,0) & \dfrac{\partial f_n}{\partial x_2}(t,0) & \cdots & \dfrac{\partial f_n}{\partial x_n}(t,0) \end{pmatrix}$$

是一个实系数的 $n \times n$ 方阵.

6.2　李雅普诺夫稳定性

定义 6.1 (李雅普诺夫稳定性的定义).
(1) 如果 $\forall \varepsilon > 0, \exists \delta > 0$, 使得对于任意 $x_0 \in \bar{B}(0,\delta)$, 柯西问题

$$\begin{cases} \dfrac{\mathrm{d}x}{\mathrm{d}t} = f(t,x), \\ x(t_0) = x_0 \end{cases} \tag{6.5}$$

的解 $x(t)$ 满足

$$x(t) \in B(0,\varepsilon), \quad \forall t \geqslant t_0,$$

那么称方程组 (6.2) 的零解 $x = 0$ 为稳定的.
(2) 如果方程组 (6.2) 的零解 $x = 0$ 为稳定的, 且 $\exists \delta_0 > 0$, 使得对于任意 $x_0 \in \bar{B}(0,\delta_0)$, 柯西问题 (6.5) 的解 $x(t)$ 满足

$$\lim_{t \to +\infty} x(t) = 0,$$

那么称方程组 (6.2) 的零解 $x = 0$ 为渐近稳定的.
(3) 如果方程组 (6.2) 的零解 $x = 0$ 为渐近稳定的, 且存在区域 D_0, 使得当且仅当 $x_0 \in D_0$ 时, 柯西问题 (6.5) 的解 $x(t)$ 都有

$$\lim_{t \to +\infty} x(t) = 0,$$

那么称区域 D_0 为稳定域或者吸引域. 若稳定域为全空间 $\mathbb{R}^n$, **则称零解 $x = 0$ 为全局稳定的.**
(4) 如果对于某个 $\varepsilon > 0$, 无论 $\delta > 0$ 怎么小, 总存在 $x_0 \in \bar{B}(0,\delta)$, 使得若 $x(t)$ 是柯西问题 (6.5) 的解, 则存在 $t_1 > t_0$ 满足

$$|x(t_1)| = \varepsilon.$$

那么称方程组 (6.2) 的零解 $x = 0$ 为不稳定的.

　　图 6.1 是这几种情况的简单图示. 更加具体的描述将在后面的分析中再给出.

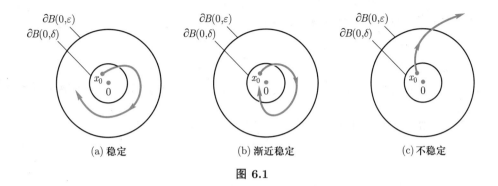

图 **6.1**

为简单起见, 我们只考虑非线性驻定微分方程组

$$\frac{\mathrm{d}x}{\mathrm{d}t} = f(x) \tag{6.6}$$

的线性近似稳定性, 即非线性函数 f 与 t 无关.

我们首先研究一阶常系数线性方程组

$$\frac{\mathrm{d}x}{\mathrm{d}t} = Ax, \tag{6.7}$$

这里 A 是一个常系数的 $n \times n$ 方阵. 则它的任一解可以表示为

$$\sum_{j=1}^{k} \sum_{m=0}^{l_j} c_{j,m} t^m \mathrm{e}^{\lambda_j t},$$

的线性组合, $\lambda_j \ (1 \leqslant j \leqslant k)$ 为系数矩阵 A 的特征根, $c_{j,m}$ 都是向量.

定理 6.1 (线性方程的定性分析). 若矩阵 A 的所有特征根都有负的实部, 则方程组 (6.7) 的零解是渐近稳定的, 而且是全局稳定的. 若矩阵 A 具有正实部的特征根, 则方程组 (6.7) 的零解是不稳定的. 若矩阵 A 没有正实部的特征根, 但是有零根或者具有零实部的特征根, 则方程组 (6.7) 的零解可能是稳定的, 也可能是不稳定的.

现在回到非线性方程组 (6.6), 因为 $f(0) = 0$, 在 0 点作泰勒展开, 我们考虑下面的非线性方程组:

$$\frac{\mathrm{d}x}{\mathrm{d}t} = Ax + R(x), \tag{6.8}$$

其中 $R(x)$ 满足条件

$$\frac{\|R(x)\|}{\|x\|} \to 0 \quad (\|x\| \to 0).$$

定理 6.2 (非线性近似稳定性). 若矩阵 A 没有零根或者零实部的特征根, 则非线性方程组 (6.8) 的零解的稳定性态与其线性近似的方程组 (6.7) 的零解的稳定性态一致.

有零根或者零实部的特征根时称为**临界情形**.

例 6.1. 考虑有阻力的数学摆的振动, 其微分方程为

$$\frac{\mathrm{d}^2\varphi}{\mathrm{d}t^2} + \frac{\mu}{m}\frac{\mathrm{d}\varphi}{\mathrm{d}t} + \frac{g}{l}\sin\varphi = 0,$$

其中长度 $l > 0$, 质量 $m > 0$, 重力加速度 $g > 0$, $\mu > 0$ 为阻力系数. 研究零解的稳定性.

令 $x = \varphi, y = \dfrac{\mathrm{d}\varphi}{\mathrm{d}t}$, 则上面的二阶方程转化为一阶微分方程组

$$\begin{cases} \dfrac{\mathrm{d}x}{\mathrm{d}t} = y, \\[2mm] \dfrac{\mathrm{d}y}{\mathrm{d}t} = -\dfrac{g}{l}\sin x - \dfrac{\mu}{m}y. \end{cases} \tag{6.9}$$

则 $(x, y) = (0, 0)$ 是方程组的零解. 将这个方程组改写成线性近似

$$\begin{cases} \dfrac{\mathrm{d}x}{\mathrm{d}t} = y, \\[2mm] \dfrac{\mathrm{d}y}{\mathrm{d}t} = -\dfrac{g}{l}x - \dfrac{\mu}{m}y - \dfrac{g}{l}(\sin x - x). \end{cases}$$

相应的线性近似方程组为

$$\begin{cases} \dfrac{\mathrm{d}x}{\mathrm{d}t} = y, \\[2mm] \dfrac{\mathrm{d}y}{\mathrm{d}t} = -\dfrac{g}{l}x - \dfrac{\mu}{m}y, \end{cases}$$

以及非线性余项为

$$R(x, y) = -\frac{g}{l}(\sin x - x) = -\frac{g}{l}\left(-\frac{x^3}{3!} + \frac{x^5}{5!} + \cdots \right).$$

线性方程组的特征方程为

$$\lambda^2 + \frac{\mu}{m}\lambda + \frac{g}{l} = 0,$$

其两个根是

$$\lambda_{1,2} = -\frac{\mu}{2m} \pm \frac{1}{2}\sqrt{\left(\frac{\mu}{m}\right)^2 - 4\frac{g}{l}}.$$

因为 $\mu > 0$, 这两个特征根均具有负的实部. **因此当摆有阻力时, 微分方程组的零解是渐近稳定的.**

非线性方程组 (6.9) 除了零解外, 还有驻定解 $x = n\pi \ (n \in \mathbb{Z}), y = 0$. 现在研究特解 $(\pi, 0)$ 的性态. 作变换 $x^* = x - \pi, y^* = y$, 则方程组 (6.9) 化为

$$\begin{cases} \dfrac{\mathrm{d}x^*}{\mathrm{d}t} = y^*, \\[2mm] \dfrac{\mathrm{d}y^*}{\mathrm{d}t} = \dfrac{g}{l}\sin x^* - \dfrac{\mu}{m}y^*. \end{cases} \tag{6.10}$$

相应的线性近似方程组为

$$\begin{cases} \dfrac{\mathrm{d}x^*}{\mathrm{d}t} = y^*, \\ \dfrac{\mathrm{d}y^*}{\mathrm{d}t} = \dfrac{g}{l}x^* - \dfrac{\mu}{m}y^*. \end{cases}$$

其两个根是

$$\lambda_{1,2} = -\frac{\mu}{2m} \pm \frac{1}{2}\sqrt{\left(\frac{\mu}{m}\right)^2 + 4\frac{g}{l}}.$$

这是一对异号实根, 因此非线性方程组 (6.10) 的零解是不稳定的. 由此导出非线性方程组 (6.9) 的特解 $x=\pi, y=0$ 是不稳定的. 同样的方法可以证明非线性方程组 (6.9) 的特解 $x=\pm(2k+1)\pi, y=0\ (k\in\mathbb{N})$ 是不稳定的, 而特解 $x=\pm2k\pi, y=0\ (k\in\mathbb{N})$ 是稳定的.

对于无阻力摆, 即 $\mu=0$, 则相应的线性方程组有一对虚根

$$\lambda_{1,2} = \pm\sqrt{-\frac{g}{l}}.$$

因此线性方程组的零解是稳定的, 但是非线性方程组的零解的稳定性态无法决定.

赫尔维茨 (Hurwitz) 判别法

求一个高阶方程的全部特征根是很困难的, 前面的稳定性定理需要知道所有的特征根的实部是否均为负.

对于常系数 n 次代数方程

$$a_0\lambda^n + a_1\lambda^{n-1} + a_2\lambda^{n-2} + \cdots + a_{n-1}\lambda + a_n = 0, \tag{6.11}$$

其中 $a_0>0$, 定义赫尔维茨行列式:

$$\Delta_1 = a_1, \quad \Delta_2 = \begin{vmatrix} a_1 & a_0 \\ a_3 & a_2 \end{vmatrix}, \quad \Delta_3 = \begin{vmatrix} a_1 & a_0 & 0 \\ a_3 & a_2 & a_1 \\ a_5 & a_4 & a_3 \end{vmatrix}, \cdots,$$

$$\Delta_n = \begin{vmatrix} a_1 & a_0 & 0 & 0 & \cdots & 0 \\ a_3 & a_2 & a_1 & a_0 & \cdots & 0 \\ \vdots & \vdots & \vdots & \vdots & & \vdots \\ a_{2n-1} & a_{2n-2} & a_{2n-3} & a_{2n-4} & \cdots & a_n \end{vmatrix} = a_n\Delta_{n-1},$$

其中 $a_j=0$, 如果 $j>n$.

赫尔维茨行列式 Δ_k 的写法:

对角线上的系数为 $a_1, a_2, \cdots, a_k$. 每一行以对角线系数为基准, 向右的下标依次下降, 向左的下标依次上升, 系数没有了就取 0.

定理 6.3 (赫尔维茨判别法). 特征方程 (6.11) 的所有特征根都有负实部的充要条件是

$$\Delta_j > 0, \quad j = 1, 2, \cdots, n.$$

这是一个线性代数的定理.

我们现在来分析几个简单的情形:

(1) $n = 1, a_0\lambda + a_1 = 0$, 稳定条件是 $a_0 > 0, \Delta_1 = a_1 > 0$.

(2) $n = 2, a_0\lambda^2 + a_1\lambda + a_2 = 0$, 稳定条件是 $a_0 > 0, \Delta_1 = a_1 > 0$, 以及

$$\Delta_2 = \begin{vmatrix} a_1 & a_0 \\ 0 & a_2 \end{vmatrix} = a_1 a_2 > 0,$$

因此稳定条件是 $a_0 > 0, a_1 > 0, a_2 > 0$.

(3) $n = 3$,

$$a_0\lambda^3 + a_1\lambda^2 + a_2\lambda + a_3 = 0.$$

稳定条件是 $a_0 > 0, \Delta_1 = a_1 > 0$, 以及

$$\Delta_2 = \begin{vmatrix} a_1 & a_0 \\ a_3 & a_2 \end{vmatrix} = a_1 a_2 - a_0 a_3 > 0,$$

$$\Delta_3 = \begin{vmatrix} a_1 & a_0 & 0 \\ a_3 & a_2 & a_1 \\ 0 & 0 & a_3 \end{vmatrix} = a_3 \Delta_2 > 0,$$

因此稳定条件是 $a_0 > 0, a_1 > 0, a_2 > 0, a_3 > 0$ 以及 $a_1 a_2 - a_0 a_3 > 0$.

(4) $n = 4$,

$$a_0\lambda^4 + a_1\lambda^3 + a_2\lambda^2 + a_3\lambda + a_4 = 0.$$

稳定条件是 $a_0 > 0, \Delta_1 = a_1 > 0$, 以及

$$\Delta_2 = \begin{vmatrix} a_1 & a_0 \\ a_3 & a_2 \end{vmatrix} = a_1 a_2 - a_0 a_3 > 0,$$

$$\Delta_3 = \begin{vmatrix} a_1 & a_0 & 0 \\ a_3 & a_2 & a_1 \\ 0 & a_4 & a_3 \end{vmatrix} = a_1 a_2 a_3 - a_1^2 a_4 - a_0 a_3^2 > 0,$$

$$\Delta_4 = \begin{vmatrix} a_1 & a_0 & 0 & 0 \\ a_3 & a_2 & a_1 & 0 \\ 0 & a_4 & a_3 & a_2 \\ 0 & 0 & 0 & a_4 \end{vmatrix} = a_4 \Delta_3 > 0.$$

例 6.2. 考虑线性方程组

$$\begin{cases} \dfrac{\mathrm{d}x}{\mathrm{d}t} = -2x + y - z + x^2\mathrm{e}^x, \\[2mm] \dfrac{\mathrm{d}y}{\mathrm{d}t} = x - y + x^3 y + z^2, \\[2mm] \dfrac{\mathrm{d}z}{\mathrm{d}t} = x + y - z - \mathrm{e}^x(y^2 + z^2). \end{cases}$$

首先 $x = 0, y = 0, z = 0$ 是一个特解. 相应的线性近似方程组的特征方程是

$$\begin{vmatrix} -2-\lambda & 1 & -1 \\ 1 & -1-\lambda & 0 \\ 1 & 1 & -1-\lambda \end{vmatrix} = 0,$$

即

$$\lambda^3 + 4\lambda^2 + 5\lambda + 3 = 0.$$

相应的赫尔维茨行列式为

$$a_0 = 1, \quad \Delta_1 = 4, \quad \Delta_2 = \begin{vmatrix} 4 & 1 \\ 3 & 5 \end{vmatrix} = 17,$$

$$a_3 = 3, \quad \Delta_3 = a_3\Delta_2 = 51.$$

由赫尔维茨判别法, 特征方程的所有特征根均有负实部, 因此零解是渐近稳定的.

这里我们并没有要求求出非齐次线性方程组的具体解, 即没有要求求出非齐次线性方程组的特征根, 但是我们还是证明了它的任何一个解都满足

$$\lim_{t \to +\infty} (x(t), y(t), z(t)) = (0, 0, 0).$$

例 6.3. 考虑三阶线性方程

$$\frac{\mathrm{d}^3 x}{\mathrm{d}t^3} + (a+b+1)\frac{\mathrm{d}^2 x}{\mathrm{d}t^2} + b(a+c)\frac{\mathrm{d}x}{\mathrm{d}t} + 2ab(c-1)x = 0,$$

其中 $a > 0, b > 0, c > 0$. 研究常数 c 的变化范围使得上述方程的零解是渐近稳定的.

现在

$$a_0 = 1, a_1 = a+b+1, a_2 = b(a+c), a_3 = 2ab(c-1),$$

$$\Delta_2 = (a+b+1)b(a+c) - 2ab(c-1).$$

由赫尔维茨判别法, 特征方程的所有特征根均有负实部的充要条件是 $c > 1, \Delta_2 > 0$, 即

$$a \leqslant b+1, c > 1 \text{ 或 } a > b+1, 1 < c < \frac{a(a+b+3)}{a-b-1}.$$

6.3 李雅普诺夫 V 函数方法

我们现在介绍使用李雅普诺夫方法研究零解的稳定性. 借助构造一个特殊函数 V, 并且利用该函数及其通过方程组的全导数的性质来确定方程解的稳定性. 我们还是只考虑非线性驻定微分方程组

$$\frac{\mathrm{d}x}{\mathrm{d}t} = f(x), \tag{6.12}$$

假设 $f(0) = 0, f(x)$ 定义在 $G = \{x \in \mathbb{R}^n; \|x\| \leqslant A\}$ 上且 f 在 G 上有连续的一阶偏导数. 则由微分方程的基本定理 (存在、唯一、延拓和可微性), 对于任意的初始值 $x(t_0) = x_0 \in G$, 方程组 (6.12) 在 G 内有唯一解存在. 显然 $x = 0$ 是其特解.

定义 6.2. 假设定义在 G 上的函数 $V(x)$ 有连续的一阶偏导数.

$$x(t) = (x_1(t), x_2(t), \cdots, x_n(t))$$

是方程组 (6.12) 的一个解, 令

$$\frac{\mathrm{d}V}{\mathrm{d}t} = \frac{\mathrm{d}V(x(t))}{\mathrm{d}t} = \sum_{j=1}^{n} \frac{\partial V}{\partial x_j}(x(t)) \frac{\mathrm{d}x_j}{\mathrm{d}t} = \sum_{j=1}^{n} \frac{\partial V}{\partial x_j}(x(t)) f_j(x(t)).$$

则称 $\dfrac{\mathrm{d}V}{\mathrm{d}t}$ 为函数 V 通过方程组 (6.12) 的**全导数**.

定理 6.4 (李雅普诺夫定理).

(1) 如果可以找到一个定义在 G 上的一阶连续可微函数 V, 满足 $V(0) = 0, V(x) > 0, x \neq 0$ 以及其通过方程组 (6.12) 的全导数 $\dfrac{\mathrm{d}V}{\mathrm{d}t} \leqslant 0$, 则方程组 (6.12) 的零解是稳定的.

(2) 如果通过方程组 (6.12) 的全导数 $\dfrac{\mathrm{d}V}{\mathrm{d}t} < 0$ (在原点之外), 则方程组 (6.12) 的零解是渐近稳定的.

(3) 如果存在一个定义在 G 上的一阶连续可微函数 $V, \mu \geqslant 0$ 以及其通过方程组 (6.12) 的全导数 $\dfrac{\mathrm{d}V}{\mathrm{d}t}$ 可以表示为

$$\frac{\mathrm{d}V}{\mathrm{d}t} = \mu V + W(x),$$

其中当 $\mu = 0$ 时, $W(x) > 0, x \neq 0$, 以及当 $\mu \neq 0$ 时, $W(x) \geqslant 0$. 此外在 $x = 0$ 的任意小邻域内都至少存在 $\bar{x}$ 使得 $V(\bar{x}) > 0$, 则方程组 (6.12) 的零解是不稳定的.

李雅普诺夫定理的证明使用纯分析方法, 已在各种教科书中给出 (如参见文献 [3] 第六章). 我们下面通过一些例子给出构造函数 V 的方法.

例 6.4. 考虑二维微分方程组

$$\begin{cases} \dfrac{\mathrm{d}x}{\mathrm{d}t} = -y + ax^3, \\[2mm] \dfrac{\mathrm{d}y}{\mathrm{d}t} = x + ay^3. \end{cases} \tag{6.13}$$

解: 这个方程组具有零解. 其线性近似方程组的特征根为 $\lambda = \pm\sqrt{-1}$, 属于临界情形.

取 $V(x, y) = \dfrac{1}{2}(x^2 + y^2)$, 则 $V(0, 0) = 0, V(x, y) > 0, (x, y) \neq (0, 0)$, 以及如果 $(x(t), y(t))$ 是方程组 (6.13) 的解, 则

$$\frac{\mathrm{d}V}{\mathrm{d}t}(t) = a(x^4(t) + y^4(t)).$$

利用李雅普诺夫定理可以得到下面的结论:

(1) 如果 $a < 0$, 则通过方程组 (6.13) 的全导数 $\dfrac{\mathrm{d}V}{\mathrm{d}t} < 0$ (在原点之外). 因此方程组 (6.13) 的零解是渐近稳定的.

(2) 如果 $a = 0$, 则通过方程组 (6.13) 的全导数 $\dfrac{\mathrm{d}V}{\mathrm{d}t} = 0$. 因此方程组 (6.13) 的零解是稳定的.

(3) 如果 $a > 0$, 则通过方程组 (6.13) 的全导数 $\dfrac{\mathrm{d}V}{\mathrm{d}t} > 0$ (在原点之外). 因此方程组 (6.13) 的零解是不稳定的. 这里 $\mu = 0, W(x,y) = a(x^4 + y^4)$.

例 6.5. 再次考虑有阻力的数学摆的振动, 其微分方程组为方程组 (6.9)

$$\begin{cases} \dfrac{\mathrm{d}x}{\mathrm{d}t} = y, \\ \dfrac{\mathrm{d}y}{\mathrm{d}t} = -\dfrac{g}{l}\sin x - \dfrac{\mu}{m}y. \end{cases}$$

解: 取 V 函数

$$V(x,y) = \frac{1}{2}y^2 + \frac{g}{l}(1 - \cos x).$$

则通过方程组 (6.9) 的全导数为

$$\frac{\mathrm{d}V}{\mathrm{d}t} = -\frac{\mu}{m}y^2.$$

(1) 当 $\mu = 0$ 时, 方程组 (6.9) 的零解是稳定的.
(2) 当 $\mu > 0$ 时, 方程组 (6.9) 的零解是渐近稳定的.

6.4 二次型 V 函数的构造

现在研究常系数线性方程组的二次型 V 函数的构造.

定理 6.5 (二次型 V 函数). 考虑一阶常系数线性微分方程组

$$\frac{\mathrm{d}x}{\mathrm{d}t} = Ax. \tag{6.14}$$

$\lambda_1, \lambda_2, \cdots, \lambda_n$ 是 A 的特征根, 假设

$$\lambda_j + \lambda_k \neq 0, \quad \forall j, k = 1, 2, \cdots, n.$$

则任给负定 (或者正定) 的对称矩阵 C, 存在唯一的对称矩阵 B, 使得

$$V(x) = x^{\mathrm{T}}Bx, \tag{6.15}$$

以及通过方程组 (6.14) 的全导数有

$$\frac{\mathrm{d}V}{\mathrm{d}t} = x^{\mathrm{T}}Cx,$$

其中对称矩阵 B 满足关系式

$$A^{\mathrm{T}}B + BA = C. \tag{6.16}$$

如果方程组 (6.14) 的特征根均具有负实部, 则矩阵 B 是正定 (或者负定) 的. 如果方程组 (6.14) 有正实部的特征根, 则矩阵 B 不是正定 (或者不是负定) 的, 即 $x^{\mathrm{T}}Bx$ 没有定常符号.

首先如果 $V(x) = x^{\mathrm{T}}Bx$, 以及 $x(t)$ 是方程组 (6.14) 的解, 则

$$\frac{\mathrm{d}V(x(t))}{\mathrm{d}t} = \frac{\mathrm{d}x^{\mathrm{T}}}{\mathrm{d}t}Bx + x^{\mathrm{T}}B\frac{\mathrm{d}x}{\mathrm{d}t} = (x^{\mathrm{T}}A^{\mathrm{T}})Bx + x^{\mathrm{T}}B(Ax)$$
$$= x^{\mathrm{T}}(A^{\mathrm{T}}B + BA)x.$$

由此导出矩阵方程 (6.16).

定理的证明思路: 定理的证明分两步:

第一步: 矩阵方程 (6.16) 的唯一可解性, 注意到对称矩阵 B 只有 $\frac{1}{2}n(n+1)$ 个未知元, 以及矩阵 $A^{\mathrm{T}}B + BA, C$ 都是对称的, 因此矩阵方程 (6.16) 可以展开成 $\frac{1}{2}n(n+1)$ 个未知元的 $\frac{1}{2}n(n+1)$ 个方程的线性方程组. 利用 C 的负定性以及 $\lambda_j + \lambda_k \neq 0\,(j, k = 1, 2, \cdots, n)$ 就可以得到该线性方程组的唯一可解性.

第二步: 利用定理的条件确定矩阵 B 是否正定.

详细的证明请参阅参考书.

小结: 构造二次型 V 函数分两步:

- 对于给定的方阵 A 以及负定矩阵 C, 求解矩阵方程

$$A^{\mathrm{T}}B + BA = C,$$

这里未知矩阵 B 是对称方阵. 这是一个 $\frac{1}{2}n(n+1)$ 元线性代数方程组.

- 确定矩阵 B 是否正定, 则 $V(x) = x^{\mathrm{T}}Bx$ 就是所求的二次型 V 函数.

例 6.6. 考虑二阶线性微分方程

$$\frac{\mathrm{d}^2x}{\mathrm{d}t^2} + 3\frac{\mathrm{d}x}{\mathrm{d}t} + 2x = 0.$$

解: 将其转换成二维线性微分方程组

$$\begin{cases} \dfrac{\mathrm{d}x}{\mathrm{d}t} = y, \\ \dfrac{\mathrm{d}y}{\mathrm{d}t} = -2x - 3y, \end{cases} \qquad A = \begin{pmatrix} 0 & 1 \\ -2 & -3 \end{pmatrix},$$

其特征根为 $\lambda_1 = -1, \lambda_2 = -2$. 满足条件 $\lambda_j + \lambda_k \neq 0\,(j, k = 1, 2)$ 以及 $\lambda_1, \lambda_2 \neq 0$. 对于

负定矩阵

$$C = \begin{pmatrix} -4 & 0 \\ 0 & -1 \end{pmatrix},$$

确定二次型 V 函数

$$V(x,y) = (x,y)B\begin{pmatrix} x \\ y \end{pmatrix} = (x,y)\begin{pmatrix} b_1 & b_3 \\ b_3 & b_2 \end{pmatrix}\begin{pmatrix} x \\ y \end{pmatrix}.$$

由矩阵方程 $A^{\mathrm{T}}B + BA = C$ 有

$$\begin{pmatrix} 0 & -2 \\ 1 & -3 \end{pmatrix}\begin{pmatrix} b_1 & b_3 \\ b_3 & b_2 \end{pmatrix} + \begin{pmatrix} b_1 & b_3 \\ b_3 & b_2 \end{pmatrix}\begin{pmatrix} 0 & 1 \\ -2 & -3 \end{pmatrix} = \begin{pmatrix} -4 & 0 \\ 0 & -1 \end{pmatrix}.$$

展开得到一个三元线性代数方程组

$$\begin{cases} -4b_3 = -4, \\ b_1 - 2b_2 - 3b_3 = 0, \\ -6b_2 + 2b_3 = -1. \end{cases}$$

解此方程组得到

$$b_3 = 1, \ b_2 = \frac{1}{2}, \ b_1 = 4.$$

这样就求得了二次型 V 函数

$$V(x,y) = \frac{1}{2}(8x^2 + 4xy + y^2).$$

易验证此二次型是正定的, 以及通过线性方程组的全导数为

$$\frac{\mathrm{d}V(x,y)}{\mathrm{d}t} = -(4x^2 + y^2) = (x,y)\begin{pmatrix} -4 & 0 \\ 0 & -1 \end{pmatrix}\begin{pmatrix} x \\ y \end{pmatrix}.$$

非线性近似稳定性定理的证明

现在回到下面的非线性方程组 (6.8)

$$\frac{\mathrm{d}x}{\mathrm{d}t} = Ax + R(x), \ 其中 \frac{\|R(x)\|}{\|x\|} \to 0 \quad (\|x\| \to 0).$$

我们利用二次型 V 函数来证明下面的定理:

定理 6.6 (非线性近似稳定性). 若矩阵 A 没有零根或者零实部的特征根, 则非线性方程组 (6.8) 的零解的稳定性态与其线性近似的方程组 (6.7) 的零解的稳定性态一致.

- 因此当矩阵 A 的特征根均有负实部时, 非线性方程组 (6.8) 的零解是渐近稳定的.
- 而当矩阵 A 具有正实部的特征根时, 非线性方程组 (6.8) 的零解是不稳定的.

先研究线性近似微分方程组

$$\frac{\mathrm{d}x}{\mathrm{d}t} = Ax \tag{6.8$'$}$$

我们仅考虑 A 的所有特征根均有负实部的情形. 因此满足二次型 V 函数的定理条件.

对于负定矩阵 $-E$, 求对称矩阵 B 使得

$$A^{\mathrm{T}}B + BA = -E.$$

令

$$V(x) = x^{\mathrm{T}}Bx, \quad B^{\mathrm{T}} = B,$$

则二次型 $V(x)$ 通过线性方程组 $(6.8)'$ 的全导数为

$$\frac{\mathrm{d}V}{\mathrm{d}t} = (x^{\mathrm{T}})'Bx + x^{\mathrm{T}}Bx' = x^{\mathrm{T}}(A^{\mathrm{T}}B + BA)x = -x^{\mathrm{T}}x.$$

因此二次型 $V(x)$ 通过非线性方程组 (6.8) 的全导数为

$$\begin{aligned}
\frac{\mathrm{d}V}{\mathrm{d}t} &= (x^{\mathrm{T}})'Bx + x^{\mathrm{T}}Bx' \\
&= (Ax + R(x))^{\mathrm{T}}Bx + x^{\mathrm{T}}B(Ax + R(x)) \\
&= -x^{\mathrm{T}}x + R(x)^{\mathrm{T}}Bx + x^{\mathrm{T}}BR(x) \\
&= -x^{\mathrm{T}}x + 2x^{\mathrm{T}}BR(x),
\end{aligned}$$

因为

$$R(x)^{\mathrm{T}}Bx = (R(x)^{\mathrm{T}}Bx)^{\mathrm{T}} = x^{\mathrm{T}}B^{\mathrm{T}}R(x) = x^{\mathrm{T}}BR(x).$$

因此, 存在 $\delta > 0$, 使得

$$|x^{\mathrm{T}}BR(x)| < \frac{1}{4}x^{\mathrm{T}}x, \quad \forall \|x\| \leqslant \delta.$$

由此导出

$$\frac{\mathrm{d}V}{\mathrm{d}t} < -\frac{1}{2}x^{\mathrm{T}}x,$$

因此二次型 $V(x)$ 通过非线性方程组 (6.8) 的全导数在 $\{\|x\| \leqslant \delta\}$ 上是严格负的. 由二次型 V 函数的定理, V 是正定的. 因此当矩阵 A 的特征根均有负实部时, 由李雅普诺夫定理, 非线性方程组 (6.8) 的零解是渐近稳定的.

当矩阵 A 有 (至少) 一个正实部的特征根时, 考虑线性方程组

$$\frac{\mathrm{d}x}{\mathrm{d}t} = \left(A - \frac{\mu}{2}E\right)x \quad (\mu > 0),$$

则矩阵 $A - \frac{\mu}{2}E$ 的特征根为 $\lambda - \frac{\mu}{2}$, 其中 λ 为 A 的特征根. 因此如果 $\mu > 0$ 取得足够小, 则矩阵 $A - \frac{\mu}{2}E$ 还有 (至少) 一个正实部的特征根. 而且使得 $\lambda_j + \lambda_k - \mu \neq 0$, 再次利用二次型 V 函数的定理, V 不是负定的, 即存在不是负定的对称矩阵 B:

$$\left(A - \frac{\mu}{2}E\right)^{\mathrm{T}}B + B\left(A - \frac{\mu}{2}E\right) = E$$

或者

$$A^{\mathrm{T}}B + BA = \mu B + E,$$

因此二次型 $V(x)$ 通过非线性方程组 (6.8) 的全导数为

$$
\begin{aligned}
\frac{\mathrm{d}V}{\mathrm{d}t} &= (x^{\mathrm{T}})'Bx + x^{\mathrm{T}}Bx' \\
&= (Ax + R(x))^{\mathrm{T}}Bx + x^{\mathrm{T}}B(Ax + R(x)) \\
&= \mu V(x) + x^{\mathrm{T}}x + 2x^{\mathrm{T}}BR(x).
\end{aligned}
$$

因此在 $x = 0$ 的一个小邻域里,

$$
x^{\mathrm{T}}x + 2x^{\mathrm{T}}BR(x) \geqslant \frac{1}{2}x^{\mathrm{T}}x.
$$

另一方面, 由于 V 不是常负的, 在 $x = 0$ 的一个小邻域里存在 $x_0 \neq 0$ 使得 $V(x_0) > 0$. 因此由李雅普诺夫定理, 非线性方程组 (6.8) 的零解是不稳定的.

李雅普诺夫理论原来只是研究 $x = 0$ 的一个小邻域里的稳定性. 大范围或者全局稳定性是更为复杂的问题, 是现代数学研究的一个研究领域.

6.5 小结和评注

本章讨论非线性微分方程, 主要是非线性**驻定**微分方程组 (6.6) 的零解的稳定性等定性理论. 因为非线性微分方程一般都不可以求出精确解, 因此仅从方程的结构出发研究方程的解的性态, 特别是稳定性是非常重要的课题. 我们在这一章仅仅介绍了李雅普诺夫稳定性理论, 其主线是从线性方程、近似线性逼近方程到非线性方程逐步深入. 因此对稳定性, 由线性系统的稳定性的判别开始, 最后对非线性方程提出一般的 V 函数方法, 这一研究思想在偏微分方程理论的研究中也有借鉴. 本章介绍的理论属于现在还在发展的微分方程理论之一, 特别是由此发展出来的分歧、混沌理论等.

第六章小结

6.6 练 习 题

1. 试求出下列方程组的所有驻定解, 并讨论相应的驻定解的稳定状态:

(1) $\begin{cases} \dfrac{\mathrm{d}x}{\mathrm{d}t} = x(1 - x - y), \\ \dfrac{\mathrm{d}y}{\mathrm{d}t} = \dfrac{1}{4}y(2 - 3x - y). \end{cases}$

(2) $\begin{cases} \dfrac{\mathrm{d}x}{\mathrm{d}t} = 9x - 6y + 4xy - 5x^2, \\ \dfrac{\mathrm{d}y}{\mathrm{d}t} = 6x - 6y - 5xy + 4y^2. \end{cases}$

(3) $\begin{cases} \dfrac{\mathrm{d}x}{\mathrm{d}t} = y, \\ \dfrac{\mathrm{d}y}{\mathrm{d}t} = -x + \lambda(y - x^2), \quad \lambda > 0. \end{cases}$

2. 研究下列方程 (组) 零解的稳定性:

(1) $\dfrac{\mathrm{d}^3 x}{\mathrm{d}t^3} + 5\dfrac{\mathrm{d}^2 x}{\mathrm{d}t^2} + 6\dfrac{\mathrm{d}x}{\mathrm{d}t} + x = 0.$

(2) $\begin{cases} \dfrac{\mathrm{d}x}{\mathrm{d}t} = -x - y + z, \\[2mm] \dfrac{\mathrm{d}y}{\mathrm{d}t} = x - 2y + 2z, \\[2mm] \dfrac{\mathrm{d}z}{\mathrm{d}t} = x + 2y + z. \end{cases}$

3. 试判别下列函数的定号性:

(1) $V(x, y) = x^2.$

(2) $V(x, y) = x^2 - 2xy^2.$

(3) $V(x, y) = x^2 - 2xy^2 + y^4 + x^4.$

(4) $V(x, y) = x^2 + 2xy + y^2 + x^2 y^2.$

(5) $V(x, y) = x \cos x + y \sin y.$

4. 试用形如 $V(x, y) = ax^2 + by^2$ 的 V 函数确定下列方程组零解的稳定性:

(1) $\begin{cases} \dfrac{\mathrm{d}x}{\mathrm{d}t} = -xy^2, \\[2mm] \dfrac{\mathrm{d}y}{\mathrm{d}t} = -yx^2. \end{cases}$

(2) $\begin{cases} \dfrac{\mathrm{d}x}{\mathrm{d}t} = -x + 2y^3, \\[2mm] \dfrac{\mathrm{d}y}{\mathrm{d}t} = -2xy^2. \end{cases}$

(3) $\begin{cases} \dfrac{\mathrm{d}x}{\mathrm{d}t} = x^3 - 2y^3, \\[2mm] \dfrac{\mathrm{d}y}{\mathrm{d}t} = xy^2 + x^2 y + \dfrac{1}{2}y^3. \end{cases}$

5. 研究下列方程组零解的稳定性:

(1) $\begin{cases} \dfrac{\mathrm{d}x}{\mathrm{d}t} = -y^2 + x(x^2 + y^2), \\[2mm] \dfrac{\mathrm{d}y}{\mathrm{d}t} = -x^2 - y^2(x^2 - y^2). \end{cases}$

(2) $\begin{cases} \dfrac{\mathrm{d}x}{\mathrm{d}t} = ax - xy^2 \ (a \text{ 为参数}), \\[2mm] \dfrac{\mathrm{d}y}{\mathrm{d}t} = 2x^4 y. \end{cases}$

(3) $\begin{cases} \dfrac{\mathrm{d}x}{\mathrm{d}t} = ax - y^2 \ (a \text{ 为参数}), \\[2mm] \dfrac{\mathrm{d}y}{\mathrm{d}t} = 2x^3 y. \end{cases}$

6. 给定微分方程

$$\frac{\mathrm{d}^2 x}{\mathrm{d}t^2} + f(x) = 0,$$

其中 $f(0) = 0$, 而当 $x \neq 0$ 时 $xf(x) > 0(-k < x < k)$, 试将其化为平面方程组, 并用形如

$$V(x,y) = \frac{1}{2}y^2 + \int_0^x f(s)\mathrm{d}s$$

的 V 函数讨论方程零解的稳定性.

7. 方程组

$$\begin{cases} \dfrac{\mathrm{d}x}{\mathrm{d}t} = y - x^3, \\[2mm] \dfrac{\mathrm{d}y}{\mathrm{d}t} = -2(x^3 + y^5), \end{cases}$$

能否由线性近似方程决定其稳定性问题? 试求李雅普诺夫函数以解决方程组的零解的稳定性问题, 同时变动高次项使新方程的零解为不稳定的.

8. 给定线性方程组

$$\begin{cases} \dfrac{\mathrm{d}x_1}{\mathrm{d}t} = 5x_1 - x_2, \\[2mm] \dfrac{\mathrm{d}x_2}{\mathrm{d}t} = 3x_1 + x_2, \end{cases}$$

试求二次型 V 函数 $V(x) = x^{\mathrm{T}}Bx$, 使其通过上述方程组的全导数

$$\frac{\mathrm{d}V}{\mathrm{d}t} = x_1^2 + 2x_1x_2 + 4x_2^2,$$

并判断函数 $V(x)$ 的定号性.

6.6 练习题
部分参考答案

作 业 六

设计本作业的目的是研究变系数线性方程组的解的稳定性理论. 考虑齐次线性方程组

$$x' = A(t)x \tag{6.17}$$

以及非齐次线性方程组

$$x' = A(t)x + b(t), \tag{6.18}$$

这里 $A(t)$ 是 $n \times n$ 方阵, 其系数是定义在 $]0, +\infty[$ 上的连续实值函数, $b(t)$ 是 n 维向量值函数, 其分量是定义在 $]0, +\infty[$ 上的连续实值函数.

定义 6.3. 对于 $(t_0, x_0) \in]0, +\infty[\times \mathbb{R}^n$, 记 $\varphi(t, t_0, x_0)$ 为方程组 (6.17) 或者 (6.18) 的满足初值条件 $\varphi(t_0, t_0, x_0) = x_0$ 的解.

● 称一个解 $\varphi(t, t_0, x_0)$ 是**一致稳定的**, 是指 $\forall \varepsilon > 0, \exists \eta > 0$, 使得 $\forall x_1 \in \mathbb{R}^n, \|x_1 - x_0\| \leqslant \eta$, 都有

$$\sup_{t \geqslant t_0} \|\varphi(t, t_0, x_1) - \varphi(t, t_0, x_0)\| \leqslant \varepsilon.$$

即: 要两个解的距离始终保持在小于等于 ε 的范围, 只需要它们在初始时刻的距离小于等于 η.

- 称一个解 $\varphi(t, t_0, x_0)$ 是**一致地渐近稳定的**, 是指 $\exists \eta > 0$, 使得 $\forall \varepsilon > 0, \exists T > 0$ 以及 $\forall x_1 \in \mathbb{R}^n, \|x_1 - x_0\| \leqslant \eta$, 都有

$$\sup_{t \geqslant t_0 + T} \|\varphi(t, t_0, x_1) - \varphi(t, t_0, x_0)\| \leqslant \varepsilon.$$

即: 如果两个解的初始时刻的距离小于等于 η, 则两个解的距离将趋于零.

1. 记 $\Phi(t, t_0)$ 为方程组 (6.17) 的满足 $\Phi(t_0, t_0) = E$ 的基本解矩阵. 解释清楚其定义, 然后证明:

$$\forall t \geqslant t_1 \geqslant t_0 > 0, \quad \Phi(t, t_1)\Phi(t_1, t_0) = \Phi(t, t_0).$$

2. 将方程组 (6.17) 和方程组 (6.18) 的解 $\varphi(t, t_0, x_0)$ 用 $\Phi(t, t_0)$ 和 x_0 写出来 (见第三章).

   证明下列三个性质是等价的:

   2.1 方程组 (6.17) 的零解 $\varphi(t) \equiv 0$ 是一致稳定的.

   2.2 方程组 (6.17) 的所有解都是一致稳定的.

   2.3 存在 $M \geqslant 0$ 使得

   $$\sup_{0 < t_0 \leqslant t} \|\Phi(t, t_0)\| \leqslant M, \quad \forall t_0 > 0.$$

   提示: 这里需要用到范数 $\|\Phi(t, t_0)\|$ 的定义.

   如果方程组 (6.17) 满足这三个性质之一, 则称方程组 (6.17) 是**一致稳定的**.

3. 现在试图证明下列三个性质是等价的:

   3.1 方程组 (6.17) 的零解 $\varphi(t) \equiv 0$ 是一致地渐近稳定的.

   3.2 方程组 (6.17) 的所有解都是一致地渐近稳定的.

   3.3 存在 $K \geqslant 0, \alpha > 0$ 使得

   $$\sup_{0 < t_0 \leqslant t} \|\Phi(t, t_0)\| \leqslant K e^{-\alpha(t - t_0)}, \quad \forall t_0 > 0.$$

   如果方程组 (6.17) 满足这些性质, 称方程组 (6.17) 是**一致地渐近稳定的**.

   (1) 证明性质 3.1 $\Leftrightarrow$ 性质 3.2 和性质 3.3 $\Rightarrow$ 性质 3.2.

   (2) 证明如果方程组 (6.17) 是一致地渐近稳定的, 则 $\forall \delta \in]0, 1[, \exists T(\delta) > 0$ 使得

   $$\sup_{t \geqslant t_0 + T(\delta)} \|\Phi(t, t_0)\| \leqslant \delta, \quad \forall t_0 > 0.$$

   (3) 假设方程组 (6.17) 是一致地渐近稳定的, 固定 $0 < \delta < 1$, 证明 $\exists T(\delta) > 0$ 使得

   $$\sup_{t \geqslant t_0 + nT(\delta)} \|\Phi(t, t_0)\| \leqslant \delta^n, \quad \forall t_0 > 0, \quad \forall n \in \mathbb{N}.$$

提示: 利用 1 中的关系式.

(4) 证明性质 3.2⇒ 性质 3.3, 其中

$$\alpha = \frac{|\ln \delta|}{T(\delta)}, \quad K = \frac{M}{\delta}.$$

提示: $\forall t \geqslant t_0, \exists n \in \mathbb{N}$, 使得 $t_0 + nT(\delta) \leqslant t < t_0 + (n+1)T(\delta)$, 以及利用性质 2.3.

4. (1) 证明如果方程组 (6.18) 的某个解是一致稳定的, 则方程组 (6.18) 的所有解都是一致稳定的.

(2) 证明如果方程组 (6.18) 的某个解是一致地渐近稳定的, 则方程组 (6.18) 的所有解都是一致地渐近稳定的.

这时候称方程组 (6.18) 是一致稳定的, 或者是一致地渐近稳定的.

5. 证明齐次方程组 (6.17) 和非齐次方程组 (6.18) 的一致稳定性 (和一致地渐近稳定性) 是一样的, 即非齐次项不影响其稳定性.

第七章 一阶偏微分方程

这一章主要研究一阶偏微分方程, 实际上 "偏微分方程" 是一个专门的数学研究领域, 后续有这方面的基础课程. 本章将基于常微分方程的观点研究一阶线性和拟线性偏微分方程. 特别地, 利用由常微分方程组定义的特征线求解一维伯格斯 (Burgers) 方程和等熵可压缩流体欧拉方程组的柯西问题. 作为另外一个应用, 本章将使用常微分方程特征线法研究相应非线性方程解的爆破 (blow-up) 性质. 本章的主要参考文献有 [9–13].

7.1 基 本 概 念

由多元未知函数 $u(x_1, x_2, \cdots, x_n)(n \geqslant 2)$ 及其一阶偏导数 $\dfrac{\partial u}{\partial x_1}, \dfrac{\partial u}{\partial x_2}, \cdots, \dfrac{\partial u}{\partial x_n}$ 构成的关系式

$$F\left(x_1, x_2, \cdots, x_n; u, \frac{\partial u}{\partial x_1}, \frac{\partial u}{\partial x_2}, \cdots, \frac{\partial u}{\partial x_n}\right) = 0 \tag{7.1}$$

称为**一阶偏微分方程**. 若 F 关于 $u, \dfrac{\partial u}{\partial x_1}, \dfrac{\partial u}{\partial x_2}, \cdots, \dfrac{\partial u}{\partial x_n}$ 是线性的, 即形如

$$a_0(x_1, x_2, \cdots, x_n)u + \sum_{j=1}^{n} a_j(x_1, x_2, \cdots, x_n)\frac{\partial u}{\partial x_j} = f(x_1, x_2, \cdots, x_n), \tag{7.2}$$

则称其为**一阶线性偏微分方程**. 在方程 (7.2) 中, 如果 $f(x_1, x_2, \cdots, x_n) \equiv 0$, 则称其为**一阶线性齐次偏微分方程**. 这里 $a_j\ (j = 1, 2, \cdots, n)$ 和 f 是给定的函数. 不是线性的偏微分方程就称为**非线性偏微分方程**. 若一阶非线性偏微分方程关于未知函数的所有偏导数部分是线性的, 则称它为**一阶拟线性偏微分方程**, 即形如

$$\sum_{j=1}^{n} a_j(x_1, x_2, \cdots, x_n; u)\frac{\partial u}{\partial x_j} = f(x_1, x_2, \cdots, x_n; u). \tag{7.3}$$

形如

$$\sum_{j=1}^{n} a_j(x_1, x_2, \cdots, x_n)\frac{\partial u}{\partial x_j} = f(x_1, x_2, \cdots, x_n; u) \tag{7.4}$$

的方程称为**一阶半线性偏微分方程**.

如果把定义在 $\mathbb{R}^n$ 中某区域 Ω 上的连续可微函数 $u = \varphi(x_1, x_2, \cdots, x_n)$ 代入方程 (7.1) 满足恒等式

$$F\left(x_1, x_2, \cdots, x_n; \varphi, \frac{\partial \varphi}{\partial x_1}, \frac{\partial \varphi}{\partial x_2}, \cdots, \frac{\partial \varphi}{\partial x_n}\right) = 0, \tag{7.5}$$

则称 $u = \varphi(x_1, x_2, \cdots, x_n)$ 是偏微分方程(7.1)的一个**解**, 而 Ω 称为该解的**定义域**.

偏微分方程解的几何意义: 对于一阶偏微分方程 (7.1), 若取 $n = 2$, 其一般形式可写为

$$F\left(x, y; z, \frac{\partial z}{\partial x}, \frac{\partial z}{\partial y}\right) = 0. \tag{7.6}$$

如果 $z = \varphi(x, y), (x, y) \in \Omega$ 是它的解, 那么称三维空间中的曲面 $z = \varphi(x, y)$ 为方程 (7.6) 的**积分曲面**. 一般地, 方程 (7.1) 的解 $u = \varphi(x_1, x_2, \cdots, x_n)$ 可以理解为 $n + 1$ 维空间 $\{x_1, x_2, \cdots, x_n, u\}$ 中的一张曲面, 因此也称为方程 (7.1) 的积分曲面.

7.2 一阶线性偏微分方程

一阶偏微分方程具有重要的物理和几何背景, 被认为是 "最简单" 的一类偏微分方程. 特征线法是研究一阶偏微分方程行之有效的方法, 可以与第五章一阶常微分方程的基本理论有机地联系起来.

定义 7.1 (特征方程). 假设一阶线性偏微分方程 (7.2) 的系数 $a_j(x_1, x_2, \cdots, x_n), j = 1, 2, \cdots, n$ 在某个开区域 $\Omega \subset \mathbb{R}^n$ 中连续可微且不同时为零. 下列一阶常微分方程组:

$$\begin{cases} \dfrac{\mathrm{d}x_1}{\mathrm{d}s} = a_1(x_1, x_2, \cdots, x_n), \\[2mm] \dfrac{\mathrm{d}x_2}{\mathrm{d}s} = a_2(x_1, x_2, \cdots, x_n), \\[1mm] \cdots\cdots\cdots\cdots \\[1mm] \dfrac{\mathrm{d}x_n}{\mathrm{d}s} = a_n(x_1, x_2, \cdots, x_n), \end{cases} \tag{7.7}$$

或其对称形式

$$\frac{\mathrm{d}x_1}{a_1(x_1, x_2, \cdots, x_n)} = \frac{\mathrm{d}x_2}{a_2(x_1, x_2, \cdots, x_n)} = \cdots = \frac{\mathrm{d}x_n}{a_n(x_1, x_2, \cdots, x_n)} \tag{7.8}$$

称为偏微分方程 (7.2) 的**特征方程组**, 这个常微分方程组的解曲线 (或者 "轨道") 称为偏微分方程 (7.2) 的**特征线**, 即常微分方程组 (7.7) 的解 $(x_1(s), x_2(s), \cdots, x_n(s))$ 在 $\mathbb{R}^n$ 中所表示的曲线.

例 7.1. 求下列方程的特征线: (1) $\dfrac{\partial u}{\partial x} + \dfrac{\partial u}{\partial y} = 0$. (2) $x\dfrac{\partial u}{\partial x} + y\dfrac{\partial u}{\partial y} = u$.

解: (1) 特征方程为

$$\frac{\mathrm{d}x}{1} = \frac{\mathrm{d}y}{1},$$

解得 $y = x + C$, 其中 C 为任意常数, 即特征线是一簇直线 (图 7.1).

(2) 特征方程为

$$\frac{\mathrm{d}x}{x} = \frac{\mathrm{d}y}{y},$$

积分得到 $xy = C$, 其中 C 为任意常数, 即特征线是一簇双曲线 (图 7.2).

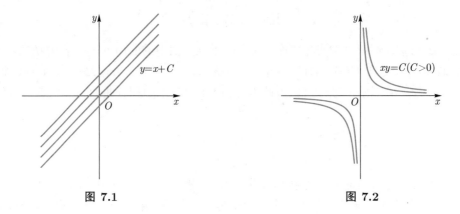

图 7.1   图 7.2

一阶线性偏微分方程的特征线法

先考虑两个自变量的情形, 例如, 其中一个是时间变量, 另一个是空间变量. 引入特征线法求解一阶线性偏微分方程的柯西问题.

例 7.2. 求下列柯西问题的解:

$$\begin{cases} \dfrac{\partial u}{\partial t} + a\dfrac{\partial u}{\partial x} + b(t,x)u = f(t,x), \\ u|_{t=0} = \varphi(x), \end{cases} \tag{7.9}$$

其中 a 是常数, 假设 b, f, b_x, f_x 是关于自变量 $(t,x) \in [0, +\infty[\times \mathbb{R}$ 的连续函数, φ 是关于自变量 $x \in \mathbb{R}$ 的连续可微函数.

解: 方程 (7.9) 的特征方程组是

$$\begin{cases} \dfrac{\mathrm{d}t}{\mathrm{d}s} = 1, \\ \dfrac{\mathrm{d}x}{\mathrm{d}s} = a. \end{cases} \Rightarrow \begin{cases} t = s, \\ \dfrac{\mathrm{d}x}{\mathrm{d}t} = a. \end{cases}$$

考虑其初值问题

$$\begin{cases} \dfrac{\mathrm{d}x}{\mathrm{d}t} = a, \\ x(0) = \alpha. \end{cases} \tag{7.10}$$

由方程 (7.10) 所确定的积分曲线称为方程 (7.9) 的特征线, 即

$$x = at + \alpha. \tag{7.11}$$

显然, 过 $(0, \alpha)$ 的特征线是直线 (图 7.3).

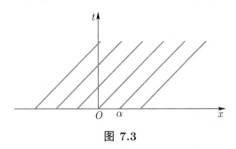

图 7.3

令 $U(t) = u(t, at + \alpha)$, 则沿着该特征线有

$$\frac{\mathrm{d}U}{\mathrm{d}t} = \frac{\partial u}{\partial t} + \frac{\partial u}{\partial x}\frac{\mathrm{d}x}{\mathrm{d}t} = \frac{\partial u}{\partial t} + a\frac{\partial u}{\partial x}. \tag{7.12}$$

于是, 柯西问题 (7.9) 中的偏微分方程就转化成关于变量 t 的常微分方程

$$\frac{\mathrm{d}U}{\mathrm{d}t} + b(t, at + \alpha)U(t) = f(t, at + \alpha). \tag{7.13}$$

注意到 $U(0) = u(0, \alpha) = \varphi(\alpha)$. 根据第二章一阶线性微分方程的求解公式 (2.8),

$$U(t) = \varphi(\alpha)B(t, 0) + \int_0^t f(\tau, a\tau + \alpha)B(t, \tau)\mathrm{d}\tau, \tag{7.14}$$

其中

$$B(t, \tau) = \exp\left(-\int_\tau^t b(s, as + \alpha)\mathrm{d}s\right).$$

由 (7.11) 式得 $\alpha = x - at$. 代入 (7.14) 式, 我们得

$$u(t, x) = \varphi(x - at)B(x, t, 0) + \int_0^t f(\tau, x + a(\tau - t))B(x, t, \tau)\mathrm{d}\tau, \tag{7.15}$$

其中

$$B(x, t, \tau) = \exp\left(-\int_\tau^t b(s, x + a(s - t))\mathrm{d}s\right).$$

表达式 (7.15) 是柯西问题 (7.9) 的解. 事实上

$$\begin{cases} u(0,x) = \varphi(x), \\ \dfrac{\partial u}{\partial t}(t,x) = -a\varphi'(x-at)B(x,t,0)+ \\ \qquad \varphi(x-at)B(x,t,0)\left(-b(t,x)+a\displaystyle\int_0^t b'(s,x+a(s-t))\mathrm{d}s\right)+ \\ \qquad f(t,x)+a\displaystyle\int_0^t f_x(\tau,x+a(\tau-t))B(x,t,\tau)\mathrm{d}\tau+ \\ \qquad \displaystyle\int_0^t f(\tau,x+a(\tau-t))B(x,t,\tau)\left(-b(t,x)+a\int_\tau^t b'(s,x+a(s-t))\mathrm{d}s\right)\mathrm{d}\tau, \\ \dfrac{\partial u}{\partial x}(t,x) = \varphi'(x-at)B(x,t,0)+ \\ \qquad \varphi(x-at)B(x,t,0)\left(-\displaystyle\int_0^t b'(s,x+a(s-t))\mathrm{d}s\right)+ \\ \qquad \displaystyle\int_0^t f_x(\tau,x+a(\tau-t))B(x,t,\tau)\mathrm{d}\tau+ \\ \qquad \displaystyle\int_0^t f(\tau,x+a(\tau-t))B(x,t,\tau)\left(-\int_\tau^t b'(s,x+a(s-t))\mathrm{d}s\right)\mathrm{d}\tau, \end{cases}$$

因此

$$\frac{\partial u}{\partial t}(t,x) = f(t,x) - b(t,x)u(t,x) - a\frac{\partial u}{\partial x}(t,x).$$

上述求解方法称为**特征线法**. 特别地, 如果 $b = f \equiv 0$, 解沿着特征线恒为常值; (7.15) 式变为 $u(t,x) = \varphi(x-at)$.

以上求解过程也适合于变系数 $a(t,x)$ 的情形, 只要 a, a_x 是定义域 $[0,+\infty[\times\mathbb{R}$ 上的连续函数. 因此, 用特征线法求解一阶线性偏微分方程 (7.9) 的柯西问题, 其过程可以分成三步:

(1) 求特征线 $x = x(t,\alpha)$.

(2) 沿着特征线将方程转化为 $U = U(t,x(t,\alpha))$ 关于 t 的常微分方程 (其中 α 为参数), 并求出 $U = U(t,\alpha)$.

(3) 从特征线解出 $\alpha = \psi(t,x)$, 代入, 则 $u(t,x) = U(t,\psi(t,x))$ 即为柯西问题 (7.9) 所求的解.

实际上, 特征线法也适用于多个自变量的情形.

例 7.3. 考虑具有 $n+1$ 个自变量的 "传输方程" 的柯西问题:

$$\begin{cases} \dfrac{\partial u}{\partial t} + \displaystyle\sum_{j=1}^{n} b_j(x_1,x_2,\cdots,x_n)\dfrac{\partial u}{\partial x_j} = f(t,x_1,x_2,\cdots,x_n), \\ u|_{t=0} = g(x_1,x_2,\cdots,x_n), \end{cases} \tag{7.16}$$

这里 $u(t,x_1,x_2,\cdots,x_n)$ 是定义在 $\mathbb{R}_t \times \mathbb{R}_x^n$ 的函数, 其中 $g, b_j \in C^1(\mathbb{R}^n)(j=1,2,\cdots,n)$ 以及 $f(t,x) \in C([0,+\infty[\times\mathbb{R}^n)$.

解: 传输方程的特征方程组为 (其中已经取 $t = s$)

$$\begin{cases} \dfrac{\mathrm{d}x_1}{\mathrm{d}t} = b_1(x_1, x_2, \cdots, x_n), \\ \cdots\cdots\cdots\cdots \\ \dfrac{\mathrm{d}x_n}{\mathrm{d}t} = b_n(x_1, x_2, \cdots, x_n), \\ x(0) = x_0. \end{cases} \tag{7.17}$$

利用第五章的柯西 – 利普希茨定理, 过 $n+1$ 维空间中超平面 $\Gamma = \{t = 0\} \times \mathbb{R}^n$ 上的任意一点 $(0, x_0)$, 常微分方程组 (7.17) 存在唯一解, 即唯一特征线 $x = x(t; 0, x_0)$.

令 $U(t) = u(t, x(t; 0, x_0))$, 则沿着该特征线有

$$\frac{\mathrm{d}U}{\mathrm{d}t} = \frac{\partial u}{\partial t} + \sum_{j=1}^{n} b_j(x_1, x_2, \cdots, x_n)\frac{\partial u}{\partial x_j} = f(t, x(t; 0, x_0)), \tag{7.18}$$

于是

$$U(t, x_0) = U(0) + \int_0^t f(\tau, x(\tau; 0, x_0))\mathrm{d}\tau.$$

注意到 $U(0) = g(x_0)$. 从特征线方程 $x = x(t; 0, x_0)$ 解得 $x_0 = \psi(t, x)$. 代入得

$$u(t, x) = g(\psi(t, x)) + \int_0^t f(\tau, x(\tau; 0, \psi(t, x)))\mathrm{d}\tau, \tag{7.19}$$

其中 $t \geqslant 0, x \in \mathbb{R}^n$. 这就是一阶偏微分方程柯西问题 (7.16) 的求解公式. 因此求解柯西问题 (7.16) 的具体步骤是:

- 求解常微分方程组 (7.17), 得到特征线族: $x = x(t; 0, x_0)$.
- 从特征线族 $x = x(t; 0, x_0)$ 解得 $x_0 = \psi(t, x)$, 代入公式 (7.19) 得到柯西问题 (7.16) 的解.

因此求解一阶偏微分方程柯西问题 (7.16) 转换成了求解常微分方程组 (7.17).

7.3 一阶拟线性偏微分方程

考虑如下拟线性方程 (7.3):

$$\sum_{j=1}^{n} a_j(x_1, x_2, \cdots, x_n; u)\frac{\partial u}{\partial x_j} = f(x_1, x_2, \cdots, x_n; u).$$

假设系数 $a_j(x_1, x_2, \cdots, x_n; u), j = 1, 2, \cdots, n$ 和 $f(x_1, x_2, \cdots, x_n; u)$ 在某邻域 Ω 中连续可微且不同时为零. 将方程 (7.3) 的解 $u(x) = u(x_1, x_2, \cdots, x_n)$ 看成 $n+1$ 维空间 $\{x_1, x_2, \cdots, x_n, u\}$ 中的曲面, 称为积分曲面. $\left(\dfrac{\partial u}{\partial x_1}, \dfrac{\partial u}{\partial x_2}, \cdots, \dfrac{\partial u}{\partial x_n}, -1\right)$ 表示曲面上一点 $(x_1, x_2, \cdots, x_n, u)$ 处的法线方向, 则方程 (7.3) 表示法向在该点与方向 $(a_1, a_2, \cdots, a_n, f)$

正交, 即

$$\left\langle \left(\frac{\partial u}{\partial x_1}, \frac{\partial u}{\partial x_2}, \cdots, \frac{\partial u}{\partial x_n}, -1 \right), (a_1, a_2, \cdots, a_n, f) \right\rangle = 0.$$

方向场 $(a_1, a_2, \cdots, a_n, f)$ 在 $n+1$ 维空间中形成一个向量场, 称为特征方向场. 类似方程组 (7.7), 构造如下形式的一阶常微分方程组:

$$\begin{cases} \dfrac{\mathrm{d}x_1}{\mathrm{d}s} = a_1(x_1, x_2, \cdots, x_n; u), \\ \cdots\cdots\cdots\cdots \\ \dfrac{\mathrm{d}x_n}{\mathrm{d}s} = a_n(x_1, x_2, \cdots, x_n; u), \\ \dfrac{\mathrm{d}u}{\mathrm{d}s} = f(x_1, x_2, \cdots, x_n; u), \end{cases} \tag{7.20}$$

称之为方程 (7.3) 的**特征方程**, 常微分方程组 (7.20) 的解称为**特征线**. 拟线性方程 (7.3) 的解 $u = \varphi(x_1, x_2, \cdots, x_n)$ 由特征方程 (7.20) 的解 "编织" 而成, 且只可能是这样 [2].

定理 7.1. 设 $a_j(x_1, x_2, \cdots, x_n; u), j = 1, 2, \cdots, n$ 和 $f(x_1, x_2, \cdots, x_n; u)$ 都在 $n+1$ 维空间区域 G 内连续可微, 函数

$$u = \varphi(x_1, x_2, \cdots, x_n)$$

在 n 维空间 $\{x_1, x_2, \cdots, x_n\}$ 区域 D 内连续可微, 且 $(x_1, x_2, \cdots, x_n, \varphi(x_1, x_2, \cdots, x_n)) \in G$, 则曲面

$$S_\varphi = \{(x_1, x_2, \cdots, x_n, u) \in G;\ u = \varphi(x_1, x_2, \cdots, x_n)\} \tag{7.21}$$

是方程 (7.3) 的积分曲面的充要条件是: 过曲面 S_φ 上每一点的特征线都在该曲面上.

证明: 先证充分性. 设 $(x_1^0, x_2^0, \cdots, x_n^0, u^0)$ 是曲面 (7.21) 上任意一点, 而

$$x_1 = x_1(t), x_2 = x_2(t), \cdots, x_n = x_n(t), u = u(t) \tag{7.22}$$

是方程 (7.3) 在 $t = \tau$ 时过此点的特征线, 也就是说是下列柯西问题的唯一解:

$$\begin{cases} \dfrac{\mathrm{d}x_1}{\mathrm{d}s} = a_1(x_1, x_2, \cdots, x_n; u), \\ \cdots\cdots\cdots\cdots \\ \dfrac{\mathrm{d}x_n}{\mathrm{d}s} = a_n(x_1, x_2, \cdots, x_n; u), \\ \dfrac{\mathrm{d}u}{\mathrm{d}s} = f(x_1, x_2, \cdots, x_n; u), \\ (x_1, x_2, \cdots, x_n, u)|_{s=\tau} = (x_1^0, x_2^0, \cdots, x_n^0, u^0) \in S_\varphi. \end{cases}$$

我们需要证明当 $|t - \tau| \leqslant h$ 时, 有

$$(x_1(t), x_2(t), \cdots, x_n(t), u(t)) \in S_\varphi,$$

即

$$u(t) = \varphi(x_1(t), x_2(t), \cdots, x_n(t)).$$

由方程组 (7.20) 得

$$\frac{\mathrm{d}u(t)}{\mathrm{d}t} = f(x_1(t), x_2(t), \cdots, x_n(t); u(t)),$$

$$\frac{\mathrm{d}\varphi(x_1(t), x_2(t), \cdots, x_n(t))}{\mathrm{d}t} = \sum_{j=1}^{n} \frac{\partial \varphi}{\partial x_j}(x_1(t), x_2(t), \cdots, x_n(t)) \frac{\mathrm{d}x_j(t)}{\mathrm{d}t}$$

$$= \sum_{i=1}^{n} a_i(x_1(t), x_2(t), \cdots, x_n(t); u(t)) \frac{\partial \varphi}{\partial x_i}(x_1(t), x_2(t), \cdots, x_n(t)).$$

特别地, 当 $t = \tau$ 时有

$$\sum_{j=1}^{n} a_j(x_1^0, x_2^0, \cdots, x_n^0; u^0) \frac{\partial \varphi}{\partial x_j}(x_1^0, x_2^0, \cdots, x_n^0) = f(x_1^0, x_2^0, \cdots, x_n^0; u^0).$$

因此当 $|t - \tau| \leqslant h$ 时有

$$\sum_{j=1}^{n} a_j(x_1(t), x_2(t), \cdots, x_n(t); u(t)) \frac{\partial \varphi}{\partial x_j}(x_1(t), x_2(t), \cdots, x_n(t))$$

$$= f(x_1(t), x_2(t), \cdots, x_n(t); u(t)).$$

这就证明了当 $|t - \tau| \leqslant h$ 时有

$$u(t) = \varphi(x_1(t), x_2(t), \cdots, x_n(t)).$$

再证必要性. 设 (7.21) 是方程 (7.3) 的积分曲面, $(x_1^0, x_2^0, \cdots, x_n^0, u^0)$ 是其上的任意一点, 而 (7.22) 是方程 (7.3) 在 $t = \tau$ 时过此点的特征线, 其中变量 t 满足 $|t - \tau| \leqslant h$. 对于给定的函数组

$$x_1 = \varphi_1(x), x_2 = \varphi_2(x), \cdots, x_n = \varphi_n(x), u = \psi(t), \tag{7.23}$$

其中 $x_1 = \varphi_1(x), x_2 = \varphi_2(x), \cdots, x_n = \varphi_n(x)$ 是方程 (7.3) 在 $t = \tau$ 时过点 $(x_1^0, x_2^0, \cdots, x_n^0)$, 相应于给定函数 (7.21) 的特征, 即

$$\frac{\mathrm{d}x_1}{\mathrm{d}t} = a_1(x_1, x_2, \cdots, x_n; \varphi(x_1, x_2, \cdots, x_n)),$$

$$\cdots\cdots\cdots\cdots$$

$$\frac{\mathrm{d}x_n}{\mathrm{d}t} = a_n(x_1, x_2, \cdots, x_n; \varphi(x_1, x_2, \cdots, x_n)),$$

满足初值条件

$$x_1(\tau) = x_1^0, x_2(\tau) = x_2^0, \cdots, x_n(\tau) = x_n^0$$

的解. 不妨设 $|t - \tau| \leqslant h$. 由于 $\psi(t) = \varphi(\varphi_1(t), \varphi_2(t), \cdots, \varphi_n(t))$, 则

$$(\varphi_1(t), \varphi_2(t), \cdots, \varphi_n(t), \psi(t)) \in G,$$

只要 h 适当小. 从而有,

$$\frac{\mathrm{d}\psi}{\mathrm{d}t} = \sum_{i=1}^{n} a_i(\varphi_1(t), \varphi_2(t), \cdots, \varphi_n(t); \psi(t)) \frac{\partial \varphi}{\partial x_i}(\varphi_1(t), \varphi_2(t), \cdots, \varphi_n(t))$$

$$= f(\varphi_1(t), \varphi_2(t), \cdots, \varphi_n(t); \psi(t)).$$

这说明 ψ 也是特征方程组 (7.20) 的解, 并且在 $t = \tau$ 时也经过此点 $(x_1^0, x_2^0, \cdots, x_n^0, u^0)$. 根据方程组 (7.20) 初值问题解的唯一性, 有

$$x_1(t) = \varphi_1(t), x_2(t) = \varphi_2(t), \cdots, x_n(t) = \varphi_n(t), u(t) = \psi(t).$$

由此及方程 (7.3), 得到

$$u(t) = \varphi(x_1(t), x_2(t), \cdots, x_n(t)), \quad |t - \tau| \leqslant h.$$

这就证明了特征线 (7.22) 在积分曲面上.

从证明过程看, 关于特征方程组 (7.20) 的讨论, 对研究拟线性偏微分方程具有重要的理论意义. 那么如何求解方程 (7.3)? 这通常需要附加定解条件. 以下研究附加初值条件的柯西问题. 不失一般性, 先讨论具有两个自变量的一阶拟线性偏微分方程

$$a(x, y, u)u_x + b(x, y, u)u_y = c(x, y, u), \tag{7.24}$$

这里 a, b, c 是 x, y, u 的已知函数, 其一阶偏导数连续且满足 $a^2 + b^2 \neq 0$.

柯西问题: 在 $\mathbb{R}^3_{x,y,u}$ 空间中给定一条曲线 $C: x = x(t), y = y(t), u = u(t)$, 要寻求方程 (7.24) 过曲线 C 的积分曲面, 这里假设函数 $x(t), y(t), u(t)$ 均有一阶连续偏导数且 $x_t^2 + y_t^2 \neq 0$.

通过曲线 C 上每一点作一条特征线,

$$\begin{cases} \dfrac{\mathrm{d}x}{\mathrm{d}s} = a(x, y, u), \\[2mm] \dfrac{\mathrm{d}y}{\mathrm{d}s} = b(x, y, u), \\[2mm] \dfrac{\mathrm{d}u}{\mathrm{d}s} = c(x, y, u), \\[2mm] (x, y, u)|_{s=0} = (x(t), y(t), u(t)) \in C. \end{cases}$$

从而得到单参数的特征线族

$$x = x(s, t), y = y(s, t), u = u(s, t) \tag{7.25}$$

在 $s = 0$ 时与 C 上的点重合. 根据微分方程组解对初值的连续依赖性, 知 (7.25) 式中的

函数关于 s,t 都是连续可导的. 当沿着曲线 C 的雅可比 (Jacobi) 行列式

$$\Delta = \frac{\partial(x,y)}{\partial(s,t)} = \begin{vmatrix} \dfrac{\partial x}{\partial s} & \dfrac{\partial y}{\partial s} \\ \dfrac{\partial x}{\partial t} & \dfrac{\partial y}{\partial t} \end{vmatrix} = ay_t - bx_t \neq 0,$$

则 (7.25) 式的前两个函数可以反解, 将 s,t 用 x,y 表示, 于是 u 可以写成 x,y 的函数, 也就是说这族特征线织成了一个曲面 (图 7.4). 这个行列式不为零的几何意义是表示曲线 C 的切线方向与特征线方向在 (x,y) 平面上投影的夹角不为零.

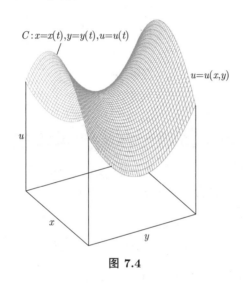

图 7.4

实际上, $u = u(x,y)$ 就是方程 (7.24) 的积分曲面, 且过曲线 C, 从而得到柯西问题解的存在性. 过曲线 C 的积分曲面包含过 C 上各点的特征线, 而特征方程在给定初值条件下的解是唯一的, 所以过曲线 C 的这个积分曲面也是唯一的.

如果在曲线 C 上 $\Delta = 0$ 处处成立, 则柯西问题可能无解, 也可能有无穷多个解, 称为奇异解. 在有解的情形下, 由于

$$\frac{x_t}{y_t} = \frac{a}{b},$$

故可以重新选择参数 (仍然记为 t), 使得 $x_t = a, y_t = b$. 于是

$$u_t = u_x x_t + u_y y_t = au_x + bu_y = c,$$

则曲线 C 本身就是特征线. 此时, 过 C 上任意一点作曲线 D, 使得沿 D 的雅可比行列式不为零. 按照前面的讨论, 知道存在一个过 D 的积分曲面 (图 7.5). 当然, 这曲面也包含 C, 从而是柯西问题的解.

由于曲线 D 的作法是任意的, 因此过曲线 C 的积分曲面就有无穷多个, 这些曲面均相交于特征线 C, 以 C 作为其 "分支曲线". 这样的分析实际上可推广至 n 个自变量的情形, 前面所述的曲线 C 替换成 $n-1$ 维流形 C (即具有 $n-1$ 个参变量的函数在 $\mathbb{R}^{n+1}$ 所

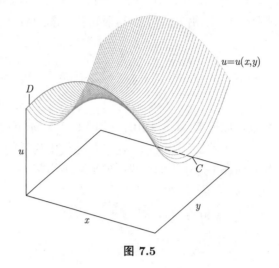

图 7.5

表示的点集):

$$x_i = x_i(t_1, t_2, \cdots, t_{n-1}), \ u = u(t_1, t_2, \cdots, t_{n-1}), \ i = 1, 2, \cdots, n. \tag{7.26}$$

假定这些函数有一阶连续偏导数, 且矩阵 $(\partial x_i/\partial t_j)$ 的秩为 $n-1$. 柯西问题就是寻找过 C 的 $n+1$ 维空间中的积分曲面 $u = u(x_1, x_2, \cdots, x_n)$.

过 C 上的点, 作特征线

$$x_i = x_i(s, t_1, t_2, \cdots, t_{n-1}), \ u = u(s, t_1, t_2, \cdots, t_{n-1}), \quad i = 1, 2, \cdots, n,$$

使得 $s = 0$ 时与 C 上的点重合. 考察雅可比行列式

$$\Delta = \frac{\partial(x_1, x_2, \cdots, x_n)}{\partial(s, t_1, t_2, \cdots, t_{n-1})} = \begin{vmatrix} a_1 & a_2 & \cdots & a_n \\ \dfrac{\partial x_1}{\partial t_1} & \dfrac{\partial x_2}{\partial t_2} & \cdots & \dfrac{\partial x_n}{\partial t_1} \\ \vdots & \vdots & & \vdots \\ \dfrac{\partial x_1}{\partial t_{n-1}} & \dfrac{\partial x_2}{\partial t_{n-1}} & \cdots & \dfrac{\partial x_n}{\partial t_{n-1}} \end{vmatrix}.$$

如果在 C 上 $\Delta \neq 0$, 则参变量 $s, t_1, t_2, \cdots, t_{n-1}$ 可以用 $x_1, x_2, \cdots, x_n$ 表示, 从而得到 $u = u(x_1, x_2, \cdots, x_n)$, 即是方程 (7.3) 的积分曲面, 且包含流形 C. 由于特征方程组 (7.20) 的解是唯一的, 从而得到柯西问题的解也是唯一的.

这里在 C 上 $\Delta \neq 0$ 这个条件是关键的, 称为特征条件, 它在几何上表示特征线与流形 C 横截. 如果没有这种横截性, 一般来说特征线不能织成积分曲面. 若进一步分析 $\Delta = 0$ 的情形, 需引入 $n-1$ 维特征流形的概念. 这里不再详细介绍, 感兴趣的读者可参考 [9].

例 7.4. 求解下列柯西问题:

$$\begin{cases} \dfrac{\partial u}{\partial t} + x\dfrac{\partial u}{\partial x} = u^2, \\[2mm] u|_{t=0} = f(x). \end{cases} \tag{7.27}$$

解: 引入参变量 v, 将初始曲线 C 化成参数形式: $t=0, x=v, u=f(v)$. 柯西问题 (7.27) 的特征方程组为

$$\begin{cases} \dfrac{\mathrm{d}t}{\mathrm{d}s} = 1, \\[2mm] \dfrac{\mathrm{d}x}{\mathrm{d}s} = x, \\[2mm] \dfrac{\mathrm{d}u}{\mathrm{d}s} = u^2. \end{cases} \tag{7.28}$$

其通解为

$$t = t_0 + s, \quad x = x_0\mathrm{e}^s, \quad u = \frac{1}{u_0 - s}.$$

因此, 过 C 的特征曲线族为

$$t = s, \quad x = v\mathrm{e}^s, \quad u = \frac{f(v)}{1 - sf(v)}.$$

沿着 $C(s=0)$, 特征条件

$$\Delta = \frac{\partial(t,x)}{\partial(s,v)} = \begin{vmatrix} \dfrac{\partial t}{\partial s} & \dfrac{\partial x}{\partial s} \\[2mm] \dfrac{\partial t}{\partial v} & \dfrac{\partial x}{\partial v} \end{vmatrix} = \begin{vmatrix} 1 & v\mathrm{e}^s \\ 0 & \mathrm{e}^s \end{vmatrix} = \mathrm{e}^s$$

不为零, 因此柯西问题存在唯一的积分曲面. 通过消去 s, v 得柯西问题 (7.27) 的解

$$u(t,x) = \frac{f(x\mathrm{e}^{-t})}{1 - tf(x\mathrm{e}^{-t})}.$$

7.4 伯格斯方程

伯格斯方程是模拟激波传播和反射的非线性偏微分方程, 是流体力学、非线性声学和气体动力学中的基本方程. 本节仅关注无黏性的情形, 方程形式为

$$\frac{\partial u}{\partial t} + u\frac{\partial u}{\partial x} = 0, \tag{7.29}$$

这里 $u = u(t,x)$ 是未知函数, 其中自变量满足 $t \geqslant 0, x \in \mathbb{R}$. 显然, 伯格斯方程是一阶拟线性偏微分方程.

线性伯格斯方程

考虑线性伯格斯方程的柯西问题

$$\begin{cases} \dfrac{\partial u}{\partial t} + a(t,x)\dfrac{\partial u}{\partial x} = 0, \\ u|_{t=0} = u_0(x), \end{cases} \tag{7.30}$$

其中 $u = u(t,x)$ 是定义在 $[0,+\infty[\times\mathbb{R}$ 上的未知函数，$a(t,x)$ 是一个给定的连续可微函数.

线性伯格斯方程的特征方程如下：

$$\begin{cases} \dfrac{\mathrm{d}x}{\mathrm{d}t} = a(t,x(t)), \\ x(t_0) = x_0. \end{cases} \tag{7.31}$$

由柯西–利普希茨定理 (定理 5.1)，过 (t,x) 平面上任意一点 (t_0,x_0) 有且只有一条特征线，特征线之间不会相交.

特别地，如果 $a(t,x(t)) = a$ 为常数，特征线就变成直线. 按照前面特征线求解的方法，不难得到柯西问题 (7.30) 的解 $u(t,x) = u_0(x-at)$，这是一个传播速度为 a 的右行波.

非线性伯格斯方程

对于非线性伯格斯方程，即使初始值光滑，经典解在有限时间内可能会爆破. 记 $C^1([0,+\infty[\times\mathbb{R})$ 是定义在平面 $[0,+\infty[\times\mathbb{R}$ 上连续可微函数的全体. 下面考虑非线性伯格斯方程的柯西问题：

$$\begin{cases} \dfrac{\partial u}{\partial t} + u\dfrac{\partial u}{\partial x} = 0, \\ u|_{t=0} = u_0(x), \end{cases} \tag{7.32}$$

这里 $u = u(t,x)$ 是未知函数，其中自变量满足 $t \geqslant 0, x \in \mathbb{R}$.

利用特征线法研究柯西问题 (7.32) 经典解的爆破问题，首先证明如下定理 [12].

定理 7.2. 如果 $u(t,x)$ 是柯西问题 (7.32) 的整体经典解 (即 $u \in C^1([0,+\infty[\times\mathbb{R})$)，对任意的 $x_1,x_2 \in \mathbb{R}$ 满足 $x_1 < x_2$，则对任意的时刻 $t \geqslant 0$，成立 $u(t,x_1) \leqslant u(t,x_2)$.

证明: 特征方程为

$$\begin{cases} \dfrac{\mathrm{d}x}{\mathrm{d}t} = u(t,x(t)), \\ x(t_0) = x_0. \end{cases} \tag{7.33}$$

既然 $u \in C^1([0,+\infty[\times\mathbb{R})$，对任意一点 (t_0,x_0)，存在唯一的特征线 $x(t)$. 沿着特征线，有

$$\frac{\mathrm{d}}{\mathrm{d}t}u(t,x(t)) = \frac{\partial u}{\partial t} + \frac{\partial u}{\partial x}\frac{\mathrm{d}x}{\mathrm{d}t} = \frac{\partial u}{\partial t} + u\frac{\partial u}{\partial x} = 0. \tag{7.34}$$

这说明沿着特征线 u 是一个定值，从而根据方程 (7.33) 知特征线的斜率 $1/u$ 是常数，也就是说特征线是直线，其方程为 (特别地，取 $t_0 = 0$)

$$x(t) = u(0, x(0))t + x(0) = u_0(x_0)t + x_0, \tag{7.35}$$

这里 x_0 表示在 x 轴上的截距, 因此结论成立. 倘若不然, 存在某个时间 t_0, 不失一般性, 令 $t_0 = 0$, 有 $u_0(x_1) > u_0(x_2)$, 则过点 $(0, x_1)$ 和 $(0, x_2)$ 的两条特征线在某时刻相交, 这与 $u \in C^1([0, +\infty[\times\mathbb{R})$ 产生矛盾.

因此, 我们得到定理 7.2 的一个直接推论: 如果初始值函数 u_0 关于 $x \in \mathbb{R}$ 单调递增, 则对应于过 x 轴上点的特征线族是发散的, 在上半平面不同的特征线不相交, 这意味着方程存在关于时间的全局经典解. 否则, 如果 $\inf_{x\in\mathbb{R}} u_0' < 0$, 则特征线会出现相交, 于是柯西问题 (7.32) 不存在关于时间的全局经典解, 即使初值 $u_0(x)$ 关于 x 是 C^1 的. 进一步, 我们给出经典解最大存在时间的刻画.

推论 7.1. 如果 $\inf_{x\in\mathbb{R}} u_0' < 0$, 则柯西问题 (7.32) 的经典解的最大存在时间 $T^* = -1/\inf_{x\in\mathbb{R}} u_0'$.

证明: 若 $\inf_{x\in\mathbb{R}} u_0' < 0$, 则存在 $\bar{x} \in \mathbb{R}$, 使得 $u_0'(\bar{x}) < 0$. 从而存在 $x_1 < x_2$, 不妨设 $u_0(x_1) > u_0(x_2)$, 则两条特征线 $x(t) = u_0(x_1)t + x_1$ 和 $x(t) = u_0(x_2)t + x_2$ 出现相交, 即

$$u_0(x_1)t + x_1 = x(t) = u_0(x_2)t + x_2.$$

它们相交的时刻

$$t = -\frac{x_2 - x_1}{u_0(x_2) - u_0(x_1)}.$$

因此, 有

$$T^* = \inf_{x_1, x_2 \in \mathbb{R}} \left(-\frac{x_2 - x_1}{u_0(x_2) - u_0(x_1)} \right) = -\frac{1}{\displaystyle\inf_{x_1, x_2 \in \mathbb{R}} \left(\frac{u_0(x_2) - u_0(x_1)}{x_2 - x_1} \right)}$$

$$= -\frac{1}{\displaystyle\inf_{x_1, x_2 \in \mathbb{R}} \left(\frac{1}{x_2 - x_1} \int_{x_1}^{x_2} u_0'(x)\mathrm{d}x \right)} = -\frac{1}{\displaystyle\inf_{x\in\mathbb{R}} u_0'}.$$

7.5 可压缩流体欧拉方程

可压缩流体欧拉方程是对无黏性流体微团应用牛顿第二定律得到的运动微分方程, 是无黏性流体动力学中最重要的基本方程. 1755 年瑞士数学家欧拉在《流体运动的一般原理》一书中首先提出这个方程. 欧拉方程组中的各个方程分别代表了流体的质量守恒、动量守恒及能量守恒. 本节仅考虑如下包含质量守恒和动量守恒 (简化形式) 的流体欧拉方程:

$$\begin{cases} \rho_t + (\rho u)_x = 0, \\ (\rho u)_t + (\rho u^2 + P)_x = 0, \end{cases} \tag{7.36}$$

其中压强 P 是一个关于密度的函数. 如果模型刻画多方气流, 则 $P = A\rho^\gamma$, 其中 $A > 0$ 是一个常数, $\gamma > 1$ 表示等熵气体以及 $\gamma = 1$ 表示等热气体.

线性欧拉方程

首先研究非线性方程组 (7.36) 在常数状态 $(\rho_\infty, 0)$ $(\rho_\infty > 0)$ 附近的扰动, 由此得到如下线性化欧拉方程:

$$\begin{cases} \rho_t + au_x = 0, \\ u_t + a\rho_x = 0, \end{cases} \tag{7.37}$$

这里 $a = \sqrt{\gamma A \rho_\infty^{\gamma-1}} > 0$ 表示流体的音速. 给定初值条件

$$(\rho, u)|_{t=0} = (\rho_0, u_0). \tag{7.38}$$

利用特征线法, 求解柯西问题 (7.37)—(7.38).

定理 7.3. 对任意的 $t \geqslant 0, x \in \mathbb{R}$, 柯西问题 (7.37)—(7.38) 的解具有如下的行波形式:

$$\begin{cases} \rho(t,x) = \dfrac{1}{2}(\rho_0^+ + u_0^-), \\ u(t,x) = \dfrac{1}{2}(\rho_0^- + u_0^+), \end{cases} \tag{7.39}$$

其中

$$f^+ = f(x-at) + f(x+at), \quad f^- = f(x-at) - f(x+at).$$

证明: 令

$$U = \begin{pmatrix} \rho \\ u \end{pmatrix}, \quad B = \begin{pmatrix} 0 & a \\ a & 0 \end{pmatrix}.$$

方程组 (7.37) 写成向量的形式

$$U_t + BU_x = 0. \tag{7.40}$$

注意到 B 是一个实对称矩阵, 而且有两个不同的特征值 $\lambda = \pm a$, 因此可以对它进行对角化. 通过简单的矩阵运算, 发现

$$A^{-1}BA = \begin{pmatrix} a & 0 \\ 0 & -a \end{pmatrix},$$

其中

$$A = \begin{pmatrix} 1 & 1 \\ 1 & -1 \end{pmatrix}, \quad A^{-1} = \begin{pmatrix} \dfrac{1}{2} & \dfrac{1}{2} \\ \dfrac{1}{2} & -\dfrac{1}{2} \end{pmatrix}.$$

定义新的变量 $W = A^{-1}U$, 即 $U = AW$. 将其代入方程组 (7.40), 并将结果方程两边同时左乘 A^{-1}, 得到

$$W_t + \begin{pmatrix} a & 0 \\ 0 & -a \end{pmatrix} W_x = 0. \tag{7.41}$$

从而可以将方程组 (7.41) 解耦成两个独立的伯格斯方程:

$$\begin{cases} \dfrac{\partial W_1}{\partial t} + a\dfrac{\partial W_1}{\partial x} = 0, \\[2mm] \dfrac{\partial W_2}{\partial t} - a\dfrac{\partial W_2}{\partial x} = 0, \end{cases} \tag{7.42}$$

这里 $W = (W_1, W_2)^{\mathrm{T}}$. 利用特征线法求得右行波 $W_1 = W_{10}(x - at)$ 和左行波 $W_2 = W_{20}(x + at)$, 其中 $W_{10} = \frac{1}{2}(\rho_0 + u_0)$, $W_{20} = \frac{1}{2}(\rho_0 - u_0)$. 从而根据 $U = AW$, 有

$$U = \begin{pmatrix} W_1 + W_2 \\ W_1 - W_2 \end{pmatrix} = \begin{pmatrix} W_{10}(x - at) + W_{20}(x + at) \\ W_{10}(x - at) - W_{20}(x + at) \end{pmatrix}. \tag{7.43}$$

这就得到 (7.39) 式.

以上的特征线求解方法有时也称为 "行波法", 实际上, 它不仅可以用来求解包含能量方程的非等熵欧拉方程, 而且也适用于更一般的线性双曲型方程组的求解. 例如,

$$U_t + BU_x = 0,$$

其中 $U = (u_1, u_2, \cdots, u_n)^{\mathrm{T}}$, 系数矩阵 B 有 n 个实特征值满足 $\lambda_1 < \lambda_2 < \cdots < \lambda_n$ 或者允许有重根但必须有 n 个线性无关的特征向量 (确保 B 可对角化).

记对角矩阵 Λ 由 B 的特征值组成, 而 K 由 B 相应的特征向量组成, 即

$$\Lambda = \begin{pmatrix} \lambda_1 & & & \\ & \lambda_2 & & \\ & & \ddots & \\ & & & \lambda_n \end{pmatrix}, \quad K = (K^1, K^2, \cdots, K^n),$$

其中 $BK^i = \lambda_i K^i$. 类似于 (7.41) 式, 定义新的变量 $W = K^{-1}U$, 即 $U = KW$. 代入方程后, 可得到解耦方程组

$$W_t + \Lambda W_x = 0,$$

将其展开为具体形式

$$\begin{pmatrix} w_1 \\ w_2 \\ \vdots \\ w_n \end{pmatrix}_t + \begin{pmatrix} \lambda_1 & & & \\ & \lambda_2 & & \\ & & \ddots & \\ & & & \lambda_n \end{pmatrix} \begin{pmatrix} w_1 \\ w_2 \\ \vdots \\ w_n \end{pmatrix}_x = 0.$$

显然, 这是由 n 个独立的线性伯格斯方程构成的方程组, 最后利用特征线法求出方程组的解.

非线性欧拉方程

考虑一维等熵欧拉方程的柯西问题:

$$\begin{cases} \rho_t + (\rho u)_x = 0, \\ (\rho u)_t + (\rho u^2 + P(\rho))_x = 0, \\ (\rho, u)|_{t=0} = (\rho_0, u_0), \end{cases} \tag{7.44}$$

这里 $(t,x) \in [0,+\infty[\times\mathbb{R}$, 其中 $\rho = \rho(t,x), u = u(t,x)$ 是未知函数, 分别表示流体的密度和速度. 压强 P 满足 $P = A\rho^\gamma$ (常数 $A > 0, \gamma > 1$).

令 $c = \sqrt{P'(\rho)} = (A\gamma\rho^{\gamma-1})^{1/2}$ 表示流体的音速. 关于等熵流体, 引入两个黎曼 (Riemann) 不变量

$$r = u + \frac{2c}{\gamma-1}, \quad s = -u + \frac{2c}{\gamma-1},$$

于是有如下结论.

引理 7.1. 等熵流动沿着特征线, 黎曼不变量保持不变.

证明: 等熵欧拉方程也写成密度和速度变量的形式:

$$\begin{cases} \rho_t + u\rho_x + \rho u_x = 0, \\ u_t + uu_x + \dfrac{c^2}{\rho}\rho_x = 0. \end{cases} \tag{7.45}$$

关于密度, 引入新变量 $\varrho = \dfrac{2c}{\gamma-1}$, 则 (7.45) 变成

$$\begin{cases} \varrho_t + u\varrho_x + \dfrac{\gamma-1}{2}\varrho u_x = 0, \\ u_t + uu_x + \dfrac{\gamma-1}{2}\varrho\varrho_x = 0. \end{cases} \tag{7.46}$$

令

$$U = \begin{pmatrix} \varrho \\ u \end{pmatrix}, \quad B = \begin{pmatrix} u & \dfrac{\gamma-1}{2}\varrho \\ \dfrac{\gamma-1}{2}\varrho & u \end{pmatrix}.$$

于是, 有

$$U_t + BU_x = 0. \tag{7.47}$$

显然, 矩阵 B 是实对称的. 容易计算, B 有两个不同的特征值 $\lambda = u \pm \dfrac{\gamma-1}{2}\varrho$, 而且

$$A^{-1}BA = \begin{pmatrix} u + \dfrac{\gamma-1}{2}\varrho & 0 \\ 0 & u - \dfrac{\gamma-1}{2}\varrho \end{pmatrix},$$

其中

$$A = \begin{pmatrix} 1 & 1 \\ 1 & -1 \end{pmatrix}, \quad A^{-1} = \begin{pmatrix} \dfrac{1}{2} & \dfrac{1}{2} \\ \dfrac{1}{2} & -\dfrac{1}{2} \end{pmatrix}.$$

定义 $W = A^{-1}U$, 即 $U = AW$. 将其代入方程组 (7.47), 并将结果方程两边同时左乘 A^{-1}, 得到

$$W_t + \begin{pmatrix} u + \dfrac{\gamma-1}{2}\varrho & 0 \\ 0 & u - \dfrac{\gamma-1}{2}\varrho \end{pmatrix} W_x = 0. \tag{7.48}$$

因此,

$$\begin{cases} \dfrac{\partial W_1}{\partial t} + \left(u + \dfrac{\gamma-1}{2}\varrho \right) \dfrac{\partial W_1}{\partial x} = 0, \\ \dfrac{\partial W_2}{\partial t} + \left(u - \dfrac{\gamma-1}{2}\varrho \right) \dfrac{\partial W_2}{\partial x} = 0, \end{cases} \tag{7.49}$$

其中 $W = (W_1, W_2)^{\mathrm{T}}$. 上述方程组表明: 沿着特征 $\dfrac{\mathrm{d}x}{\mathrm{d}t} = u + \dfrac{\gamma-1}{2}\varrho$, 有 $\dfrac{\mathrm{d}W_1}{\mathrm{d}t} = 0$; 沿着特征 $\dfrac{\mathrm{d}x}{\mathrm{d}t} = u - \dfrac{\gamma-1}{2}\varrho$, 有 $\dfrac{\mathrm{d}W_2}{\mathrm{d}t} = 0$. 根据 $W = A^{-1}U$, 即推得黎曼不变量 r, s 分别沿着特征线 $\dfrac{\mathrm{d}x}{\mathrm{d}t} = u + \dfrac{\gamma-1}{2}\varrho$ 和 $\dfrac{\mathrm{d}x}{\mathrm{d}t} = u - \dfrac{\gamma-1}{2}\varrho$ 保持不变.

考虑参考文献 [13] 的例子:

引理 7.2. 设 $z = z(t)$ 是如下里卡蒂方程柯西问题的解:

$$\begin{cases} \dfrac{\mathrm{d}z}{\mathrm{d}t} = \iota a(t)z^2, \\ z(0) = m, \end{cases} \tag{7.50}$$

这里 $t \in (0, T)$. 假设函数 $a(t)$ 有正下界, 即存在正数 A, 使得

$$0 < A \leqslant a(t), \quad 0 \leqslant t \leqslant T,$$

以及

$$\begin{cases} m > 0, & \iota = 1; \\ m < 0, & \iota = -1; \end{cases}$$

则 $T < (|m|A)^{-1}$.

定理 7.4. 假设初值 $\rho_0 > 0$, $\rho_0, u_0 \in C^1(\mathbb{R})$ 且一致有上界. 如果有一个黎曼不变量初始值在 $\mathbb{R}$ 上不是单调递增函数, 那么柯西问题 (7.44) 的经典解在有限时间内爆破.

证明: 根据引理 7.1, 黎曼不变量 $r = u + \varrho$ 和 $s = -u + \varrho$ 分别沿着特征线 $\dfrac{\mathrm{d}x}{\mathrm{d}t} = u + \dfrac{\gamma-1}{2}\varrho$ 和 $\dfrac{\mathrm{d}x}{\mathrm{d}t} = u - \dfrac{\gamma-1}{2}\varrho$ 保持不变. 引入两个导数记号:

$$' = \frac{\partial}{\partial t} + \lambda \left(\frac{\partial}{\partial x} \right), \quad ` = \frac{\partial}{\partial t} + \mu \left(\frac{\partial}{\partial x} \right),$$

其中 $\lambda = u + \frac{\gamma - 1}{2} \varrho, \mu = u - \frac{\gamma - 1}{2} \varrho$. 因此, $r' = 0, s` = 0$.

不妨假设 $r_x(\bar{x}, 0) < 0, \bar{x} \in \mathbb{R}$. 黎曼不变量方程 $r' = 0$ 关于 x 变量求导得

$$r_{tx} + \lambda r_{xx} + \lambda_r r_x^2 + \lambda_s s_x r_x = 0. \tag{7.51}$$

易知 $s` = s' - (\lambda - \mu) s_x$, 则 $s_x = \frac{s'}{\lambda - \mu}$. 简洁起见, 记 $w = r_x$. 于是方程 (7.51) 变为

$$w' + \lambda_r w^2 + \frac{\lambda_s}{\lambda - \mu} s' w = 0. \tag{7.52}$$

引入函数 $h = h(r, s)$ 使得满足 $h_s = \frac{\lambda_s}{\lambda - \mu}$. 利用 $r' = 0$, 有

$$h' = h_r r' + h_s s' = \frac{\lambda_s}{\lambda - \mu} s'.$$

从而 (7.52) 简化为

$$w' + \lambda_r w^2 + h' w = 0. \tag{7.53}$$

定义新变量 $W = e^h w$. 则方程 (7.53) 可转化成里卡蒂方程:

$$W' = a W^2, \tag{7.54}$$

其中 $a = -e^{-h} \lambda_r$. 按照黎曼不变量的形式, 有 $\varrho = \frac{r + s}{2}$ 和 $u = \frac{r - s}{2}$, 从而 $\lambda = \frac{r - s}{2} + \frac{\gamma - 1}{2} \frac{r + s}{2}$, 这表明 $\lambda_r > 0$. 由于 u_0 和 ρ_0 一致有上界, 黎曼不变量初值也一致有上界, 因此函数 a 一致有下界. 另外, 由 $r_x(\bar{x}, 0) < 0$, 推得 $W(\bar{x}, 0) < 0$. 因此, 根据引理 7.2, 有 $W \to -\infty$.

推论 7.2. 从定理 7.4 的证明过程看, 一维等熵欧拉方程组经典解爆破的准则是黎曼不变量的导数沿着特征线趋向无穷大.

7.6 小结和评注

第七章小结

　　本章引入一阶偏微分方程的基本概念, 侧重运用特征线法, 用常微分方程的观点给出线性伯格斯方程和可压缩欧拉方程的求解公式, 进而研究相应非线性方程柯西问题经典解的爆破性质. 偏微分方程这门学科产生于 18 世纪, 欧拉在他的著作中最早提出了弦振动的二阶偏微分方程. 经过三百多年众多数学家的努力, 偏微分方程理论已经成为充满活力的数学分支之一, 不仅提供了有效的求解方法和重要的理论基础, 而且在数学、力学、物理学、化学、生物学以及现代科学技术的各个领域中都有广泛的应用. 对此研究领域, 有很多基础的入门书籍和文献供读者参阅.

7.7 练 习 题

1. 求解问题

$$\begin{cases} \dfrac{\partial u}{\partial t} + a\dfrac{\partial u}{\partial x} = f(t,x), \\ u|_{t=t_0} = \varphi(x), \end{cases}$$

其中 a 为常数, $f, f_x \in C([t_0, +\infty[\times\mathbb{R})$ 以及 $\varphi \in C^1(\mathbb{R})$.

2. 求解问题

$$\begin{cases} \dfrac{\partial u}{\partial t} + (x+t)\dfrac{\partial u}{\partial x} + u = x, \quad t > 0, -\infty < x < +\infty, \\ u|_{t=0} = x, \quad -\infty < x < +\infty. \end{cases}$$

3. 求解问题

$$\begin{cases} \dfrac{\partial u}{\partial t} + 3\dfrac{\partial u}{\partial x} = x+t, \quad t > 0, -\infty < x < +\infty, \\ u|_{t=0} = x^2, \quad -\infty < x < +\infty. \end{cases}$$

4. 求解问题

$$\begin{cases} \dfrac{\partial u}{\partial t} + (x\cos t)\dfrac{\partial u}{\partial x} = 0, \quad t > 0, -\infty < x < +\infty, \\ u|_{t=0} = \dfrac{1}{1+x^2}, \quad -\infty < x < +\infty. \end{cases}$$

5. 求解问题

$$\begin{cases} x\dfrac{\partial u}{\partial t} - t\dfrac{\partial u}{\partial x} = u, \quad t > 0, x > 0, \\ u|_{t=0} = g(x), \quad x > 0, \end{cases}$$

其中 $g(x) \in C^1(]0, +\infty[)$.

6. 求解动力学方程的柯西问题

$$\begin{cases} \dfrac{\partial u}{\partial t} + \displaystyle\sum_{j=1}^{n} y_j \dfrac{\partial u}{\partial x_j} = f(t, x_1, x_2, \cdots, x_n, y_1, y_2, \cdots, y_n), \\ u|_{t=0} = g(x_1, x_2, \cdots, x_n, y_1, y_2, \cdots, y_n), \end{cases}$$

这里 $u(t, x_1, x_2, \cdots, x_n, y_1, y_2, \cdots, y_n)$ 是定义在 $\mathbb{R}_t \times \mathbb{R}_x^n \times \mathbb{R}_y^n$ 上的函数, 其中 $f, f_x \in C([0, +\infty[\times\mathbb{R}^n \times \mathbb{R}^n)$ 以及 $g \in C^1(\mathbb{R}^n \times \mathbb{R}^n)$.

7. 求解拟线性方程柯西问题

$$\begin{cases} \dfrac{\partial u}{\partial t} - u\dfrac{\partial u}{\partial x} = -2u, \\ u|_{t=0} = f(x), \end{cases}$$

其中 $f \in C^1(\mathbb{R})$.

7.7 练习题
部分参考答案

8. 求解下列非等熵线性欧拉方程组的柯西问题:

$$\begin{cases} \dfrac{\partial \rho}{\partial t} + \dfrac{\partial u}{\partial x} = 0, \\[2mm] \dfrac{\partial u}{\partial t} + \dfrac{\partial \rho}{\partial x} + \dfrac{\partial \theta}{\partial x} = 0, \\[2mm] \dfrac{\partial \theta}{\partial t} + \dfrac{\partial u}{\partial x} = 0, \\[2mm] (\rho, u, \theta)|_{t=0} = (\rho_0, u_0, \theta_0), \end{cases}$$

这里 $(t,x) \in [0,+\infty[\times \mathbb{R}$, 其中 $\rho = \rho(t,x), u = u(t,x), \theta = \theta(t,x)$ 是未知函数, 分别表示流体的密度、速度和温度.

作 业 七

利用特征线法研究一维非等熵可压缩欧拉方程组

$$\begin{cases} \dfrac{\partial \rho}{\partial t} + \dfrac{\partial (\rho u)}{\partial x} = 0, \\[2mm] \dfrac{\partial (\rho u)}{\partial t} + \dfrac{\partial (\rho u^2 + P)}{\partial x} = 0, \\[2mm] \dfrac{\partial (\rho E)}{\partial t} + \dfrac{\partial (\rho E + P)u}{\partial x} = 0 \end{cases} \tag{7.55}$$

柯西问题经典解的爆破性. 这里 $(t,x) \in [0,+\infty[\times \mathbb{R}$, 其中 $\rho = \rho(t,x), u = u(t,x), E = E(t,x)$ 是未知函数, 分别表示流体的密度、速度和单位体积的能量. 方程组 (7.55) 模拟理想多方气体情形, 则压强 $P = Ke^{S/c_v}\rho^\gamma$, 其中绝热指数假设满足 $1 < \gamma < 3$, S 表示熵, K 和 c_v 是一些正的物理参数, e 是单位体积的内能, 满足 $e = P/(\gamma-1)\rho$. 能量 $E = e + \dfrac{1}{2}u^2$ 和温度 $\theta = (\gamma-1)e$. 分析思路如下:

1. 将方程组 (7.55) 转换成拉格朗日坐标形式:

$$\begin{cases} \dfrac{\partial \tau}{\partial t} - \dfrac{\partial u}{\partial x} = 0, \\[2mm] \dfrac{\partial u}{\partial t} + \dfrac{\partial P}{\partial x} = 0, \\[2mm] \dfrac{\partial E}{\partial t} + \dfrac{\partial (uP)}{\partial x} = 0, \end{cases} \tag{7.56}$$

其中 $\tau = \rho^{-1}$ 表示单位体积.

2. 方程组 (7.56) 中第三个方程等价于熵守恒律方程 $S_t = 0$.

3. 关于未知变量 (S, τ), 定义两个新变量:

$$m = e^{\frac{S}{2c_v}}, \quad \eta = \int_\tau^{+\infty} \frac{c}{m}\mathrm{d}\tau = \frac{2\sqrt{K\gamma}}{\gamma - 1}\tau^{-\frac{\gamma-1}{2}},$$

这里 c 是拉格朗日音速, $c = \sqrt{-P_\tau} = \sqrt{K\gamma}\,\tau^{-\frac{\gamma+1}{2}}e^{\frac{S}{2c_v}}$, 从而方程组 (7.56) 等价于

$$\begin{cases} \dfrac{\partial \eta}{\partial t} + \dfrac{c}{m}\dfrac{\partial u}{\partial x} = 0, \\[2mm] \dfrac{\partial u}{\partial t} + mc\dfrac{\partial \eta}{\partial x} + \dfrac{2P}{m}\dfrac{\partial m}{\partial x} = 0, \\[2mm] \dfrac{\partial m}{\partial t} = 0. \end{cases} \tag{7.57}$$

4. 引入黎曼不变量

$$r = u - m\eta, \quad s = u + m\eta.$$

与等熵欧拉方程组相比, 这里 m 不再是常数. 方程组 (7.57) 的前、后特征线分别由下列方程给出:

$$\frac{\mathrm{d}x}{\mathrm{d}t} = c, \quad \frac{\mathrm{d}x}{\mathrm{d}t} = -c.$$

沿着特征线定义相应的方向导数

$$\diagup \overset{\text{def}}{=\!=} \frac{\partial}{\partial t} + c\left(\frac{\partial}{\partial x}\right), \quad \diagdown \overset{\text{def}}{=\!=} \frac{\partial}{\partial t} - c\left(\frac{\partial}{\partial x}\right).$$

计算沿着特征线黎曼不变量的变化

$$\diagup s = \frac{1}{2\gamma}\frac{cm_x}{m}(s-r), \quad \diagdown r = \frac{1}{2\gamma}\frac{cm_x}{m}(s-r).$$

5. 定义与黎曼不变量导数相关的变量:

$$y \overset{\text{def}}{=\!=} m^{-\frac{3(3-\gamma)}{2(3\gamma-1)}}\eta^{\frac{\gamma+1}{2(\gamma-1)}}\left(s_x - \frac{2}{3\gamma-1}m_x\eta\right),$$

$$q \overset{\text{def}}{=\!=} m^{-\frac{3(3-\gamma)}{2(3\gamma-1)}}\eta^{\frac{\gamma+1}{2(\gamma-1)}}\left(r_x + \frac{2}{3\gamma-1}m_x\eta\right),$$

从而推导变量 (y, q) 满足的里卡蒂方程:

$$\begin{cases} \diagup y = a_0 + b_0 y^2, \\[2mm] \diagdown q = a_0 + b_0 q^2, \end{cases} \tag{7.58}$$

其中

$$a_0 = \frac{\tilde{K}}{\gamma}\left(\frac{\gamma-1}{3\gamma-1}mm_{xx} - \frac{(3\gamma+1)(\gamma-1)}{(3\gamma-1)^2}m_x^2\right)m^{-\frac{3(3-\gamma)}{2(3\gamma-1)}}\eta^{\frac{3(\gamma+1)}{2(\gamma-1)}+1},$$

$$b_0 = -\tilde{K}\frac{\gamma+1}{2(\gamma-1)}m^{\frac{3(3-\gamma)}{2(3\gamma-1)}}\eta^{\frac{3-\gamma}{2(\gamma-1)}} < 0,$$

这里正常数 $\tilde{K}$ 依赖于 K 和 γ.

6. 根据引理 7.2, 验证

$$|y| \to +\infty \ \text{或} \ |q| \to +\infty \Leftrightarrow |u_x| \to +\infty \ \text{或} \ |\tau_x| \to +\infty.$$

作业七部分
参考答案

第八章 常微分方程数值解法

第二章通过几类简单的微分方程, 介绍了求方程解的初等解法. 然而一般来讲, 想求出一个微分方程具有初等函数形式的解是非常困难的, 甚至是不可能的. 因此, 微分方程近似解的求解是有意义的. 本章将研究微分方程近似解的数值方法: 设法将常微分方程离散化, 建立差分方程, 给出解在一些离散点上的近似值. 这样的解通常称为数值解. 利用计算机求解微分方程主要使用数值方法.

特别地, 考虑如下常微分方程的初值问题:

$$\begin{cases} \dfrac{\mathrm{d}y}{\mathrm{d}x} = f(x,y), \quad x_0 < x \leqslant X; & (8.1) \\ y(x_0) = y_0. & (8.2) \end{cases}$$

介绍基于有限差分方法的主要数值解法, 包括基本方法和基本理论. 如无特别说明, 总假设 $f(x,y)$ 满足第五章中基本定理的条件, 因此上述初值问题的解存在、唯一且连续依赖于初值条件.

8.1 欧 拉 法

数值求解常微分方程初值问题 (8.1) 和 (8.2) 的最简单的方法是欧拉法, 又称折线法. 本节首先导出欧拉法的计算格式, 即欧拉公式, 然后对其收敛性和稳定性展开讨论.

欧拉公式

推导欧拉公式的方法有很多, 在此介绍其中重要的两种: 数值积分法和泰勒级数展开法.

(1) 数值积分法. 对方程 (8.1) 两端同时在区间 $[x_n, x_{n+1}]$ 上积分, 可得

$$y(x_{n+1}) - y(x_n) = \int_{x_n}^{x_{n+1}} y'(x)\mathrm{d}x = \int_{x_n}^{x_{n+1}} f(x,y)\mathrm{d}x.$$

如图 8.1 所示, 右端项定积分表示图中曲边梯形的面积. 求其值的最直接方法是用左矩形面积来近似代替, 即用 $f(x_n, y(x_n))$ 代替区间 $[x_n, x_{n+1}]$ 上所有的 $f(x,y)$, 于是有

$$y(x_{n+1}) \approx y(x_n) + hf(x_n, y(x_n)),$$

其中 $h = x_{n+1} - x_n$ 称为积分步长. 当 $n = 0$ 时, 由于 $y(x_0) = y_0$ 已知, 上式右端可直接计算得到 $y(x_1)$ 的近似值, 记为 y_1, 即

$$y_1 = y_0 + hf(x_0, y_0).$$

当 $n = 1$ 时, 用 y_1 代替 $y(x_1)$, 可得 $y(x_2)$ 的近似值, 记为 y_2. 如此依次计算, 一般的有,

$$y_{n+1} = y_n + hf(x_n, y_n), \quad n = 0, 1, 2, \cdots. \tag{8.3}$$

这就是欧拉法的计算公式, 简称为欧拉公式.

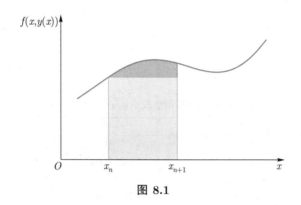

图 8.1

(2) 泰勒级数展开法. 将 $y(x_{n+1}) = y(x_n + h)$ 在 x_n 处作泰勒展开, 有

$$y(x_{n+1}) = y(x_n) + y'(x_n)h + \frac{1}{2!}y''(x_n)h^2 + \cdots.$$

当 h 充分小时, 可以舍弃 h 的高次项, 并由 $y'(x_n) = f(x_n, y(x_n))$, 可得

$$y(x_{n+1}) \approx y(x_n) + hy'(x_n) = y(x_n) + hf(x_n, y(x_n)).$$

于是类似地, 用 y_n 近似代替 $y(x_n)$, 可得 $y(x_{n+1})$ 的近似值, 记为 y_{n+1}, 即有欧拉公式 (8.3).

欧拉法有明显的几何意义, 即以折线代替积分曲线, 参见图 8.2. 故也称欧拉法为折线法. 数值计算中, 步长 h 一般取为常数.

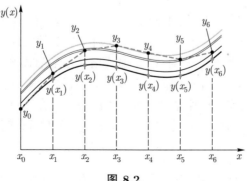

图 8.2

例 8.1. 以 $h = 0.1$ 为步长, 用欧拉法求初值问题

$$\begin{cases} \dfrac{\mathrm{d}y}{\mathrm{d}x} = \mathrm{e}^{2x} - 3y, \\ y(0) = 0 \end{cases}$$

的数值解, 并与精确解 $y(x) = \dfrac{1}{5}(\mathrm{e}^{2x} - \mathrm{e}^{-3x})$ 比较.

解: 由欧拉公式 (8.3) 有

$$\begin{cases} y_{n+1} = y_n + h(\mathrm{e}^{2x_n} - 3y_n), \quad n = 0, 1, 2, \cdots, \\ y_0 = 0. \end{cases}$$

上式以步长 $h = 0.1$ 计算的结果见表 8.1.

表 8.1　例 8.1 的精确解和步长 $h = 0.1$ 时欧拉法的数值解

x_n	$y(x_n)$	y_n	$|y(x_n) - y_n|$
0	0	0	0
0.1	0.096 117	0.100 000	$3.883\,1 \times 10^{-3}$
0.2	0.188 603	0.192 140	$3.537\,7 \times 10^{-3}$
0.3	0.283 110	0.283 681	$5.708\,3 \times 10^{-4}$
0.4	0.384 869	0.380 788	$4.081\,0 \times 10^{-3}$
0.5	0.499 030	0.489 106	$9.924\,4 \times 10^{-3}$
0.6	0.630 964	0.614 202	$1.676\,1 \times 10^{-2}$
0.7	0.786 549	0.761 953	$2.459\,5 \times 10^{-2}$
0.8	0.972 463	0.938 887	$3.357\,6 \times 10^{-2}$
0.9	1.196 488	1.152 524	$4.396\,4 \times 10^{-2}$
1.0	1.467 854	1.411 732	$5.612\,2 \times 10^{-2}$

可以看到, 使用欧拉法数值求解的计算过程非常简单, 即从 y_0 出发, 按照欧拉公式 (8.3) 依次计算出 $y_1, y_2, \cdots$. 而且无须求解任何方程, 只要将 y_n 等已知信息代入欧拉公式 (8.3) 的右端即可直接计算得到 y_{n+1}. 类似这样的计算格式称为显式格式. 相应地, 如果一个计算格式不能通过代入已知信息从公式右端直接计算出 y_{n+1}, 则称其为隐式格式.

在表 8.1 中, 我们分别列出了初值问题在 $x = x_n$ 处的精确解 $y(x_n)$ 和欧拉法求得的近似解 y_n, 以及它们的误差 $|y(x_n) - y_n|$. 然而对于更多的问题, 我们通常难以得到精确解 $y(x_n)$. 而且, 在利用计算机求解时, 不论显式格式还是隐式格式, 事实上都无法求得它们的精确解. 这是因为不论计算机能进行多少位数的运算, 其基本运算总是有限位的二进制运算, 从而对十进制的数字运算总会出现舍入误差以及在计算过程中误差的传递.

因此计算机实际输出的是欧拉公式的近似解 $\tilde{y}_n$, 而不是其精确解 y_n (对原初值问题而言是数值解). 因为

$$\tilde{y}_n - y(x_n) = (\tilde{y}_n - y_n) + (y_n - y(x_n)), \tag{8.4}$$

可以想象, 为了使计算得到的解 $\tilde{y}_n$ 是 $y(x_n)$ 的好的精确近似, 我们要求:

(1) 欧拉公式 (8.3) 的精确解 y_n 是初值问题 (8.1) 和 (8.2) 的精确解 $y(x_n)$ 的很好近似, 特别要求当步长 h 充分小时, 所得的 y_n 能足够精确地逼近精确解 $y(x_n)$. 换言之, 要求 $h \to 0$ 时, $y_n \to y(x_n)$. 这就是收敛性问题.

(2) $\tilde{y}_n$ 是 y_n 的好的近似. 由于计算过程会不断产生舍入误差, 本问题的讨论相当复杂. 为了简化讨论, 我们设想计算机对欧拉格式计算过程完全精确, 每步都没有误差. 在此假设下 $|\tilde{y}_n - y_n|$ 的值完全由 $|\tilde{y}_0 - y_0|$ 决定. 此时, 要求 $\tilde{y}_n$ 是 y_n 的好的近似相当于要求欧拉格式的解对初始值具有连续依赖性. 这种解对初始值的连续依赖性问题称为稳定性问题.

格式的收敛性、稳定性研究是微分方程数值解法最基本的理论性研究工作, 具有重要的实用意义. 既是收敛的又是稳定的格式才是实际有用的格式. 下面就欧拉法对收敛性和稳定性分别加以考察讨论.

收敛性研究

欧拉法的收敛性问题研究 $h \to 0$, $x_0 + nh \to x$ 时, $y_n \to y(x)$ 是否成立, 其中 y_n 为欧拉公式 (8.3) 在 $x = x_n$ 处的解, $y(x_n)$ 为微分方程初值问题 (8.1) 和 (8.2) 在 $x = x_n$ 处的解. 计算它们之间的差, 有

$$y(x_{n+1}) - y_{n+1} = y(x_n) + \int_{x_n}^{x_{n+1}} f(x, y(x)) \mathrm{d}x - (y_n + h f(x_n, y_n)). \tag{8.5}$$

这里的 y_{n+1} 由 y_n 利用欧拉公式计算得到. 类似地, y_n 由 y_{n-1} 利用欧拉公式算得 $\cdots\cdots y_1$ 由 y_0 利用欧拉公式算得.

称 $\varepsilon_{n+1} = y(x_{n+1}) - y_{n+1}$ 为欧拉法在 x_{n+1} 处的整体截断误差. 显然它受到 ε_n 的影响, 因此也受 $\varepsilon_{n-1}, \cdots, \varepsilon_0$ 的影响. 为了估算它, 先考虑由 $y(x_n)$ 利用欧拉公式计算出的 y_{n+1}^* 与 $y(x_{n+1})$ 之差 e_{n+1} 如下:

$$y_{n+1}^* = y(x_n) + h f(x_n, y(x_n)), \tag{8.6}$$

$$\begin{aligned} e_{n+1} &= y(x_{n+1}) - y_{n+1}^* \\ &= y(x_n) + \int_{x_n}^{x_{n+1}} f(x, y(x)) \mathrm{d}x - (y(x_n) + h f(x_n, y(x_n))) \\ &= \int_{x_n}^{x_{n+1}} f(x, y(x)) \mathrm{d}x - h f(x_n, y(x_n)). \end{aligned} \tag{8.7}$$

称 e_{n+1} 为欧拉法在 x_{n+1} 处的局部截断误差, 它是用精确解 $y(x_n)$ 代入欧拉公式得到的 y_{n+1}^* 与 $y(x_{n+1})$ 之间的差, 在误差分析中发挥了重要作用, 也常记为 R_n. 由 (8.5) 式知, 整体截断误差 ε_{n+1} 满足

$$\begin{aligned} \varepsilon_{n+1} &= y(x_n) + \int_{x_n}^{x_{n+1}} f(x, y(x)) \mathrm{d}x - (y_n + h f(x_n, y_n)) \\ &= \varepsilon_n + \int_{x_n}^{x_{n+1}} f(x, y(x)) \mathrm{d}x - h f(x_n, y(x_n)) + h f(x_n, y(x_n)) - h f(x_n, y_n) \\ &= \varepsilon_n + R_n + h(f(x_n, y(x_n)) - f(x_n, y_n)), \end{aligned}$$

若 R_n 有上界 R, 即 $|R_n| \leqslant R$, 则有

$$|\varepsilon_{n+1}| \leqslant |\varepsilon_n| + R + h|f(x_n, y(x_n)) - f(x_n, y_n)|.$$

假设 $f(x, y)$ 关于 y 满足利普希茨条件, 即存在常数 $L > 0$, 使得 $|f(x, \bar{y}) - f(x, \tilde{y})| \leqslant L|\bar{y} - \tilde{y}|$ 对任意的 $\bar{y}$ 和 $\tilde{y}$ 都成立, 于是有

$$\begin{aligned}
|\varepsilon_{n+1}| &\leqslant |\varepsilon_n| + R + hL|\varepsilon_n| = (1 + hL)|\varepsilon_n| + R \\
&\leqslant (1 + hL)((1 + hL)|\varepsilon_{n-1}| + R) + R = (1 + hL)^2|\varepsilon_{n-1}| + ((1 + hL) + 1)R \\
&\leqslant (1 + hL)^3|\varepsilon_{n-2}| + ((1 + hL)^2 + (1 + hL) + 1)R \\
&\leqslant \cdots \leqslant (1 + hL)^{n+1}|\varepsilon_0| + ((1 + hL)^n + (1 + hL)^{n-1} + \cdots + 1)R.
\end{aligned}$$

一般而言, 有

$$\begin{aligned}
|\varepsilon_n| &\leqslant (1 + hL)^n|\varepsilon_0| + ((1 + hL)^{n-1} + (1 + hL)^{n-2} + \cdots + 1)R \\
&= (1 + hL)^n|\varepsilon_0| + \frac{R}{hL}((1 + hL)^n - 1), \quad n = 1, 2, \cdots.
\end{aligned}$$

由 $hL > 0$, 易知 $\mathrm{e}^{hL} > 1 + hL$, 则 $\mathrm{e}^{nhL} > (1 + hL)^n$. 于是有

$$|\varepsilon_n| \leqslant \mathrm{e}^{nhL}|\varepsilon_0| + \frac{R}{hL}(\mathrm{e}^{nhL} - 1) \leqslant \mathrm{e}^{(X-x_0)L}|\varepsilon_0| + \frac{R}{hL}(\mathrm{e}^{(X-x_0)L} - 1),$$

其中, 第二个不等号利用了 $x_n = x_0 + nh \leqslant X$. 上述过程可总结为以下定理.

定理 8.1. 设 $f(x, y)$ 关于 y 满足利普希茨条件, L 为相应的利普希茨常数, 则欧拉法的整体截断误差 ε_n 满足

$$|\varepsilon_n| \leqslant \mathrm{e}^{(X-x_0)L}|\varepsilon_0| + \frac{R}{hL}(\mathrm{e}^{(X-x_0)L} - 1), \tag{8.8}$$

其中, ε_0 为初值误差, R 为局部截断误差的上界.

　　显然, 欧拉法的整体截断误差 ε_n 由初值误差和局部截断误差界决定. 对于局部截断误差界 R, 估计如下. 由 (8.7) 式, 可得

$$\begin{aligned}
R_n &= \int_{x_n}^{x_{n+1}} f(x, y(x))\mathrm{d}x - hf(x_n, y(x_n)) \\
&= \int_{x_n}^{x_{n+1}} (f(x, y(x)) - f(x_n, y(x_n)))\mathrm{d}x = \int_{x_n}^{x_{n+1}} (y'(x) - y'(x_n))\mathrm{d}x \\
&= \int_{x_n}^{x_{n+1}} y''(x_n + \theta(x - x_n))(x - x_n)\mathrm{d}x \\
&= y''(x_n + \theta(\bar{x} - x_n)) \int_{x_n}^{x_{n+1}} (x - x_n)\mathrm{d}x = \frac{1}{2}h^2 y''(x_n + \theta(\bar{x} - x_n)),
\end{aligned}$$

其中 $0 < \theta < 1$, $\bar{x} \in (x_n, x_{n+1})$. 如果 $y''(x)$ 有上界, 就可由上式给出局部截断误差的一个估计, 即有以下结论.

定理 8.2. 假定 $y = y(x) \in C^2([x_0, X])$, 则欧拉法的局部截断误差 R_n 满足

$$|R_n| \leqslant \frac{1}{2} M h^2, \tag{8.9}$$

其中 h 为步长, $M = \max\limits_{x_0 \leqslant x \leqslant X} |y''(x)|$.

结合定理 8.1 和定理 8.2, 可得以下定理.

定理 8.3. 在定理 8.1 和定理 8.2 的条件下, 若当 $h \to 0$ 时, $y_0 \to y(x_0)$, 则欧拉法的解 y_n 一致收敛到初值问题 (8.1)—(8.2) 的解 $y(x_n)$, 并有估计式

$$|\varepsilon_n| \leqslant \mathrm{e}^{(X-x_0)L} |\varepsilon_0| + \frac{Mh}{2L} (\mathrm{e}^{(X-x_0)L} - 1). \tag{8.10}$$

如果 $y_0 = y(x_0)$, 即 $\varepsilon_0 = 0$, 则由上式得

$$|\varepsilon_n| \leqslant \frac{h}{2L} M (\mathrm{e}^{(X-x_0)L} - 1) = O(h). \tag{8.11}$$

若初值误差 $\varepsilon_0 = 0$, 欧拉法的整体截断误差完全由局部截断误差决定. 特别地, 此时欧拉法的整体截断误差与 h 同阶, 随着 $h \to 0$ 而线性收敛于 0, 所以称欧拉格式为一阶格式. 由 R_n 的估计式 (8.9) 可知 $R_n = O(h^2)$, 这说明局部截断误差比整体截断误差高一阶. 事实上, 对于一般的数值格式, 若局部截断误差阶为 $O(h^{p+1})$, 则整体截断误差阶为 $O(h^p)$. 因此, 为了提高数值算法的精度, 往往从提高局部截断误差的阶入手.

稳定性研究

欧拉法的稳定性问题是决定欧拉法在利用计算机计算时能否得到足够精确的近似解的关键问题, 只有稳定的算法才可能是有用的算法. 首先给出欧拉法的稳定性定义.

定义 8.1. 如果存在正常数 c 及 h_0, 使得对任意初始值 y_0, z_0, 用欧拉法

$$\begin{cases} y_{n+1} = y_n + h f(x_n, y_n), \\ y_0 \end{cases} \quad \text{与} \quad \begin{cases} z_{n+1} = z_n + h f(x_n, z_n), \\ z_0 \end{cases}$$

计算所得之解 y_n, z_n 当 $0 < h < h_0$ 且 $nh \leqslant X - x_0$ 时满足估计式

$$|y_n - z_n| \leqslant c |y_0 - z_0|,$$

则称欧拉法是稳定的.

注意, 这里 y_n, z_n 分别是以 y_0, z_0 为初值得到的欧拉公式的精确解, 毫无舍入误差, 因此定义中的稳定性是指对初值的稳定性, 也即此处研究的是初值误差在计算过程中的传递问题. 我们有以下结论.

定理 8.4. 在定理 8.1 的条件下, 欧拉法是稳定的.

证明: 令 $e_{n+1} = y_{n+1} - z_{n+1}$. 因为

$$y_{n+1} = y_n + h f(x_n, y_n), \quad z_{n+1} = z_n + h f(x_n, z_n),$$

两式相减并取绝对值, 可得

$$\begin{aligned}|e_{n+1}| &= |e_n + h(f(x_n, y_n) - f(x_n, z_n))| \\ &\leqslant |e_n| + h|f(x_n, y_n) - f(x_n, z_n)| \\ &\leqslant |e_n| + hL|y_n - z_n| = (1 + hL)|e_n| \\ &\leqslant (1 + hL)^2 |e_{n-1}| \leqslant \cdots \leqslant (1 + hL)^{n+1} |e_0|.\end{aligned}$$

于是当 $0 < h < h_0$ 时, 对所有 n 且 $nh \leqslant X - x_0$, 有

$$|e_n| \leqslant (1 + hL)^n |e_0| \leqslant \mathrm{e}^{nhL} |e_0| \leqslant \mathrm{e}^{(X-x_0)L} |e_0|.$$

令 $c = \mathrm{e}^{(X-x_0)L}$, 即有 $|e_n| \leqslant c|e_0|$. 得证.

8.2   梯形法、隐式格式的迭代计算

欧拉法是简单且易于实现的, 但它只有一阶精度, 即其整体截断误差是 $O(h)$. 这意味着为了获得满足精度要求 (如整体截断误差小于 10^{-8}) 的数值解, 步长 h 需要充分地小 (往往要求 $h \sim O(10^{-8})$), 于是从 x_0 求解到 X 的运算步数会非常地多, 整体的计算量也就变得不可忽视. 显然这并不令人满意. 在许多实际应用中, 我们需要精度更高的数值方法. 本节介绍欧拉法的一个简单的改进方法, 它称为梯形法, 是一个具有二阶精度的隐式方法.

回顾推导欧拉公式的数值积分法, 我们用左矩形公式近似计算 $f(x, y(x))$ 在区间 $[x_n, x_{n+1}]$ 上的积分, 即

$$\int_{x_n}^{x_{n+1}} f(x, y(x))\mathrm{d}x \approx \int_{x_n}^{x_{n+1}} f(x_n, y(x_n))\mathrm{d}x = hf(x_n, y(x_n)).$$

现在如图 8.3 所示, 考虑用梯形求积公式近似计算上述定积分, 则可得

$$y(x_{n+1}) - y(x_n) = \int_{x_n}^{x_{n+1}} f(x, y(x))\mathrm{d}x \approx \frac{h}{2}(f(x_n, y(x_n)) + f(x_{n+1}, y(x_{n+1}))),$$

即有

$$y(x_{n+1}) \approx y(x_n) + \frac{h}{2}(f(x_n, y(x_n)) + f(x_{n+1}, y(x_{n+1}))).$$

分别用 y_n 和 y_{n+1} 近似代替 $y(x_n)$ 和 $y(x_{n+1})$, 可得

$$y_{n+1} = y_n + \frac{h}{2}(f(x_n, y_n) + f(x_{n+1}, y_{n+1})). \tag{8.12}$$

上式即为求解常微分方程 (8.1) 的梯形公式, 显然它是一个隐式格式.

下面估计梯形法的局部截断误差阶. 为此, 总假定 $f(x, y(x))$ 和解 $y(x)$ 充分光滑. 类似于欧拉法, 将梯形法在 x_{n+1} 处的局部截断误差定义为由梯形公式 (8.12) 右端利用精确

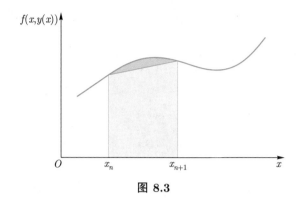

图 8.3

的 $y(x_n)$ 和 $y(x_{n+1})$ 计算而得的 y_{n+1}^* 与精确解 $y(x_{n+1})$ 之差, 即

$$y_{n+1}^* = y(x_n) + \frac{h}{2}(f(x_n, y(x_n)) + f(x_{n+1}, y(x_{n+1}))), \tag{8.13}$$

$$\begin{aligned}
e_{n+1} &= y(x_{n+1}) - y_{n+1}^* \\
&= y(x_n) + \int_{x_n}^{x_{n+1}} f(x, y(x))\mathrm{d}x - \\
&\quad \left(y(x_n) + \frac{h}{2}(f(x_n, y(x_n)) + f(x_{n+1}, y(x_{n+1})))\right) \\
&= \int_{x_n}^{x_{n+1}} f(x, y(x))\mathrm{d}x - \frac{h}{2}(f(x_n, y(x_n)) + f(x_{n+1}, y(x_{n+1}))). \tag{8.14}
\end{aligned}$$

因此梯形法的局部截断误差恰好是用梯形求积公式近似 $f(x, y(x))$ 在区间 $[x_n, x_{n+1}]$ 上的定积分时引入的误差. 由梯形求积公式余项, 可知

$$e_{n+1} = -\frac{h^3}{12} y'''(x_n + \xi h), \quad \xi \in [0, 1]. \tag{8.15}$$

上式说明梯形法的局部截断误差阶为 $O(h^3)$, 较之欧拉法高一阶. 记 $R_n^{(1)}$ 为梯形公式在 x_{n+1} 处的局部截断误差, $R^{(1)}$ 为其上确界, 则有

$$R^{(1)} \leqslant \frac{h^3}{12} M_3,$$

其中 $M_3 = \max\limits_{x_0 \leqslant x \leqslant X} |y'''(x)|$.

类似于欧拉法, 对梯形法可平行地建立它的整体截断误差阶为 $O(h^2)$, 以及格式的收敛性和稳定性等定理.

现在回到梯形公式 (8.12), 讨论 y_{n+1} 的求解. 由于梯形公式是一个隐式格式, y_{n+1} 并不总是能够直接求解. 一般采用迭代法来计算 y_{n+1} 的近似值. 对于梯形公式 (8.12), 其迭代格式为

$$\begin{cases} y_{n+1}^{(p+1)} = y_n + \dfrac{h}{2}(f(x_n, y_n) + f(x_{n+1}, y_{n+1}^{(p)})), \\ y_{n+1}^{(0)} \text{——初始猜测}, \end{cases} \tag{8.16}$$

其中 $p = 0, 1, 2, \cdots$. 为证上述迭代法的收敛性, 将 (8.16) 式与梯形公式 (8.12) 相减, 可得

$$y_{n+1}^{(p+1)} - y_{n+1} = \frac{h}{2}(f(x_{n+1}, y_{n+1}^{(p)}) - f(x_{n+1}, y_{n+1})).$$

于是

$$\left| y_{n+1}^{(p+1)} - y_{n+1} \right| \leqslant \frac{h}{2}L \left| y_{n+1}^{(p)} - y_{n+1} \right| \leqslant \cdots \leqslant \left(\frac{h}{2}L \right)^{p+1} \left| y_{n+1}^{(0)} - y_{n+1} \right|,$$

其中 L 为 $f(x, y)$ 关于 y 的利普希茨常数. 易知, 当 $hL/2 < 1$ 时, 上式右端随 $p \to +\infty$ 而收敛于 0, 即迭代格式 (8.16) 收敛. 换句话说, 只要步长 h 充分小, 迭代格式必然收敛. 实际计算中, 常采用欧拉法给出迭代法的初始猜测 $y_{n+1}^{(0)}$, 称如此得到的迭代格式为预报校正格式, 即

$$\begin{cases} y_{n+1}^{(0)} = y_n + hf(x_n, y_n) & \text{——预报格式,} \\ y_{n+1}^{(p+1)} = y_n + \dfrac{h}{2}(f(x_n, y_n) + f(x_{n+1}, y_{n+1}^{(p)})) & \text{——校正格式,} \end{cases} \tag{8.17}$$

当步长 h 取得适当小, 用欧拉法 (预报格式) 已能算出比较好的近似值, 故上述迭代收敛很快, 往往只需迭代两三次就可满足精度要求. 事实上, 若只迭代一次, 即得如下的预报校正格式:

$$\begin{cases} y_{n+1}^{(0)} = y_n + hf(x_n, y_n) & \text{——预报格式,} \\ y_{n+1} = y_n + \dfrac{h}{2}(f(x_n, y_n) + f(x_{n+1}, y_{n+1}^{(0)})) & \text{——校正格式.} \end{cases} \tag{8.18}$$

该格式也称为欧恩 (Heun) 法或改进的欧拉法. 可以证明, 其局部截断误差阶已与梯形法相同, 也是 $O(h^3)$. 如果校正格式迭代多次仍不收敛, 通常说明步长 h 过大, 此时必须减小步长 h, 然后再进行计算.

可以看到, 梯形法较之欧拉法提高了精度, 但增加了迭代次数, 因此增加了每一步计算 y_{n+1} 的工作量. 不过这个计算代价的增加通常是划算的.

例 8.2. 试用预报校正格式 (8.18) 解例 8.1 的初值问题.

解: 题中初值问题的预报校正格式为

$$\begin{cases} y_{n+1}^{(0)} = y_n + h(\mathrm{e}^{2x_n} - 3y_n), \\ y_{n+1} = y_n + \dfrac{h}{2}((\mathrm{e}^{2x_n} - 3y_n) + (\mathrm{e}^{2x_{n+1}} - 3y_{n+1}^{(0)})). \end{cases}$$

该格式也可写为

$$\begin{cases} y_{n+1} = y_n + \dfrac{h}{2}(k_1 + k_2), \\ k_1 = \mathrm{e}^{2x_n} - 3y_n, \quad k_2 = \mathrm{e}^{2x_{n+1}} - 3(y_n + hk_1). \end{cases}$$

取步长 $h = 0.1$, 计算结果见表 8.2. 由此可知, 欧拉法精度较低, 预报校正格式精度有所改善.

表 8.2 $h = 0.1$ 时例 8.2 的计算结果

x_n	精确解 $y(x_n)$	欧拉法解 y_n	欧拉法误差	预报校正格式解 y_n	预报校正格式误差
0	0	0	0	0	0
0.1	0.096 116 91	0.100 000 00	$3.883\ 1 \times 10^{-3}$	0.096 070 14	$4.677\ 0 \times 10^{-5}$
0.2	0.188 602 61	0.192 140 28	$3.537\ 7 \times 10^{-3}$	0.188 912 58	$3.099\ 7 \times 10^{-4}$
0.3	0.283 109 83	0.283 680 66	$5.708\ 3 \times 10^{-4}$	0.284 059 68	$9.498\ 5 \times 10^{-4}$
0.4	0.384 869 34	0.380 788 34	$4.081\ 0 \times 10^{-3}$	0.386 675 67	$1.806\ 3 \times 10^{-3}$
0.5	0.499 030 33	0.489 105 93	$9.924\ 4 \times 10^{-3}$	0.501 881 39	$2.851\ 1 \times 10^{-3}$
0.6	0.630 963 61	0.614 202 34	$1.676\ 1 \times 10^{-2}$	0.635 047 35	$4.083\ 7 \times 10^{-3}$
0.7	0.786 548 71	0.761 953 33	$2.459\ 5 \times 10^{-2}$	0.792 074 37	$5.525\ 7 \times 10^{-3}$
0.8	0.972 462 89	0.938 887 33	$3.357\ 6 \times 10^{-2}$	0.979 679 02	$7.216\ 1 \times 10^{-3}$
0.9	1.196 488 39	1.152 524 37	$4.396\ 4 \times 10^{-2}$	1.205 699 38	$9.211\ 0 \times 10^{-3}$
1.0	1.467 853 81	1.411 731 81	$5.612\ 2 \times 10^{-2}$	1.479 436 50	$1.158\ 3 \times 10^{-2}$

8.3 一般单步法、龙格-库塔法

前面介绍的欧拉法和梯形法有一个共同的特点, 即在格式中只包括 $x_n, y_n, x_{n+1}, y_{n+1}$ 的值, 或者说由 $x_n \to x_{n+1}$, 仅使用 y_n 的值计算出 y_{n+1} 的值. 这种格式称为单步格式. 一般地, 显式单步格式可写为

$$y_{n+1} = y_n + h\varphi(x_n, y_n, h). \tag{8.19}$$

本节讨论形如上式的一般单步法, 包括其基本理论和构造高阶单步法的龙格-库塔 (Runge-Kutta) 法.

一般单步法的基本理论

首先给出一般单步法 (8.19) 为 q 阶单步法的定义.

定义 8.2. 设 $\varphi(x, y, h)$ 为任意关于 x, y 和 h 的函数. 若它对于微分方程 $y' = f(x, y)$ 的解 $y(x)$ 满足

$$y(x + h) - y(x) = h\varphi(x, y(x), h) + O(h^{q+1}), \tag{8.20}$$

且 q 为使上式成立的最大整数, 则称格式 (8.19) 即 $y_{n+1} = y_n + h\varphi(x_n, y_n, h)$ 为 q 阶单步法, 其局部截断误差为

$$R_n = y(x_{n+1}) - y_{n+1}^* = y(x_{n+1}) - (y(x_n) + h\varphi(x_n, y(x_n), h)) = O(h^{q+1}).$$

显然, 欧拉法为一阶单步法. 由 (8.20) 式可得

$$\lim_{h \to 0} \frac{y(x + h) - y(x)}{h} = \varphi(x, y, 0),$$

于是可引入相容性定义如下.

定义 8.3. 如果 $\varphi(x,y,0) = f(x,y)$, 则称单步法 (8.19) 与微分方程 (8.1) 是相容的.

下面不加证明地给出一般单步法 (8.19) 的稳定性、截断误差估计和收敛性定理. 其中前两个定理的证明可参照欧拉法中的讨论得到.

定理 8.5. 如果 $\varphi(x,y,h)$ 对于 $x_0 \leqslant x \leqslant X$, $0 < h \leqslant h_0$ 以及所有实数 y 满足利普希茨条件, 则一般单步法 $y_{n+1} = y_n + h\varphi(x_n, y_n, h)$ 是稳定的.

定理 8.6. 在定理 8.5 的条件下, 如果局部截断误差 R_n 为 $O(h^{q+1})$, 则一般单步法 $y_{n+1} = y_n + h\varphi(x_n, y_n, h)$ 的整体截断误差 $\varepsilon_n = y(x_n) - y_n$ 满足

$$|\varepsilon_n| \leqslant \mathrm{e}^{L(X-x_0)}|\varepsilon_0| + h^q \frac{c}{L}\left(\mathrm{e}^{L(X-x_0)} - 1\right). \tag{8.21}$$

特别地, 若 $\varepsilon_0 = 0$, 则 $\varepsilon_n = O(h^q)$, 即整体截断误差比局部截断误差低一阶.

定理 8.7. 如果 $\varphi(x,y,h)$ 对于 $x_0 \leqslant x \leqslant X$, $0 < h \leqslant h_0$ 以及所有实数 y 关于 x,y,h 满足利普希茨条件, 则一般单步法 $y_{n+1} = y_n + h\varphi(x_n, y_n, h)$ 收敛的充要条件是格式相容, 即满足 $\varphi(x,y,0) = f(x,y)$.

龙格–库塔法

构造高阶单步法的关键在于构造 $\varphi(x,y,h)$, 使得格式 (8.19) 对应的局部截断误差阶尽可能高. 泰勒级数法是构造 q 阶单步法的一类系统方法. 首先由微分方程, 可得 $y(x)$ 的各阶导数如下:

$$\begin{aligned}
&y'(x_n) = f(x_n, y(x_n)), \quad y''(x) = \frac{\mathrm{d}}{\mathrm{d}x}f(x,y) = f_x(x,y) + f_y(x,y)y', \\
&y''(x_n) = f_x(x_n, y(x_n)) + f_y(x_n, y(x_n))f(x_n, y(x_n)), \\
&y'''(x) = f_{xx} + 2f_{xy}f + f_{yy}f^2 + f_y(f_x + f_y f), \cdots.
\end{aligned} \tag{8.22}$$

式中 $f_x, f_y, f_{xx}, \cdots$ 都是 $f(x,y)$ 相对于变量的偏导数. 将这些关系式代入 $y(x_n + h)$ 在 x_n 处的泰勒展开式

$$y(x_n + h) = y(x_n) + hy'(x_n) + \frac{h^2}{2!}y''(x_n) + \cdots + \frac{h^q}{q!}y^{(q)}(x_n) + O(h^{q+1}), \tag{8.23}$$

即可推出 q 阶单步法. 特别地, 当 $q = 1$ 时, 我们得到欧拉法. 而当 $q = 2$ 时, 相应的二阶格式为

$$y_{n+1} = y_n + hf(x_n, y_n) + \frac{h^2}{2}(f_x(x_n, y_n) + f_y(x_n, y_n)f(x_n, y_n)). \tag{8.24}$$

上述格式需要计算 $f(x,y)$ 的两个偏导数 f_x 和 f_y. 显然, 当 $q > 2$ 时, 直接利用泰勒级数法推导出的高阶格式需要求更多的偏导数, 其计算相当繁复, 以致并不适合实际的应用.

为了避免计算偏导数, 两位德国数学家龙格和库塔于 1900 年左右提出了至今仍然非常流行的龙格–库塔 (也简记为 R–K 或 RK) 法. 其基本思想是用 $f(x,y)$ 在多个点处的线性组合来构造单步法的 $\varphi(x_n, y_n, h)$, 然后通过泰勒级数展开确定相应的系数以达到高

阶精度. 具体地, 首先考虑常微分方程 (8.1) 在区间 $[x_n, x_{n+1}]$ 上的积分

$$y(x_n + h) = y(x_n) + \int_{x_n}^{x_n+h} f(x, y(x)) \mathrm{d}x. \tag{8.25}$$

式中的定积分若用一点的左矩形公式近似, 可以推导出一阶精度的欧拉法. 若用两点的梯形求积公式, 则可以建立二阶精度的梯形方法. 自然地, 若采用更多点的数值求积公式, 就有可能推导出更高精度的数值方法. 现取 $[x_n, x_{n+1}]$ 内的 s 个点 $x_n + a_i h$, $i = 1, 2, \cdots, s$, 其中 $a_1 = 0$. 于是 (8.25) 式中的定积分可用 $f(x, y(x))$ 在这 s 个点处的线性组合来近似计算, 可得

$$y(x_n + h) \approx y(x_n) + h \sum_{i=1}^{s} c_i f(x_n + a_i h, y(x_n + a_i h)). \tag{8.26}$$

实际计算中, 我们并不知道精确的 $y(x_n + a_i h)$, $i \geqslant 2$. 但类似于上式的推导, 它们可以由公式

$$y(x_n + a_i h) \approx y(x_n) + h \sum_{j=1}^{i-1} b_{ij} f(x_n + a_j h, y(x_n + a_j h))$$

按照 $i = 2, 3, \cdots, s$ 的顺序依次显式地估算出来. 将以上估算代入 (8.26) 式, 并将 (8.26) 式左右两端在 x_n 处作泰勒级数展开, 即可根据局部截断误差阶匹配两端系数来确定待定的三组系数 a_i, c_i, b_{ij}, $i = 1, 2, \cdots, s$, $j = 1, 2, \cdots, i-1$. 整理以上过程, 定义 s 级 q 阶显式龙格－库塔法如下.

定义 8.4. 给定与 h 无关的三组实数 a_i, c_i, b_{ij}, $j = 1, 2, \cdots, i-1$, $i = 1, 2, \cdots, s$, 其中 $a_1 = 0$. 若常微分方程 (8.1) 的计算格式

$$\begin{cases} y_{n+1} = y_n + h(c_1 K_1 + c_2 K_2 + \cdots + c_s K_s), \\ K_1 = f(x_n, y_n), \quad K_2 = f(x_n + a_2 h, y_n + h b_{21} K_1), \\ K_3 = f(x_n + a_3 h, y_n + h(b_{31} K_1 + b_{32} K_2)), \cdots, \\ K_s = f(x_n + a_s h, y_n + h(b_{s1} K_1 + b_{s2} K_2 + \cdots + b_{s,s-1} K_{s-1})) \end{cases} \tag{8.27}$$

的局部截断误差阶为 $O(h^{q+1})$, 则称上述算法为常微分方程 (8.1) 的 s 级 q 阶显式龙格－库塔法.

下面推导一些常用的龙格－库塔格式. 首先考虑 $s = 2$, $q = 2$ 的情形. 由 (8.27) 式, 二级二阶龙格－库塔格式可以写成

$$\begin{cases} y_{n+1} = y_n + h(c_1 K_1 + c_2 K_2), \\ K_1 = f(x_n, y_n), \\ K_2 = f(x_n + a_2 h, y_n + h b_{21} K_1). \end{cases} \tag{8.28}$$

选取适当的参数 c_1, c_2, a_2 和 b_{21}, 使得格式的局部截断误差为 $O(h^3)$, 即

$$R_n = y(x_{n+1}) -$$

$$\{y(x_n) + h\left[c_1 f(x_n, y(x_n)) + c_2 f(x_n + a_2 h, y(x_n) + h b_{21} f(x_n, y(x_n)))\right]\}$$

$$= O(h^3).$$

将 $y(x_{n+1})$ 在 x_n 处作泰勒展开, $f(x_n + a_2 h, y(x_n) + h b_{21} f(x_n, y(x_n)))$ 在 $(x_n, y(x_n))$ 处作二元函数泰勒展开, 并利用关系式 (8.22), 可得

$$R_n = y(x_n) + h f(x_n, y(x_n)) +$$

$$\frac{h^2}{2}\left[f_x(x_n, y(x_n)) + f_y(x_n, y(x_n)) f(x_n, y(x_n))\right] + O(h^3) -$$

$$\{y(x_n) + h c_1 f(x_n, y(x_n)) + h c_2 \big[f(x_n, y(x_n)) +$$

$$f_x(x_n, y(x_n)) a_2 h + f_y(x_n, y(x_n)) h b_{21} f(x_n, y(x_n)) + O(h^2)\big]\}.$$

为使 $R_n = O(h^3)$, 需令 h^i, $i = 0, 1, 2$ 的系数皆为 0. 再由 $f(x, y)$ 的任意性, 可得

$$c_1 + c_2 = 1, \quad a_2 c_2 = \frac{1}{2}, \quad b_{21} c_2 = \frac{1}{2}. \tag{8.29}$$

这是一个含有四个参数、三个方程的方程组, 因此有一个自由参数, 解答不唯一. 在此, 我们给出三个典型的二级二阶龙格–库塔法.

(1) 取 $c_1 = \frac{1}{2}$, 可得 $c_2 = \frac{1}{2}$, $a_2 = b_{21} = 1$. 代入格式 (8.28), 则有

$$\begin{cases} y_{n+1} = y_n + \dfrac{h}{2}(K_1 + K_2), \\ K_1 = f(x_n, y_n), \quad K_2 = f(x_n + h, y_n + h K_1). \end{cases} \tag{8.30}$$

这正是梯形公式的预估校正格式 (8.18), 即二阶欧恩法.

(2) 取 $c_1 = 0$, 可得 $c_2 = 1$, $a_2 = b_{21} = \frac{1}{2}$. 代入格式 (8.28) 即有

$$\begin{cases} y_{n+1} = y_n + h K_2, \\ K_1 = f(x_n, y_n), \quad K_2 = f\left(x_n + \dfrac{h}{2}, y_n + \dfrac{h}{2} K_1\right). \end{cases} \tag{8.31}$$

此格式也称为中点公式, 是一种修正的欧拉法.

(3) 取 $c_1 = \frac{1}{4}$, 可得 $c_2 = \frac{3}{4}$, $a_2 = b_{21} = \frac{2}{3}$. 代入格式 (8.28) 即有

$$\begin{cases} y_{n+1} = y_n + \dfrac{h}{4}(K_1 + 3 K_2), \\ K_1 = f(x_n, y_n), \quad K_2 = f\left(x_n + \dfrac{2}{3} h, y_n + \dfrac{2}{3} h K_1\right). \end{cases} \tag{8.32}$$

当 $s = 3$ 时, 我们考虑三级三阶龙格–库塔格式的推导. 由 (8.27) 式, 其一般形式可以写成

$$\begin{cases} y_{n+1} = y_n + h(c_1 K_1 + c_2 K_2 + c_3 K_3), \\ K_1 = f(x_n, y_n), \quad K_2 = f(x_n + a_2 h, y_n + h b_{21} K_1), \\ K_3 = f(x_n + a_3 h, y_n + h b_{31} K_1 + h b_{32} K_2). \end{cases} \tag{8.33}$$

选取适当的参数 $c_1, c_2, c_3, a_2, a_3, b_{21}, b_{31}$ 和 b_{32}, 使得以上格式的局部截断误差

$$R_n = y(x_{n+1}) - y_{n+1}^* = O(h^4),$$

其中

$$y_{n+1}^* = y(x_n) + h(c_1 K_1^* + c_2 K_2^* + c_3 K_3^*),$$
$$K_1^* = f(x_n, y(x_n)), \quad K_2^* = f(x_n + a_2 h, y(x_n) + h b_{21} K_1^*),$$
$$K_3^* = f(x_n + a_3 h, y(x_n) + h b_{31} K_1^* + h b_{32} K_2^*).$$

将 K_2^*, K_3^* 在 $(x_n, y(x_n))$ 处作二元函数泰勒展开到 h^3 项, 则有

$$\begin{aligned} y_{n+1}^* = {} & y(x_n) + (c_1 + c_2 + c_3) h K_1^* + \\ & ((c_2 a_2 + c_3 a_3) f_x + (c_2 b_{21} + c_3 b_{31} + c_3 b_{32}) f_y K_1^*) h^2 + \\ & \left(\frac{1}{2} \left(c_2 a_2^2 + c_3 a_3^2 \right) f_{xx} + (c_2 a_2 b_{21} + c_3 a_3 (b_{31} + b_{32})) f_{xy} K_1^* + \right. \\ & \frac{1}{2} \left(c_2 b_{21}^2 + c_3 (b_{31} + b_{32})^2 \right) f_{yy} (K_1^*)^2 + \\ & \left. (c_3 a_2 b_{32} f_x + c_3 b_{21} b_{32} f_y K_1^*) f_y' \right) h^3 + O(h^4). \end{aligned}$$

将 $y(x_{n+1})$ 在 x_n 处也作泰勒展开到 h^3 项, 有

$$y(x_{n+1}) = y(x_n) + h y'(x_n) + \frac{h^2}{2} y''(x_n) + \frac{h^3}{6} y'''(x_n) + O(h^4).$$

比较上下两式关于 h 的同幂次系数, 利用关系式 (8.22) 和 $f(x,y)$ 的任意性, 可知 $R_n = O(h^4)$ 意味着

$$c_1 + c_2 + c_3 = 1, \quad c_2 a_2 + c_3 a_3 = \frac{1}{2}, \quad c_2 b_{21} + c_3(b_{31} + b_{32}) = \frac{1}{2},$$
$$c_2 a_2^2 + c_3 a_3^2 = \frac{1}{3}, \quad c_2 a_2 b_{21} + c_3 a_3(b_{31} + b_{32}) = \frac{1}{3},$$
$$c_2 b_{21}^2 + c_3 (b_{31} + b_{32})^2 = \frac{1}{3}, \quad c_3 a_2 b_{32} = \frac{1}{6}, \quad c_3 b_{21} b_{32} = \frac{1}{6}. \tag{8.34}$$

由此方程组的最后两个方程可得 $a_2 = b_{21}$, 代入第二个方程与第三个方程联立可得 $a_3 = b_{31} + b_{32}$. 于是上述方程组可化为

$$c_1 + c_2 + c_3 = 1, \quad a_2 = b_{21}, \quad a_3 = b_{31} + b_{32},$$
$$c_2 a_2 + c_3 a_3 = \frac{1}{2}, \quad c_2 a_2^2 + c_3 a_3^2 = \frac{1}{3}, \quad c_3 a_2 b_{32} = \frac{1}{6}. \tag{8.35}$$

这是一个含有八个参数、六个方程的方程组, 有两个自由参数, 故有无穷多个解. 常见的特例如下.

(1) **库塔三级三阶格式**. 令 $c_1 = c_3 = \dfrac{1}{6}$, 则 $c_2 = \dfrac{2}{3}$, $a_2 = b_{21} = \dfrac{1}{2}$, $a_3 = 1$, $b_{31} = -1$, $b_{32} = 2$. 此时, 所得格式为

$$\begin{cases} y_{n+1} = y_n + \dfrac{h}{6}(K_1 + 4K_2 + K_3), \\ K_1 = f(x_n, y_n), \quad K_2 = f\left(x_n + \dfrac{h}{2}, y_n + \dfrac{h}{2}K_1\right), \\ K_3 = f(x_n + h, y_n - hK_1 + 2hK_2). \end{cases} \tag{8.36}$$

(2) **欧恩三级三阶格式**. 令 $a_2 = \dfrac{1}{3}$, $a_3 = \dfrac{2}{3}$, 则 $b_{21} = \dfrac{1}{3}$, $c_2 = 0$, $c_3 = \dfrac{3}{4}$. $c_1 = \dfrac{1}{4}$, $b_{32} = \dfrac{2}{3}$, $b_{31} = 0$. 此时, 所得格式为

$$\begin{cases} y_{n+1} = y_n + \dfrac{h}{4}(K_1 + 3K_3), \\ K_1 = f(x_n, y_n), \quad K_2 = f\left(x_n + \dfrac{h}{3}, y_n + \dfrac{h}{3}K_1\right), \\ K_3 = f\left(x_n + \dfrac{2}{3}h, y_n + \dfrac{2}{3}hK_2\right). \end{cases} \tag{8.37}$$

同样地, 当 $s = 4$ 时, 可以设计四级四阶龙格-库塔格式

$$\begin{cases} y_{n+1} = y_n + h(c_1K_1 + c_2K_2 + c_3K_3 + c_4K_4), \\ K_1 = f(x_n, y_n), \\ K_2 = f(x_n + a_2h, y_n + hb_{21}K_1), \\ K_3 = f(x_n + a_3h, y_n + hb_{31}K_1 + hb_{32}K_2), \\ K_4 = f(x_n + a_4h, y_n + hb_{41}K_1 + hb_{42}K_2 + hb_{43}K_3). \end{cases} \tag{8.38}$$

类似前面的推导, 为了达到四阶精度, 可知格式中的 13 个参数需要满足以下 11 个方程:

$$c_1 + c_2 + c_3 + c_4 = 1, \quad a_2 = b_{21}, \quad a_3 = b_{31} + b_{32}, \quad a_4 = b_{41} + b_{42} + b_{43},$$

$$c_2a_2 + c_3a_3 + c_4a_4 = \frac{1}{2}, \quad c_2a_2^2 + c_3a_3^2 + c_4a_4^2 = \frac{1}{3}, \quad c_2a_2^3 + c_3a_3^3 + c_4a_4^3 = \frac{1}{4},$$

$$c_3a_2b_{32} + c_4(a_2b_{42} + a_3b_{43}) = \frac{1}{6}, \quad c_3a_2a_3b_{32} + c_4(a_2b_{42} + a_3b_{43})a_4 = \frac{1}{8},$$

$$c_3a_2^2b_{32} + c_4(a_2^2b_{42} + a_3^2b_{43}) = \frac{1}{12}, \quad c_4a_2b_{32}b_{43} = \frac{1}{24}.$$

该方程组有 2 个自由参数, 下面给出两组解.

(1) **经典的四级四阶龙格–库塔格式.** 取定 $a_2 = a_3 = \dfrac{1}{2}$, 可得

$$\begin{cases} y_{n+1} = y_n + \dfrac{h}{6}(K_1 + 2K_2 + 2K_3 + K_4), \\ K_1 = f(x_n, y_n), \quad K_2 = f\left(x_n + \dfrac{h}{2}, y_n + \dfrac{h}{2}K_1\right), \\ K_3 = f\left(x_n + \dfrac{h}{2}, y_n + \dfrac{h}{2}K_2\right), \quad K_4 = f(x_n + h, y_n + hK_3). \end{cases} \tag{8.39}$$

这是最为著名的龙格–库塔法.

(2) 取定 $a_2 = \dfrac{1}{3}$, $a_3 = \dfrac{2}{3}$, 可得

$$\begin{cases} y_{n+1} = y_n + \dfrac{h}{8}(K_1 + 3K_2 + 3K_3 + K_4), \\ K_1 = f(x_n, y_n), \quad K_2 = f\left(x_n + \dfrac{h}{3}, y_n + \dfrac{h}{3}K_1\right), \\ K_3 = f\left(x_n + \dfrac{2}{3}h, y_n - \dfrac{h}{3}K_1 + hK_2\right), \\ K_4 = f(x_n + h, y_n + hK_1 - hK_2 + hK_3). \end{cases} \tag{8.40}$$

例 8.3. 用经典的四级四阶龙格–库塔法 (8.39) 解例 8.1 的初值问题.

解: 取 $h = 0.1$, 部分计算结果见表 8.3. 与例 8.2 的计算结果表 8.2 比较可知, 经典的四级四阶龙格–库塔法的结果更加精确. 图 8.4 则给出了节点上数值解的最大误差随步长 h 减小的变化趋势. 可以看到欧拉法、二阶欧恩法以及经典的四级四阶龙格–库塔法的收敛阶与理论上的整体截断误差阶保持一致, 随着步长 h 的逐渐减小, 经典的四级四阶龙格–库塔法越来越有优势.

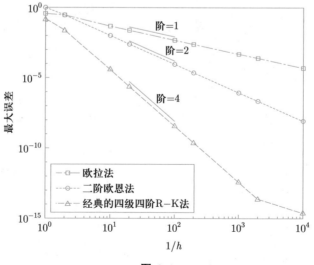

图 8.4

表 8.3　$h = 0.1$ 时例 **8.3** 的部分计算结果

x_n	精确解 $y(x_n)$	R–K 法数值解 y_n	误差 $|y(x_n) - y_n|$
0	0	0	0
0.1	0.096 116 91	0.096 116 11	$8.000\,0 \times 10^{-7}$
0.2	0.188 602 61	0.188 602 90	$2.900\,0 \times 10^{-7}$
0.3	0.283 109 83	0.283 112 49	$2.660\,0 \times 10^{-6}$
0.4	0.384 869 34	0.384 875 32	$5.980\,0 \times 10^{-6}$
0.5	0.499 030 33	0.499 040 40	$1.007\,0 \times 10^{-5}$
0.6	0.630 963 61	0.630 978 52	$1.491\,0 \times 10^{-5}$
0.7	0.786 548 71	0.786 569 27	$2.056\,0 \times 10^{-5}$
0.8	0.972 462 89	0.972 490 06	$2.716\,0 \times 10^{-5}$
0.9	1.196 488 39	1.196 523 31	$3.492\,0 \times 10^{-5}$
1.0	1.467 853 81	1.467 897 91	$4.411\,0 \times 10^{-5}$

8.4　高阶常微分方程 (组) 的数值解法

前面我们只讨论了一阶常微分方程的数值解法, 而在实际问题中常常也需要求解高阶常微分方程和高阶常微分方程组. 本节简单介绍高阶常微分方程和方程组的数值方法.

首先对于高阶常微分方程 (组), 一般可以通过引进新的变量, 将其转化为一阶常微分方程组. 例如, 对于三阶常微分方程初值问题

$$\begin{cases} \dfrac{\mathrm{d}^3 y}{\mathrm{d}x^3} = f\left(x, y, \dfrac{\mathrm{d}y}{\mathrm{d}x}, \dfrac{\mathrm{d}^2 y}{\mathrm{d}x^2}\right), \\[2mm] y|_{x=x_0} = y_0, \quad \dfrac{\mathrm{d}y}{\mathrm{d}x}\bigg|_{x=x_0} = z_0, \quad \dfrac{\mathrm{d}^2 y}{\mathrm{d}x^2}\bigg|_{x=x_0} = w_0, \end{cases}$$

若引入新变量

$$\frac{\mathrm{d}y}{\mathrm{d}x} = z, \quad \frac{\mathrm{d}^2 y}{\mathrm{d}x^2} = w,$$

则可以将该初值问题转化为一阶常微分方程组的初值问题

$$\begin{cases} \dfrac{\mathrm{d}y}{\mathrm{d}x} = z, \\[2mm] \dfrac{\mathrm{d}z}{\mathrm{d}x} = w, \\[2mm] \dfrac{\mathrm{d}w}{\mathrm{d}x} = f(x, y, z, w), \\[2mm] y|_{x=x_0} = y_0, \quad z|_{x=x_0} = z_0, \quad w|_{x=x_0} = w_0. \end{cases}$$

再如, 对于二阶常微分方程组的初值问题

$$\begin{cases} \dfrac{\mathrm{d}^2 x}{\mathrm{d}t^2} = f\left(t, x, y, \dfrac{\mathrm{d}x}{\mathrm{d}t}, \dfrac{\mathrm{d}y}{\mathrm{d}t}\right), \\[3mm] \dfrac{\mathrm{d}^2 y}{\mathrm{d}t^2} = g\left(t, x, y, \dfrac{\mathrm{d}x}{\mathrm{d}t}, \dfrac{\mathrm{d}y}{\mathrm{d}t}\right), \\[3mm] x|_{t=0} = x_0, \quad y|_{t=0} = y_0, \quad \left.\dfrac{\mathrm{d}x}{\mathrm{d}t}\right|_{t=0} = \mu_0, \quad \left.\dfrac{\mathrm{d}y}{\mathrm{d}t}\right|_{t=0} = \nu_0, \end{cases}$$

若引进变量 $y_1 = x$, $y_2 = y$, $y_3 = \dfrac{\mathrm{d}x}{\mathrm{d}t}$ 和 $y_4 = \dfrac{\mathrm{d}y}{\mathrm{d}t}$, 则上述初值问题也可写成一阶常微分方程组的初值问题

$$\begin{cases} \dfrac{\mathrm{d}y_1}{\mathrm{d}t} = y_3, \\[2mm] \dfrac{\mathrm{d}y_2}{\mathrm{d}t} = y_4, \\[2mm] \dfrac{\mathrm{d}y_3}{\mathrm{d}t} = f(t, y_1, y_2, y_3, y_4), \\[2mm] \dfrac{\mathrm{d}y_4}{\mathrm{d}t} = g(t, y_1, y_2, y_3, y_4), \\[2mm] y_1|_{t=0} = x_0, \quad y_2|_{t=0} = y_0, \quad y_3|_{t=0} = \mu_0, \quad y_4|_{t=0} = \nu_0. \end{cases}$$

因此, 高阶常微分方程 (组) 的求解可以归结为一阶方程组的求解. 对于一般的一阶常微分方程组的初值问题

$$\begin{cases} \dfrac{\mathrm{d}y_1}{\mathrm{d}x} = f_1(x, y_1, y_2, \cdots, y_m), \\[2mm] \dfrac{\mathrm{d}y_2}{\mathrm{d}x} = f_2(x, y_1, y_2, \cdots, y_m), \\[1mm] \cdots\cdots\cdots\cdots \\[1mm] \dfrac{\mathrm{d}y_m}{\mathrm{d}x} = f_m(x, y_1, y_2, \cdots, y_m), \\[2mm] y_1|_{x=0} = y_{1,0}, \quad y_2|_{x=0} = y_{2,0}, \cdots, y_m|_{x=0} = y_{m,0}, \end{cases} \tag{8.41}$$

可用向量形式将其表示为

$$\begin{cases} \dfrac{\mathrm{d}\boldsymbol{y}}{\mathrm{d}x} = \boldsymbol{f}(x, \boldsymbol{y}), \\[2mm] \boldsymbol{y}|_{x=x_0} = \boldsymbol{y}_0, \end{cases} \tag{8.42}$$

其中, $\boldsymbol{y} = (y_1, y_2, \cdots, y_m)^{\mathrm{T}}$, $\boldsymbol{y}_0 = (y_{1,0}, y_{2,0}, \cdots, y_{m,0})^{\mathrm{T}}$, $\boldsymbol{f} = (f_1, f_2, \cdots, f_m)^{\mathrm{T}}$, 且 $f_j = f_j(x, \boldsymbol{y})$, $j = 1, 2, \cdots, m$.

由此可见, 只需把前面得到的单个方程的计算格式中的 y, f 理解为向量 $\boldsymbol{y}$ 和 $\boldsymbol{f}$, 就可将相应的数值格式推广用于一阶方程组. 下面我们举几个具体的例子.

首先, 把欧拉公式推广到向量情形, 就有

$$
\begin{cases}
\boldsymbol{y}_{n+1} = \boldsymbol{y}_n + h\boldsymbol{f}(x_n, \boldsymbol{y}_n), \\
\boldsymbol{y}_0 = \boldsymbol{y}(x_0).
\end{cases}
\tag{8.43}
$$

其分量形式即为

$$
\begin{cases}
y_{1,n+1} = y_{1,n} + hf_1(x_n, y_{1,n}, y_{2,n}, \cdots, y_{m,n}), \\
y_{2,n+1} = y_{2,n} + hf_2(x_n, y_{1,n}, y_{2,n}, \cdots, y_{m,n}), \\
\cdots\cdots\cdots\cdots \\
y_{m,n+1} = y_{m,n} + hf_m(x_n, y_{1,n}, y_{2,n}, \cdots, y_{m,n}), \\
y_{1,0} = y_1(x_0), y_{2,0} = y_2(x_0), \cdots, y_{m,0} = y_m(x_0).
\end{cases}
\tag{8.44}
$$

类似地, 经典的四级四阶龙格 – 库塔格式 (8.39) 推广到方程组形式为

$$
\begin{cases}
\boldsymbol{y}_{n+1} = \boldsymbol{y}_n + \dfrac{h}{6}(\boldsymbol{K}_1 + 2\boldsymbol{K}_2 + 2\boldsymbol{K}_3 + \boldsymbol{K}_4), \\
\boldsymbol{K}_1 = \boldsymbol{f}(x_n, \boldsymbol{y}_n), \quad \boldsymbol{K}_2 = \boldsymbol{f}\left(x_n + \dfrac{h}{2}, \boldsymbol{y}_n + \dfrac{h}{2}\boldsymbol{K}_1\right), \\
\boldsymbol{K}_3 = \boldsymbol{f}\left(x_n + \dfrac{h}{2}, \boldsymbol{y}_n + \dfrac{h}{2}\boldsymbol{K}_2\right), \quad \boldsymbol{K}_4 = \boldsymbol{f}(x_n + h, \boldsymbol{y}_n + h\boldsymbol{K}_3), \\
\boldsymbol{y}_0 = \boldsymbol{y}(x_0).
\end{cases}
\tag{8.45}
$$

对应的分量形式写为

$$
\begin{cases}
y_{i,n+1} = y_{i,n} + \dfrac{h}{6}(K_{i,1} + 2K_{i,2} + 2K_{i,3} + K_{i,4}), \\
K_{i,1} = f_i(x_n, y_{1,n}, y_{2,n}, \cdots, y_{m,n}), \\
K_{i,2} = f_i\left(x_n + \dfrac{h}{2}, y_{1,n} + \dfrac{h}{2}K_{1,1}, y_{2,n} + \dfrac{h}{2}K_{2,1}, \cdots, y_{m,n} + \dfrac{h}{2}K_{m,1}\right), \\
K_{i,3} = f_i\left(x_n + \dfrac{h}{2}, y_{1,n} + \dfrac{h}{2}K_{1,2}, y_{2,n} + \dfrac{h}{2}K_{2,2}, \cdots, y_{m,n} + \dfrac{h}{2}K_{m,2}\right), \\
K_{i,4} = f_i(x_n + h, y_{1,n} + hK_{1,3}, y_{2,n} + hK_{2,3}, \cdots, y_{m,n} + hK_{m,3}), \\
y_{i,0} = y_i(x_0),
\end{cases}
\tag{8.46}
$$

其中 $i = 1, 2, \cdots, m$.

8.5　求解常微分方程的数学软件

对于一些比较特殊的常微分方程, 如一阶线性方程、变量分离方程、恰当方程等, 人们可以求出其精确解; 对于稍微复杂一些的方程, 可以借助微分方程定性理论分析解的性态, 如渐近性、稳定性、周期性等; 对于更一般的常微分方程问题的求解常常是困扰人们

的一个难题. 在工程技术和社会科学等应用领域, 人们往往借助于现代计算机技术, 对常微分方程进行数值求解或者数值仿真, 从而得到相应的微分方程解的基本性态. 现在介绍几个常用的数学软件.

MATLAB 数值求解常微分方程

MATLAB 是矩阵实验室 (Matrix Laboratory) 的英文缩写, 是用于高性能数值计算和可视化的商业数学软件, 其将数值分析、矩阵计算、信号处理、符号计算和图形图像集成到一个易于使用的交互式环境中. 在此环境中, 通过调用不同模块或工具箱, 无须太多传统编程即可表达出来, 使得其在工程计算、信号处理、金融建模设计与分析等领域有广泛的使用. MATLAB 由于其高效的数值计算功能、完备的图形处理功能和友好的用户界面等特点, 被广泛应用于常微分方程的求解以及图像方面. MathWorks 公司每年会发布两个版本的 MATLAB, 一般在 3 月左右发布 A 版, 9 月左右发布 B 版. 两个版本功能并无差异, 但相对来说, B 版更为稳定. MATLAB 的一些基本操作可以查看书籍 [16–18].

当难以求得微分方程的解析解时, 针对不同类型的常微分方程和具体问题, MATLAB 提供了许多有效的求解器, 如 ode45、dde23、bvp4c 等可分别对常见的常微分方程、时滞微分方程和边值问题进行相应的求解. MATLAB 中求解常微分方程初值问题数值解的函数有 7 个: ode45、ode23、ode113、ode23t、ode15s、ode23s 和 ode23tb. 表 8.4 对它们的特点进行了比较.

表 8.4 求解器对比

求解器	特点
ode45	采用四阶和五阶组合龙格–库塔算法, 中等精度, 是求解非刚性问题的首选方法; 若计算长时间没结果, 问题应该是刚性的, 可换用 ode15s
ode23	采用二阶和三阶组合龙格–库塔算法, 精度较低, 适用于非刚性问题
ode113	采用多步变步长、变阶次的亚当斯–巴什福思–莫尔顿 (Adams–Bashforth–Moulton) 算法, 精度从低到高可变, 适用于非刚性问题, 在 ode 函数值计算量过大时, ode113 可能比 ode45 更加有效
ode23t	采用梯形算法, 精度较低, 适用于中度刚性问题, 还可用于求解算微分代数方程 (DAE)
ode15s	采用基于数值积分公式的变步长、变阶次求解算法, 精度从低到中等可变, 适用于刚性问题, 还可用于求解算 DAE; 当 ode45 失效时, 可尝试使用
ode23s	采用二阶改进罗森布罗克 (Rosenbrock) 公式的单步算法, 精度较低, 适用于刚性问题, 计算时间比 ode15s 短
ode23tb	采用梯形算法和向后差分公式, 精度较低, 适用于低阶刚性问题

下面通过具体的例子来说明一些命令的用法.

例 8.4. 调用 MATLAB 函数命令求如下微分方程初值问题的精确解:

$$\begin{cases} y'' + 8y' + 2y = 0, \\ y(0) = 0, y'(0) = 1. \end{cases}$$

解: 输入命令:

```
eqn='D2y+8*Dy+2*y=0';
inits='y(0)=0,Dy(0)=1';
y=dsolve(eqn,inits,'x')
```

输出结果:

y=

$$\frac{\sqrt{14}}{28}\left(e^{(-4+\sqrt{14})x}-e^{(-4-\sqrt{14})x}\right).\tag{8.47}$$

解 (8.47) 的图像见图 8.5.

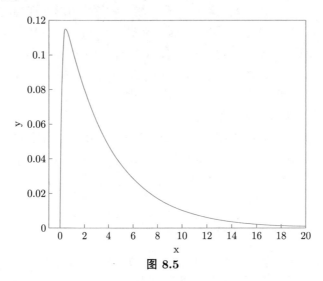

图 8.5

例 8.5. 调用 MATLAB 函数命令求微分方程

$$\begin{cases} y'=-y+2t+6, \\ y(0)=1 \end{cases}\tag{8.48}$$

的精确解和数值解, 并进行比较.

解: 先求精确解.

输入命令:

```
syms y(t)
dsolve(diff(y,t)==-y+2*t+6,y(0)==1)
```

输出结果:

ans=

2*t-3*exp(-t)+4

下面调用求解器 ode45 计算微分方程的数值解, 并与精确解进行比较. 先创建文件名为 fun2 的 m 函数, 定义微分方程:

```
function f = fun2(t,y)
```

```
f = -y+2*t+6;
```
接着在 MATLAB 命令行窗口输入以下代码:
```
t=0:0.05:1;
t = t';
y=2*t - 3*exp(-t) + 4;
[t1,y45] = ode45('fun2',t,1);
figure(1)
plot(t,y,'b-',t,y45,'ro');
xlabel('t'); ylabel('y');
legend('精确解','ode45 方法的数值解','Location','best')
figure(2)
yerr=abs(y-y45);
plot(t,yerr,'b*-')
xlabel('t'); ylabel('数值解 y45 中的误差');
legend('ode45 误差','Location','best')
```
方程 (8.48) 在区间 $[0,1]$ 上的精确解和数值解的比较见图 8.6, 对应的误差函数见图 8.7.

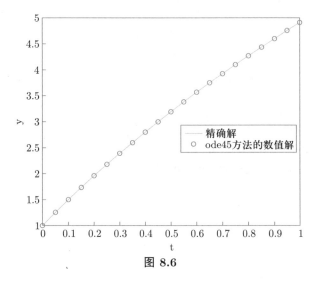

图 8.6

例 8.5 用了 MATLAB 自带的 ode45 函数. 然而, 虽然 ode45 函数高效好用, 但其掩盖了实现原理, 不利于深刻理解数值方法的实现过程. 下面引入四阶龙格-库塔法求解微分方程, 来展现数值运算的实际过程.

例 8.6. 考虑常微分方程

$$\begin{cases} y' = y(1 - y^2), \\ y(0) = 2. \end{cases} \tag{8.49}$$

调用 MATLAB 函数命令求方程的精确解, 并利用四阶龙格-库塔法计算方程的数值解.

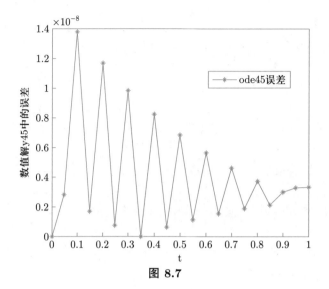

图 8.7

解: 先求方程的精确解.

输入命令:

```
syms y(x)
dsolve(diff(y,x)==y*(1-y^2),y(0)==2)
```

输出结果:

```
ans =
2./(4-3*exp(-2*x)).^(1/2)
```

为了计算数值解, 分别创建文件名为 fun3 的 m 函数文件:

```
function z = fun3(y)
z = y.*(1-y.*y);
```

和文件名为 Runge_Kutta 的 m 函数文件:

```
function y=Runge_Kutta(x0,x1,y0,n)
h=(x1-x0)/n;
y=zeros(n+1,1);
y(1)=y0;
for i=1:n
  k1=fun3(y(i));
  k2=fun3(y(i)+k1*h/2);
  k3=fun3(y(i)+k2*h/2);
  k4=fun3(y(i)+k3*h);
  y(i+1)=y(i)+h*(k1+2*k2+2*k3+k4)/6;
end
```

在 MATLAB 命令行窗口输入以下代码:

```
clear all
clc
```

```
x0=0; % 初始时刻
x1=1; % 终止时刻
y0=2; % 初值条件
n=10; %n+1 为离散节点的个数
y1=Runge_Kutta(x0, x1, y0, n); % 调用定义的 Runge-Kutta 函数
x = linspace(x0,x1,n+1);
x = x';
y=2./(4-3*exp(-2*x)).^(1/2); % 精确解
plot(x,y,'b-',x,y1,'ro')
xlabel('x'); ylabel('y');
legend('精确解','四阶龙格-库塔法的数值解','Location','best')
```

方程 (8.49) 的精确解和四阶龙格−库塔法得到的数值解见图 8.8 和表 8.5.

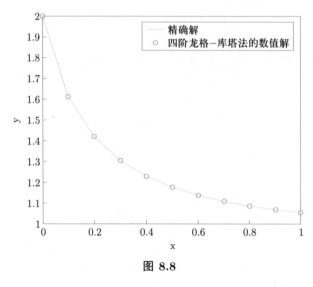

图 8.8

表 8.5　例 8.6 的精确解和四阶龙格−库塔法计算的数值解以及误差

x_i	精确解 $y(x_i)$	数值解 y_i	误差 $|y(x_i) - y_i|$
0	2	2	0
0.1	1.609 7	1.609 3	$3.221\,6 \times 10^{-4}$
0.2	1.418 1	1.417 9	$1.558\,4 \times 10^{-4}$
0.3	1.303 7	1.303 6	$8.728\,1 \times 10^{-5}$
0.4	1.228 1	1.228 1	$5.436\,2 \times 10^{-5}$
0.5	1.175 2	1.175 1	$3.625\,2 \times 10^{-5}$
0.6	1.136 6	1.136 6	$2.530\,0 \times 10^{-5}$
0.7	1.107 7	1.107 6	$1.822\,3 \times 10^{-5}$
0.8	1.085 6	1.085 5	$1.342\,7 \times 10^{-5}$
0.9	1.068 4	1.068 4	$1.005\,9 \times 10^{-5}$
1.0	1.055 0	1.055 0	$7.630\,6 \times 10^{-6}$

本题借助四阶龙格–库塔法对微分方程进行数值求解, 便于直观地看到数值解的运算原理, 从而能够更深刻地理解数值方法的实现过程.

Python 数值求解常微分方程

Python 是一种功能强大的编程语言, 由荷兰数学和计算机科学研究学会的吉多·范罗苏姆 (Guido van Rossum) 于 20 世纪 90 年代初设计, 用来作为一门叫做 ABC 语言的替代品. Python 具有如下几个特点: (1) 提供了高效的高级数据结构, 能简单有效地面向对象编程. (2) 使用较少的关键字和明确定义的语法, 结构简单, 易于学习. (3) 代码定义清晰, 源代码易于维护. Python 语法和动态类型以及解释型语言的本质, 使得它成为多数平台上写脚本和快速开发应用的编程语言. 随着版本的不断更新和语言新功能的添加, Python 逐渐被用于独立大型项目的开发, 从 Web 应用程序到数据科学, 从实时应用程序到嵌入式应用程序等, 详情可见参考文献 [19–21].

Python 提供了许多求解微分方程精确解和数值解的命令函数. 具备解析解的常微分方程, 我们可以利用 Python 的三方包 SymPy 进行求解. 当方程的解析解无法求得时, 可以用 SciPy 中的 integrate.odeint 求数值解来探索其解的部分性质, 并辅以可视化, 直观地展现常微分方程解的性态. 下面通过几个例子来说明如何用 Python 求解常微分方程的精确解和数值解.

例 8.7. 用 Python 求如下微分方程的精确解和数值解:

$$\begin{cases} y' = -y + 2t + 6, \\ y(0) = 1. \end{cases} \tag{8.50}$$

解: 先求精确解, 再求数值解, 并画图比较两种解.

输入命令:

```
import numpy as np
from scipy.integrate import odeint
import matplotlib.pyplot as plt
plt.rcParams['font.sans-serif'] = ['SimHei']
from sympy import*
y = symbols('y',cls=Function)
t = symbols('t')
eq = Eq(y(t).diff(t,1),-y(t)+2*t+6) % 输入方程 (8.50)
dsolve(eq,y(t),ics =y(0):1) % 求方程 (8.50) 的精确解
t1 = np.arange(0,10.5,0.5)
y1 = [(2*(t + 2)*exp(t) - 3)*exp(-t) for t in t1]
def model(y,t):
  dydt = -y+2*t+6
  return dydt
y0 = 1
```

```
t = np.linspace(0,10,20)
y = odeint(model,y0,t) % 求方程 (8.50) 的数值解
plt.plot(t₁,y₁,'b',label='精确解')
plt.plot(t,y,'ro',label='数值解')
plt.xlabel('t')
plt.ylabel('y(t)')
plt.legend()
plt.show() % 画图
```

方程 (8.50) 的精确解和数值解见图 8.9. 可以看到, 数值解和精确解在离散点处非常接近.

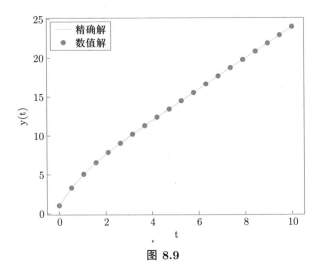

图 8.9

例 8.8. 考虑常微分方程 (8.49), 即

$$\begin{cases} y' = y(1 - y^2), \\ y(0) = 2. \end{cases} \tag{8.51}$$

用 Python 求其精确解和数值解.

解: 先求精确解, 再求数值解, 并画图比较两种解.

输入命令:

```
import numpy as np
from scipy.integrate import odeint
import matplotlib.pyplot as plt
plt.rcParams['font.sans-serif'] = ['SimHei']
from sympy import*
y = symbols('y',cls=Function)
t = symbols('t')
```

```
eq = Eq(y(t).diff(t,1),y(t)*(1-y(t)*y(t))) % 输入方程 (8.51)
dsolve(eq,y(t),ics ={y(0):2}) % 求方程 (8.51) 的精确解
t₁ = np.arange(0,10,0.5)
y₁ = [sqrt(-exp(2*t)/(3/4 - exp(2*t))) for t in t₁]
def model(y,t):
  dydt = y*(1-y*y)
  return dydt
y0 = 2
t = np.linspace(0,10,20)
y = odeint(model,y0,t) % 求方程 (8.51) 的数值解
plt.plot(t₁,y₁,'b',label='精确解')
plt.plot(t,y,'ro',label='数值解')
plt.xlabel('t')
plt.ylabel('y(t)')
plt.legend()
plt.show() % 画图
```

方程 (8.51) 的精确解和数值解见图 8.10. 同样可以看到, 对非线性常微分方程, 数值解和精确解在离散点处也非常接近.

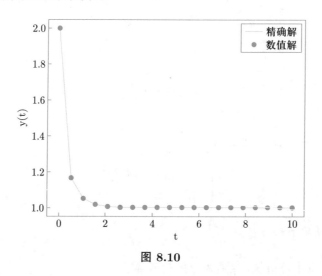

图 8.10

例 8.9. 考虑常微分方程

$$
\begin{cases}
y'' + 8y' + 2y = 0, \\
y(0) = 0, y'(0) = 1.
\end{cases}
\tag{8.52}
$$

用 Python 求其精确解和数值解.

解: 先求精确解, 再求数值解, 并画图比较两种解.

输入命令:

```
import numpy as np
from scipy.integrate import odeint
import matplotlib.pyplot as plt
plt.rcParams['font.sans-serif'] = ['SimHei']
from sympy import*
y = symbols('y',cls=Function)
t = symbols('t')
eq = Eq(y(t).diff(t,2)+8*y(t).diff(t,1)+2*y(t),0) % 输入方程 (8.52)
dsolve(eq,y(t),ics ={y(0):0}) % 求方程 (8.52) 的精确解
c1=symbols('c1')
eqr=-c1*exp(t*(-4 - sqrt(14))) + c1*exp(t*(-4 + sqrt(14)))
eqr1=eqr.diff(t,1)
eqr2=eqr1.subs(t,0)
solveset(eqr2-1,c1)
eqr3=eqr.subs(c1,sqrt(14)/28) % 求解 c1 并代入
t₁ = np.arange(0,5.25,0.25)
y₁ = [-(sqrt(14)/28)*exp(t*(-4 - sqrt(14)))
    + (sqrt(14)/28)*exp(t*(-4 + sqrt(14))) for t in t₁]
def model(y,t):
  dy1 = y[1]
  dy2 = -8*y[1]-2*y[0]
  return [dy1,dy2]
y0 = [0,1]
t = np.linspace(0,5,21)
y = odeint(model,y0,t) % 利用 Numpy 和 Scipy 求解方程 (8.52) 的数值解
y1=y[:,0]% 提取 y(t)
plt.plot(t₁,y₁,'b',label='精确解')
plt.plot(t,y1,'ro',label='数值解')
plt.xlabel('t')
plt.ylabel('y(t)')
plt.legend()
plt.show()% 画图
```

方程 (8.52) 的精确解和数值解见图 8.11. 可以看到, 对二阶常微分方程, 数值解和精确解在离散点处也非常接近.

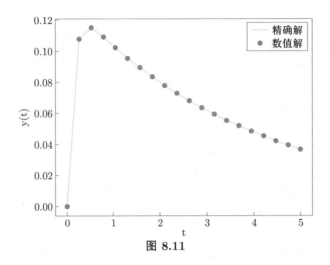

图 8.11

Maple 数值求解常微分方程

1980 年 9 月, 加拿大滑铁卢大学 (University of Waterloo, UW) 的符号计算机研究小组成立, 通过设立项目研究符号计算在计算机上的实现, 数学软件 Maple 是这个项目的产品. 目前, 这仍是一个正在研究的项目. Maple 的第一个商业版本是 1985 年出版的. 随后几经更新, 到 1992 年, Windows 系统下的 Maple 2 面世后, Maple 被广泛地使用, 得到越来越多的用户认可. 特别是 1994 年, Maple 3 出版后, 兴起了 Maple 热, 并以每两年或者每一年的速度更新至 2014 年的 Maple 18. 2015 年, 命名方式改为年份, 2015 年为 Maple 2015, 最新的版本为 2023 年的 Maple 2023. Maple 在全球拥有数百万用户, 被广泛地应用于科学、工程和教育等领域. Maple 系统内置高级技术解决建模和仿真中的数学问题, 包括世界上最强大的符号计算、无限精度数值计算、创新的互联网连接、强大的第四代语言 (4GL) 等, 内置超过 5000 个计算命令, 数学和分析功能覆盖几乎所有的数学分支, 如微积分、微分方程、特殊函数、线性代数、图像声音处理、统计、动力系统等. 用户通过 Maple 产品可以在单一的环境中完成多领域物理系统建模和仿真、符号计算、数值计算、程序设计、技术文件、报告演示、算法开发、外部程序连接等功能, 满足各个层次用户的需要, 从高中生到高级研究人员. 详情请见书籍 [23-25].

Maple 以符号运算、公式推导见长, 输出界面很好, 与我们平常书写几乎一致. 最大的优点就是它的符号运算功能特别强, 特别擅长求解 (偏) 微分方程, 这在既要作数值运算, 又要作符号运算时就显得非常方便了. 除此之外, 其软件只有 30 MB, 安装也很方便. 下面举几个例子来展示如何使用 Maple 求解常微分方程.

例 8.10. 考虑常微分方程

$$
\begin{cases}
y' = -y + 2t + 6, \\
y(0) = 1.
\end{cases}
\tag{8.53}
$$

利用 Maple 计算其精确解和数值解.

解: 先求精确解, 再求数值解, 并画图比较两种解.

定义一个常微分方程 ode.

```
>ode := diff(y(t), t) = -y(t) + 2*t + 6;
```

$$ode:=\frac{d}{dt}y(t)=-y(t)+2t+6$$

定义初值条件 ics.

```
>ics := y(0) = 1;
```

ics := y(0) = 1

求解常微分方程 ode 的精确解.

```
>sol := dsolve({ode,ics});
```

$$sol: = y(t) = 2t + 4 - 3e^{-t}$$

将 sol 转化为函数 y_func.

```
>y_func:= unapply(rhs(sol), t);
```

$$y\_func:= t->2t+4-3e^{-t}$$

求解常微分方程 ode 的数值解.

```
>res := dsolve({ode,ics}, y(t), numeric);
```

res:=proc(x_rkf45)...end proc

导入画图并画出精确解的图像.

```
>withs(plots):
>plot1 := plot(y_func(t), t = 0 .. 1, color = "Blue", style = line,
legend = typeset(" 精确解 "));
```

画出数值解的图像.

```
>plot2 := plots:-odeplot(res, t = 0 .. 1, color = "Red", style = point,
legend = typeset(" 数值解 "));
```

将两个图像合并.

```
>display({plot1, plot2});
```

最后, 方程 (8.53) 的精确解和数值解见图 8.12.

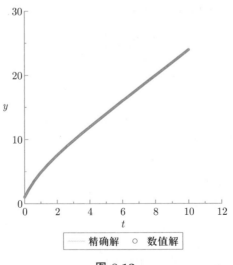

图 8.12

图 8.12 原图

例 8.11. 考虑二阶常微分方程

$$\begin{cases} 3y'' = y' - 1.2y, \\ y(0) = 2, y'(0) = 0. \end{cases} \tag{8.54}$$

利用 Maple 计算其精确解和数值解.

解: 先求精确解, 再求数值解, 并画图比较两种解.

定义一个常微分方程 ode.

```
>ode :=3*diff(y(t),t,t) = diff(y(t),t) - 1.2*y(t);
```

$$\text{ode}:=3\frac{\mathrm{d}^2}{\mathrm{d}t^2}y(t) = \frac{\mathrm{d}}{\mathrm{d}t}y(t) - 1.2y(t)$$

定义初值条件 ics.

```
>ics := D(y)(0) = 0, y(0) = 2;
ics := D(y)(0) = 0, y(0) = 2
```

求解常微分方程 ode 的精确解.

```
>sol := dsolve({ode,ics});
```

$$\text{sol}:=\text{y(t)} = -\frac{2\sqrt{335}\mathrm{e}^{\frac{t}{6}}\sin\left(\frac{\sqrt{335}t}{30}\right)}{67} + 2\mathrm{e}^{\frac{t}{6}}\cos\left(\frac{\sqrt{335}t}{30}\right)$$

将 sol 转化为函数 y_func.

```
>y_func := unapply(rhs(sol), t);
```

$$\text{y\_func} := t-> -\frac{2\sqrt{335}\mathrm{e}^{\frac{t}{6}}\sin\left(\frac{\sqrt{335}t}{30}\right)}{67} + 2\mathrm{e}^{\frac{t}{6}}\cos\left(\frac{\sqrt{335}t}{30}\right)$$

求解常微分方程 ode 的数值解.

```
>res := dsolve({ode,ics}, y(t), numeric);
res:=proc(x_rkf45)...end proc
```

导入画图并画出精确解的图像.

```
>withs(plots):
>plot1 := plot(y_func(t), t = -5 .. 5, color = "Blue", style =line,
legend = typeset("精确解"));
```

画出数值解的图像.

```
>plot2 := plots:-odeplot(res, t = -5 .. 5, color = "Red", style =point,
legend = typeset("数值解"));
```

将两个图像合并.

```
>display({plot1, plot2});
```

最后, 方程 (8.54) 的精确解和数值解见图 8.13.

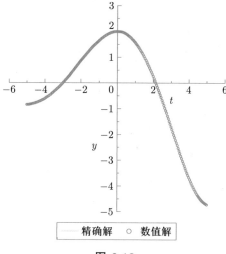

图 8.13 原图

—— 精确解	○ 数值解

图 8.13

例 8.12. 考虑二阶常微分方程

$$\begin{cases} y'' + 2y' + 8y = 0, \\ y(0) = 1, y'(0) = 1. \end{cases} \tag{8.55}$$

利用 Maple 计算其精确解和数值解.

解: 先求精确解, 再求数值解, 并画图比较两种解.

定义一个常微分方程 ode.

```
>ode := diff(y(x), x, x) + 2*diff(y(x), x) + 8*y(x) = 0;
```

$$ode:=\frac{\mathrm{d}^2}{\mathrm{d}x^2}y(x) + 2\frac{\mathrm{d}}{\mathrm{d}x}y(x) + 8y = 0$$

定义初值条件 ics.

```
>ics := D(y)(0) = 1, y(0) = 1;
ics := D(y)(0) = 1, y(0) = 1;
```

求解常微分方程 ode 的精确解.

```
>sol := dsolve({ode,ics});
```

$$sol:=y(x)=\frac{\sqrt{7}e^{-x}\sin(\sqrt{7}x)}{7}$$

将 sol 转化为函数 y_func.

```
>y_func := unapply(rhs(sol), x);
```

$$y\_func := x \; -> \; \frac{\sqrt{7}e^{-x}\sin(\sqrt{7}x)}{7}$$

求解常微分方程 ode 的数值解.

```
>res := dsolve({ode,ics}, y(x), numeric);
res:=proc(x_rkf45)...end proc
```

导入画图并画出精确解的图像.

```
>with(plots):
>plot1 := plot(y_func(x), x = 0 .. 5, color = "Blue", style =line,
legend = typeset("精确解"));
```

画出数值解的图像.

```
>plot2 := plots:-odeplot(res, x = 0 .. 5, color = "Red", style = point,
legend = typeset("数值解"));
```

将两个图像合并.

```
>display({plot1, plot2});
```

最后, 方程 (8.55) 的精确解和数值解见图 8.14.

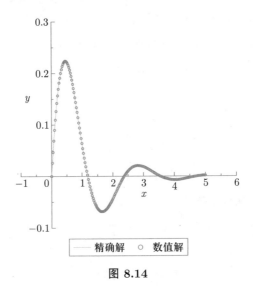

图 8.14 原图

图 **8.14**

8.6　小结和评注

　　本章主要介绍一阶微分方程的常用数值计算公式及其性质分析、高阶方程 (组) 的数值计算公式和三个常用的数学软件. 内容侧重计算格式的构造思想和数值方法的相容性、收敛性、稳定性、截断误差和精度等基本概念. 作为科学计算的一部分, 构造计算格式数值求解微分方程是其中的重要内容. 数值方法不仅仅是一种近似方法, 更是一种解决问题的思想. 通过本章的学习, 读者能够了解科学计算的基本概念和主要内容. 科学计算在出现之初, 不被理论数学家所接受, 被认为不是数学工作. 随着计算理论特别是数值方法的相容性、收敛性和稳定性的不断发展, 科学计算已成为与理论分析、科学实验并列的开展科学研究的三大手段之一. 由于数值求解微分方程的广泛应用性, 目前主流的数学软件如 MATLAB, Python, Maple 和 Mathematics 都开发了专门的微分方程工具包.

第八章小结

8.7　练　习　题

1. 试取步长 $h = 0.1$, 分别用欧拉法和预报校正格式 (8.18) 求解初值问题

$$\begin{cases} \dfrac{\mathrm{d}y}{\mathrm{d}x} = y^2 \cos x, & x \in]0,1], \\ y(0) = 1, \end{cases}$$

并与解析解 $y = \dfrac{1}{1 - \sin x}$ 比较. 若步长减半, 结果又如何?

2. 试取步长 $h = 0.1$, 分别用欧拉法和预报校正格式 (8.18) 计算初值问题

$$\begin{cases} \dfrac{\mathrm{d}y}{\mathrm{d}x} = \dfrac{x - y + 1}{x + y - 3}, \\ y(0) = 1 \end{cases}$$

在 $x = 0.5$ 处的近似解, 并与精确解 $y = 3 - x - \sqrt{x^2 - x + 2}$ 比较.

3. 试取步长 $h = 0.1$, 分别用欧拉法和梯形法求解初值问题

$$\begin{cases} (x + 1)\dfrac{\mathrm{d}y}{\mathrm{d}x} - y = \mathrm{e}^x (x + 1)^2, & x \in]0,1], \\ y(0) = 0, \end{cases}$$

并与解析解 $y = (\mathrm{e}^x - 1)(x + 1)$ 比较.

4. 试取步长 $h = 0.1$, 分别用欧拉法和梯形法求解初值问题

$$\begin{cases} \dfrac{\mathrm{d}y}{\mathrm{d}x} = \dfrac{3}{x} y + 4x^2 + 1, & x \in]1,2], \\ y(1) = 1, \end{cases}$$

并与解析解 $y = \dfrac{3}{2} x^3 + x^3 \ln x^4 - \dfrac{1}{2} x$ 比较.

5. 设有初值问题

$$\begin{cases} \dfrac{\mathrm{d}y}{\mathrm{d}x} = -y, \\ y(0) = 1. \end{cases}$$

证明: 当 $x = nh$ 固定时, 用梯形法得到的近似解 y_n 收敛到初值问题的精确解, 即有 $\lim\limits_{n \to +\infty} y_n = \mathrm{e}^{-x}$. 将预报校正格式 (8.18) 用于本题, 结果又如何?

6. 证明预报校正格式 (8.18) 的局部截断误差阶为 $O(h^3)$.

7. 已知求解常微分方程初值问题 (8.1) 和 (8.2) 的中点格式为

$$y_{n+1} = y_n + hf\left(x_n + \frac{h}{2}, y_n + \frac{h}{2} f(x_n, y_n)\right).$$

试分析其局部截断误差.

8. 试取步长 $h = 0.1$, 分别用中点格式和经典的四级四阶龙格–库塔格式求解练习题 1—4 中的初值问题, 并与解析解比较.

9. 试用四级四阶龙格–库塔格式 (8.45) 解常微分方程组初值问题:

(1) $\begin{cases} \dfrac{\mathrm{d}y_1}{\mathrm{d}x} = 2y_1 + y_2, \quad x \in]0,1], \\[2mm] \dfrac{\mathrm{d}y_2}{\mathrm{d}x} = 2y_2, \\[2mm] y_1(0) = y_2(0) = 1. \end{cases}$

(2) $\begin{cases} \dfrac{\mathrm{d}y_1}{\mathrm{d}x} = -2y_1 + 2y_2 + 2y_3, \\[2mm] \dfrac{\mathrm{d}y_2}{\mathrm{d}x} = -10y_1 + 6y_2 + 8y_3, \quad x \in]0,1], \\[2mm] \dfrac{\mathrm{d}y_3}{\mathrm{d}x} = 3y_1 - y_2 - 2y_3, \\[2mm] y_1(0) = 0, \quad y_2(0) = 1, \quad y_3(0) = -1. \end{cases}$

8.7 练习题
部分参考答案

10. 试用四级四阶龙格–库塔格式 (8.45) 求解高阶方程初值问题:

(1) $\begin{cases} \dfrac{\mathrm{d}^2 y}{\mathrm{d}x^2} - 2x\dfrac{\mathrm{d}y}{\mathrm{d}x} - 4y = 0, \\[2mm] y(0) = 0, \quad y'(0) = 1. \end{cases}$

(2) $\begin{cases} \dfrac{\mathrm{d}^3 y}{\mathrm{d}x^3} + 3\dfrac{\mathrm{d}^2 y}{\mathrm{d}x^2} + 3\dfrac{\mathrm{d}y}{\mathrm{d}x} = \mathrm{e}^{-x}(x - 5) - y, \\[2mm] y(0) = 0, \quad y'(0) = 0, \quad y''(0) = 0. \end{cases}$

作　业　八

1. 考虑伯努利方程

$$y' + y^3 = \frac{y}{a+t}, \quad t > 0,$$

其中 a 是正常数. 设初值条件为 $y(0) = 1$. 试用欧拉法、梯形法和经典的四级四阶龙格–库塔格式编程计算, 完成以下问题:

(1) 验证

$$y = \frac{a+t}{\sqrt{C + \dfrac{2}{3}(a+t)^3}}$$

是伯努利方程的解, 并确定满足初值条件的常数 C.

(2) 设常数 $a = 0.01$, 在同一幅图中画出 $0 \leqslant t \leqslant 3$ 的精确解和三种数值方法当取步长 $h = 0.025$ 时的数值解.

(3) 取步长 $h = 0.1/2^k$, $k = 0, 1, 3, 4$, 重新计算并绘图. 绘图时可以去掉不稳定的数值结果, 但需要做出相应的说明.

(4) 对每一个数值方法, 取步长 $h = 0.1/2^k$, $k = 1, 2, 3, 4, 5$, 计算数值解的最大误差, 并绘制最大误差随步长 h 变化的 log-log 图.

(5) 根据以上数值结果, 从易用性、数值解精度、计算效率和稳定性等角度对所用的三种数值方法做出评价和比较. 此外, 讨论隐式方法中非线性方程的求解方法 (例如, 在梯形法中应用预报校正格式时, 是否可以在不影响求解精度的情况下, 减少迭代步数以提高计算效率?).

2. 考虑莱恩–埃姆登 (Lane-Emden) 方程

$$y'' + \frac{2}{t}y' + y^n = 0, \quad t > 0,$$

其中 n 是非负整数. 设初值条件为 $y(0) = 1$, 且 $y'(0) = 0$. 莱恩–埃姆登方程可用于研究恒星中的温度分布.

(1) 验证

$$y = \frac{\sin t}{t} \quad \text{和} \quad y = \left(1 + \frac{1}{3}t^2\right)^{-1/2}$$

分别是 $n = 1$ 和 5 时初值问题的精确解.

(2) 将莱恩–埃姆登方程改写为等价的一阶常微分方程组.

(3) 是否可以使用欧拉法求解莱恩–埃姆登方程的初值问题? 若可以, 分别计算 $n = 1$ 和 5 时的数值解, 并与相应的精确解绘制在同一幅图中; 否则, 请说明数值方法失效的原因, 并完成后续问题.

(4) 给出一个求解该初值问题的、具有二阶精度的数值格式.

(5) 利用给出的数值格式, 取步长 $h = 0.1$, 分别计算当 $n = 1$ 和 5 时, $0 \leqslant t \leqslant 10$ 的数值解, 并与相应的精确解绘制在同一幅图中.

作业八部分
参考答案

第九章 常微分方程数学模型及应用

纵观微分方程的发展史, 可以发现微分方程与物理学、天文学以及日新月异的科学技术有着密切的联系. 如牛顿研究天体力学和机械力学的时代, 利用微分方程这个工具, 从理论上得到了行星运动的规律, 而法国天文学家勒威耶 (Le Verrier) 和英国天文学家亚当斯使用微分方程各自计算出那时尚未发现的海王星位置. 这些例子都证明微分方程在改造自然和认识自然方面有着巨大的力量. 数学许多其他分支的快速发展, 产生出很多新兴学科, 这些新兴学科的产生都对常微分方程的发展有着深刻的影响, 而且当前计算机的快速发展更是为常微分方程的理论及应用研究提供了非常有力的工具.

本章选取几个不同的应用问题, 建立其相应的常微分方程. 通过求解这些方程, 可以了解一些物理量在不同时刻的状态, 掌握事物的发展规律, 并为实际的决策提供指导.

9.1 振动力学中的常微分方程

弹簧振动的数学模型

振动是指物体围绕它的平衡位置所做的往复运动, 是自然界最普遍的现象之一, 广泛存在于日常生活实践中, 如弹簧的振动、钟摆的振动、琴弦的振动、桥梁的振动、心脏的跳动、耳膜和声带的振动等. (有关资料参见参考文献 [26]).

确定某个机械系统几何位置独立参数的数目, 称为自由度. 机械系统按自由度分为单自由度系统和多自由度系统. 作为最简单、最基本的振动系统, 单自由度系统可以用一个独立坐标来确定系统在任意时刻的位置及其运动规律. 弹簧单自由度黏性阻尼系统运动方程的一般形式为 [27]

$$
\begin{cases}
m\dfrac{\mathrm{d}^2 x}{\mathrm{d}t^2} + c\dfrac{\mathrm{d}x}{\mathrm{d}t} + kx = f, \\
x(0) = x_0, \quad \dfrac{\mathrm{d}x}{\mathrm{d}t}(0) = \dot{x}_0,
\end{cases}
\tag{9.1}
$$

其中 m, k, c 分别为系统的等效质量、等效刚度和等效阻尼, x 为广义振动位移, f 为与位移对应的广义激振力. 系统 (9.1) 是二阶线性非齐次微分方程.

当弹簧自由振动时, 激振力 $f = 0$, (9.1) 简化为二阶线性齐次微分方程

$$\begin{cases} m\dfrac{\mathrm{d}^2x}{\mathrm{d}t^2} + c\dfrac{\mathrm{d}x}{\mathrm{d}t} + kx = 0, \\ x(0) = x_0, \quad \dfrac{\mathrm{d}x}{\mathrm{d}t}(0) = \dot{x}_0. \end{cases} \tag{9.2}$$

进一步, 若弹簧为无阻尼系统, 即阻尼系数 $c = 0$, (9.2) 简化为微分方程

$$\begin{cases} m\dfrac{\mathrm{d}^2x}{\mathrm{d}t^2} + kx = 0, \\ x(0) = x_0, \quad \dfrac{\mathrm{d}x}{\mathrm{d}t}(0) = \dot{x}_0. \end{cases} \tag{9.3}$$

理论研究和定性分析

下面考虑对方程 (9.1)—(9.3) 进行求解. 首先考虑无阻尼自由振动系统 (9.3). 利用特征根法, 可求得通解为

$$x(t) = c_1\cos(\omega_n t) + c_2\sin(\omega_n t).$$

这里 $\omega_n = \sqrt{\dfrac{k}{m}}$ 称为系统的固有频率. 代入初值条件, 得到 (9.3) 的解

$$x(t) = x_0\cos(\omega_n t) + \frac{\dot{x}_0}{\omega_n}\sin(\omega_n t) = X\sin(\omega_n t + \varphi), \tag{9.4}$$

其中 $X = \sqrt{x_0^2 + \left(\dfrac{\dot{x}_0}{\omega_n}\right)^2}$ 为系统振动的振幅; $\varphi = \arctan\dfrac{\omega_n x_0}{\dot{x}_0}$ 为初始相位, 它决定了系统运动的初始位置; $\omega_n t + \varphi$ 为相位角, 它决定了系统 t 时刻的位置. 可以看到, 在无阻尼的自由振动中, 弹簧的振幅为常数, 完全由初始位移和初始速度决定. 因此, 自由振动最初发生的原因, 必须是有初始位移或者初始速度或者两者都有, 否则 $X = 0$, 振动不会发生.

例 9.1. 固定等效质量 $m = 110$ 和等效刚度 $k = 1\,500$, 初始位移和初始速度为 $x_0 = 1, \dot{x}_0 = 15$. 计算无阻尼振动系统 (9.3) 的解.

解: 将参数的取值代入 (9.4) 式, 可计算出无阻尼振动系统 (9.3) 响应 $x(t)$:

$$x(t) = \sqrt{\frac{35}{2}}\sin\left(\sqrt{\frac{150}{11}}t + \varphi\right),$$

其中 $\varphi = \arctan\sqrt{\dfrac{2}{33}}$. 利用 MATLAB 软件画图, $x(t)$ 的图像如图 9.1 所示. 图 9.1 亦表明了无阻尼振动系统响应的非衰减性.

MATLAB 程序如下:

```
t = linspace(0,10,1000);
x0 = 1; xdot0 = 15;
k = 1.5e3;
m = 110;
```

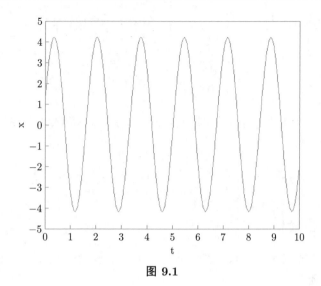

图 9.1

```
omega_n = sqrt(k/m);
if xdot0==0
  varphi = pi/2;
else
  varphi = atan(omega_n*x0/xdot0);
end
X = sqrt(x0^2+(xdot0/omega_n)^2);
x = X*sin(omega_n.*t+varphi);
plot(t,x,'b')
xlabel('t')
ylabel('x')
```

无阻尼自由振动是一种理想状态, 其假定振动中没有能量消耗, 系统可以无休止地振动下去. 然而, 在实际中, 阻尼却总是存在的, 这使得系统的能量逐渐减少, 从而自由振动逐渐衰减直至停止. 常见的阻尼主要分摩擦阻尼和辐射阻尼两大类. 当振动速度较小时, 摩擦力正比于质点的振动速度. 此时阻尼振动的动力学方程具有形式 (9.1) 或 (9.2).

对有黏性阻尼的自由振动系统 (9.2), 其特征方程为

$$m\lambda^2 + c\lambda + k = 0.$$

解得特征根为

$$\lambda = -(\zeta \pm \sqrt{\zeta^2 - 1})\omega_n,$$

其中 $\zeta = \dfrac{c}{2\sqrt{mk}}$ 称为阻尼比. 根据阻尼比取值的不同, 方程的解具有不同的形式.

1. 欠阻尼 (light damping) 解 ($0 < \zeta < 1$)

欠阻尼又称小阻尼, 指阻尼不够大, 不足以阻止振动越过平衡位置, 系统将做振幅逐渐减少的周期性阻尼振动. 利用特征根法, 可求得方程 (9.2) 的解为

$$x(t) = X e^{-\zeta \omega_n t} \sin(\omega_n \sqrt{1-\zeta^2} t + \varphi), \tag{9.5}$$

其中

$$X = \sqrt{x_0^2 + \left(\frac{\dot{x}_0 + \zeta \omega_n x_0}{\omega_n \sqrt{1-\zeta^2}} \right)^2}, \quad \varphi = \arctan \frac{\omega_n x_0 \sqrt{1-\zeta^2}}{\dot{x}_0 + \zeta \omega_n x_0}$$

分别为系统振动的振幅和初始相位. 可以看出, 在有阻尼的自由振动中, 弹簧的最大振幅, 仍由初始位移和初始速度决定. 但是, t 时刻的振幅 $X e^{-\zeta \omega_n t}$ 随着 t 的增大越来越小, 即

$$\lim_{t \to +\infty} X e^{-\zeta \omega_n t} = 0.$$

例 9.2. 设 k, m, x_0 和 $\dot{x}_0$ 取与无阻尼例子 9.1 相同的值. 另外, 分别取阻尼系数 $c = 0.02\sqrt{mk}, 0.1\sqrt{mk}, 0.2\sqrt{mk}$ 和 $\sqrt{mk}$, 计算方程 (9.3) 的解.

解: 对应不同阻尼系数的阻尼比 ζ 分别为 $0.01, 0.05, 0.1$ 和 0.5. 将所有参数值代入表达式 (9.5), 可计算出欠阻尼振动系统的响应 $x(t)$, 利用 MATLAB 画图, 如图 9.2 所示. 可以看出, 对固定的 ζ, 系统的振幅不断被阻碍, 振幅衰减, 并且振动周期也越来越长. 同时, 随着 ζ 值的变大, 阻尼现象不断加强.

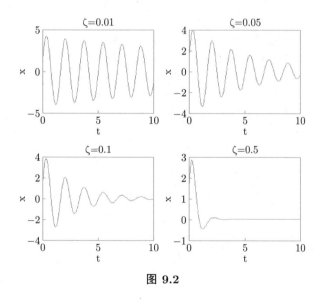

图 9.2

图 9.2 的 MATLAB 程序如下:

```
t = linspace(0,10,1000);
x0 = 1; xdot0 = 15;
k = 1.5e3;
```

```
m = 110;
omega_n = sqrt(k/m);
zeta = 2*sqrt(m*k);
c = 0.01*zeta;
zeta = c/zeta;
omega1 = omega_n*sqrt(1-zeta^2);
varphi = atan(omega1*x0/(xdot0+zeta*omega_n*x0));
X = sqrt(x0^2+((xdot0+zeta*omega_n*x0)/omega1)^2);
x1 = X*exp(-zeta*omega_n*t).*sin(omega1.*t+varphi);

zeta = 2*sqrt(m*k);
c = 0.05*zeta;
zeta = c/zeta;
omega1 = omega_n*sqrt(1-zeta^2);
varphi = atan(omega1*x0/(xdot0+zeta*omega_n*x0));
X = sqrt(x0^2+((xdot0+zeta*omega_n*x0)/omega1)^2);
x2 = X*exp(-zeta*omega_n*t).*sin(omega1.*t+varphi);

zeta = 2*sqrt(m*k);
c = 0.1*zeta;
zeta = c/zeta;
omega1 = omega_n*sqrt(1-zeta^2);
varphi = atan(omega1*x0/(xdot0+zeta*omega_n*x0));
X = sqrt(x0^2+((xdot0+zeta*omega_n*x0)/omega1)^2);
x3 = X*exp(-zeta*omega_n*t).*sin(omega1.*t+varphi);

zeta = 2*sqrt(m*k);
c = 0.5*zeta;
zeta = c/zeta;
omega1 = omega_n*sqrt(1-zeta^2);
varphi = atan(omega1*x0/(xdot0+zeta*omega_n*x0));
X = sqrt(x0^2+((xdot0+zeta*omega_n*x0)/omega1)^2);
x4 = X*exp(-zeta*omega_n*t).*sin(omega1.*t+varphi);

subplot(2,2,1)
plot(t,x1,'b')
xlabel('t')
ylabel('x')
title('\zeta=0.01')

subplot(2,2,2)
```

```
plot(t,x2,'b')
xlabel('t')
ylabel('x')
title('\zeta=0.05')

subplot(2,2,3)
plot(t,x3,'b')
xlabel('t')
ylabel('x')
title('\zeta=0.1')

subplot(2,2,4)
plot(t,x4,'b')
xlabel('t')
ylabel('x')
title('\zeta=0.5')
```

2. 临界阻尼 (critical damping) 解 ($\zeta = 1$)

临界阻尼振动是指对于有阻尼的振动系统, 阻尼力可以用运动速度的线性函数表示, 且比例系数等于两倍的物体质量和该系统无阻尼时的圆频率的乘积. 此时, 利用特征根法, 可求得方程 (9.2) 的解为

$$x(t) = (x_0 + (\dot{x}_0 + \omega_n x_0)t)\mathrm{e}^{-\omega_n t}. \tag{9.6}$$

例 9.3. 设 k, m, x_0 和 $\dot{x}_0$ 取与无阻尼例子 9.1 相同的值, 求解方程 (9.2) 对应于临界阻尼情形的解.

解: 将题目中参数值直接代入 (9.6) 式, 计算出的临界阻尼解 $x(t)$, 如图 9.3 所示. 从图中可以看出, 临界状态下, 振动以指数形式回到平衡位置, 然后不再继续振荡. 这是临界阻尼标志性的特征, 在很多的工程设计中, 都会利用这个特性来实现特定的功能. 不少避震的装置中就会采用临界阻尼的设计. 比如现实生活中, 楼道里常会见到可以自动关闭的门, 这些门的扭转弹簧同时会配有阻尼铰链, 阻尼的大小会非常接近临界阻尼, 这样门就能以最快的速度自动关闭, 不至于来回振荡.

图 9.3 的 MATLAB 程序如下:

```
t = linspace(0,10,1000);
x0 = 1; xdot0 = 15;
k = 1.5e3;
m = 110;
omega_n = sqrt(k/m);
x = (x0+(xdot0+omega_n*x0)*t).*exp(-omega_n*t);
plot(t,x,'b')
```

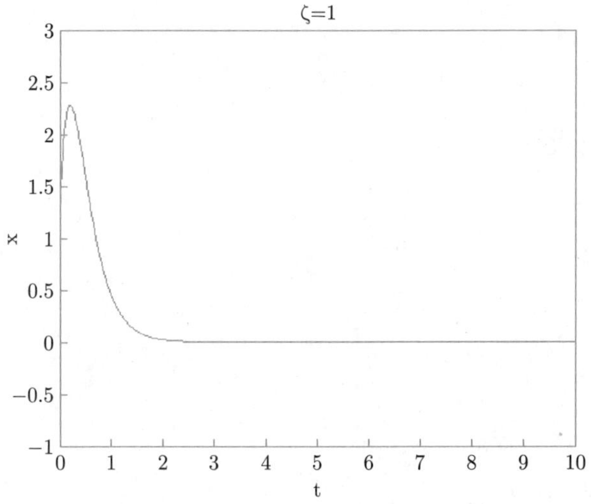

图 9.3

```
xlabel('t')
ylabel('x')
title('\zeta=1')
axis([0 10 -1 3])
```

3. 过阻尼 (over damping) 解 ($\zeta > 1$)

利用特征根法, 可求得方程 (9.2) 的解为

$$x(t) = C_1 e^{-(\zeta - \sqrt{\zeta^2-1})\omega_n t} + C_2 e^{-(\zeta + \sqrt{\zeta^2-1})\omega_n t}, \tag{9.7}$$

其中

$$C_1 = \frac{\dot{x}_0 + (\zeta + \sqrt{\zeta^2-1})\omega_n x_0}{2\omega_n\sqrt{\zeta^2-1}}, \quad C_2 = \frac{-\dot{x}_0 - (\zeta - \sqrt{\zeta^2-1})\omega_n x_0}{2\omega_n\sqrt{\zeta^2-1}}.$$

例 9.4. 设 k, m, x_0 和 $\dot{x}_0$ 取与无阻尼例子 9.1 相同的值. 另外, 分别取阻尼系数 c 为 $10\sqrt{mk}, 20\sqrt{mk}, 100\sqrt{mk}$ 和 $200\sqrt{mk}$, 求方程 (9.2) 的解.

解: 对应的阻尼比 ζ 分别为 $5, 10, 50$ 和 100. 将所有参数值代入表达式 (9.7), 计算出过阻尼振动系统的响应 $x(t)$, 如图 9.4 所示. 可以看到, 过阻尼条件下, 振子的振动行为已经被完全破坏了.

图 9.4 的 MATLAB 程序如下:

```
t = linspace(0,10,1000);
x0 = 1; xdot0 = 15;
k = 1.5e3;
m = 110;
omega_n = sqrt(k/m);
zeta = 2*sqrt(m*k);
```

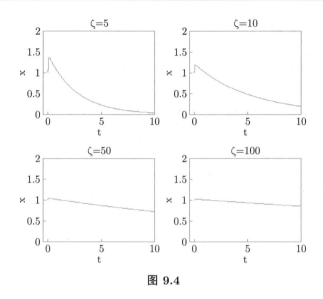

图 9.4

```
c = 5*zeta;
zeta = c/zeta;
omega1 = (zeta-sqrt(zeta^2-1))*omega_n;
omega2 = (zeta+sqrt(zeta^2-1))*omega_n;
C1 = (xdot0+omega2*x0)/(2*omega_n*sqrt(zeta^2-1));
C2 = (-xdot0-omega1*x0)/(2*omega_n*sqrt(zeta^2-1));
x1 = C1*exp(-omega1*t)+C2*exp(-omega2*t);

zeta = 2*sqrt(m*k);
c = 10*zeta;
zeta = c/zeta;
omega1 = (zeta-sqrt(zeta^2-1))*omega_n;
omega2 = (zeta+sqrt(zeta^2-1))*omega_n;
C1 = (xdot0+omega2*x0)/(2*omega_n*sqrt(zeta^2-1));
C2 = (-xdot0-omega1*x0)/(2*omega_n*sqrt(zeta^2-1));
x2 = C1*exp(-omega1*t)+C2*exp(-omega2*t);

zeta = 2*sqrt(m*k);
c = 50*zeta;
zeta = c/zeta;
omega1 = (zeta-sqrt(zeta^2-1))*omega_n;
omega2 = (zeta+sqrt(zeta^2-1))*omega_n;
C1 = (xdot0+omega2*x0)/(2*omega_n*sqrt(zeta^2-1));
C2 = (-xdot0-omega1*x0)/(2*omega_n*sqrt(zeta^2-1));
x3 = C1*exp(-omega1*t)+C2*exp(-omega2*t);
```

```
zeta = 2*sqrt(m*k);
c = 100*zeta;
zeta = c/zeta;
omega1 = (zeta-sqrt(zeta^2-1))*omega_n;
omega2 = (zeta+sqrt(zeta^2-1))*omega_n;
C1 = (xdot0+omega2*x0)/(2*omega_n*sqrt(zeta^2-1));
C2 = (-xdot0-omega1*x0)/(2*omega_n*sqrt(zeta^2-1));
x4 = C1*exp(-omega1*t)+C2*exp(-omega2*t);

subplot(2,2,1)
plot(t,x1,'b')
xlabel('t')
ylabel('x')
title('\zeta=5')
axis([-0.5 10 0 2])

subplot(2,2,2)
plot(t,x2,'b')
xlabel('t')
ylabel('x')
title('\zeta=10')
axis([-0.5 10 0 2])

subplot(2,2,3)
plot(t,x3,'b')
xlabel('t')
ylabel('x')
title('\zeta=50')
axis([-0.5 10 0 2])

subplot(2,2,4)
plot(t,x4,'b')
xlabel('t')
ylabel('x')
title('\zeta=100')
axis([-0.5 10 0 2])
```

临界阻尼和过阻尼解已经不是振动形式, 因此在分析弹簧的振动时, 无须关注和讨论. 另外, 我们还可以考虑一般单自由度振动方程 (9.1) 的解在不同参数值下的性态, 其讨论与方程 (9.2) 类似, 此处省略, 留作课后练习.

9.2 生物种群中的常微分方程

单种群模型 [28]

单种群模型是用来研究单个物种数量变化规律的数学模型. 用 $x(t)$ 表示 t 时刻某范围内某个种群的数量. 当该种群的数量较大时, 可以将 $x(t)$ 看作 t 的连续函数. 设 $x(t)$ 仅与该种群的出生率 B、死亡率 D、迁入率 I 和迁出率 E 因素有关, 则种群数量满足如下的一般模型:

$$\begin{cases} \dfrac{\mathrm{d}x}{\mathrm{d}t} = B - D + I - E, \\ x(t_0) = x_0. \end{cases} \tag{9.8}$$

基于上述一般原理, 下面以一个很大水域中鱼类的生长规律为例介绍两个简单常微分方程模型. 为简单起见, 假定对一个很大的水域, 迁入和迁出的鱼的数量相对很小, 即忽略迁移对鱼类数量变化的影响, 假定鱼类数量的变化仅与出生率和死亡率有关. 进一步, 假定每条鱼的死亡与生育水平相同, 从而可设 $B - D = rx$, 即鱼类数量的出生率与死亡率之差与其总数成正比, 其中常数 r 称为自然增长率. 将这些假定和关系式代入一般模型 (9.8), 就得到了鱼类数量增长规律的马尔萨斯 (Malthus) 模型:

$$\begin{cases} \dfrac{\mathrm{d}x}{\mathrm{d}t} = rx, \\ x(t_0) = x_0. \end{cases}$$

该模型是一个变量分离方程, 其解是 $x(t) = x_0 \mathrm{e}^{r(t-t_0)}$.

马尔萨斯模型中假设自然增长率 r 为常数, 这使得模型简单实用. 特别地, 当鱼类数量较少时, 该模型能在较短时期内较好地预测鱼类数量的变化规律. 但当 $r > 0$ 时, 该模型也导致了鱼类数量的无限制增长, 显然不合理, 需要进行必要的修正.

当鱼类数量增加到一定水平后, 会产生一些新问题, 如食物短缺、空间拥挤, 从而导致增长率减小. 假设鱼类数量的增长率满足 $B - D = rx\left(1 - \dfrac{x}{k}\right)$, 其中 r 称为内禀增长率或固有增长率, k 为环境容纳量. 修正后的模型为

$$\begin{cases} \dfrac{\mathrm{d}x}{\mathrm{d}t} = rx\left(1 - \dfrac{x}{k}\right), \\ x(t_0) = x_0. \end{cases} \tag{9.9}$$

该模型称为逻辑斯谛 (logistic) 模型, 仍然是变量分离方程. 设 $x_0 \neq 0$, 则方程 (9.9) 的解为

$$x(t) = \dfrac{k}{1 + \left(\dfrac{k}{x_0} - 1\right)\mathrm{e}^{-r(t-t_0)}}, \quad t \geqslant t_0. \tag{9.10}$$

多种群模型

在同一自然环境中, 经常有多种生物共存, 对相互之间影响大的生物种群, 单独讨论某个种群的规律并不符合实际情况. 这就导出了多种群模型. 多种群模型研究在同一环境中两种或两种以上生物种群数量的变化规律, 反映种群之间的相互关系. 下面仅仅给出两种群、三种群模型的沃尔泰拉 (Volterra) 模型, 包含更多种群的模型更加复杂, 但可以类似建立.

1. 两种群模型

设 $x(t), y(t)$ 表示 t 时刻某范围内两个种群的数量, 则两个种群的相对增长率为 $\dfrac{1}{x}\dfrac{\mathrm{d}x}{\mathrm{d}t}$ 和 $\dfrac{1}{y}\dfrac{\mathrm{d}y}{\mathrm{d}t}$. 相对增长率同时受种群内部自身的发展规律和种群间相互作用影响, 其一般形式为

$$\begin{cases} \dfrac{1}{x}\dfrac{\mathrm{d}x}{\mathrm{d}t} = f_1(x,y), \\ \dfrac{1}{y}\dfrac{\mathrm{d}y}{\mathrm{d}t} = f_2(x,y), \\ x(t_0) = x_0, y(t_0) = y_0. \end{cases}$$

若假设两个种群的相对增长率都是种群数量 x 和 y 的线性函数, 则上述方程简化为如下的沃尔泰拉模型:

$$\begin{cases} \dfrac{\mathrm{d}x}{\mathrm{d}t} = x(a_1 + b_1 x + c_1 y), \\ \dfrac{\mathrm{d}y}{\mathrm{d}t} = y(a_2 + b_2 x + c_2 y), \\ x(t_0) = x_0, y(t_0) = y_0, \end{cases} \tag{9.11}$$

其中 a_1, a_2 称为内禀增长率, 分别反映种群 x, y 的固有增长率, b_1, c_2 反映种群各自内部的影响, b_2, c_1 反映一个种群对另一个种群的影响.

在两种群沃尔泰拉模型中, 参数 a_1, a_2 的正负视两种群各自食物的来源而定. 例如, 当 x 种群的食物是 y 种群以外的其他资源时, $a_1 \geqslant 0$; 而当 x 种群仅以 y 种群为食物时, $a_1 \leqslant 0$. a_2 的正负符号取值类似. b_1, c_2 反映种群内部数量的制约因素, 体现了种内竞争, 因此一般有 $b_1 \leqslant 0, c_2 \leqslant 0$. 最后, b_2, c_1 的正负需要根据两种群之间相互作用的情况而定, 一般分为三种类型: 相互竞争型、互惠共存型和捕食与被捕食型. 在相互竞争型中, 种群 x 和种群 y 相互猎杀或者竞争同一种食物资源, 其存在都对另一个种群不利, 故此时有

$$b_2 \leqslant 0, \quad c_1 \leqslant 0.$$

在互惠共存型中, 种群 x 和种群 y 的存在对对方都有利, 对对方种群数量的增长起到促进作用, 故此时有

$$b_2 \geqslant 0, \quad c_1 \geqslant 0.$$

在捕食与被捕食型中, 某个种群以另外一个种群为食物来源, 这时前者的存在对后者数量的增长不利, 而后者的存在对前者数量的增长有利, 故此时有

$$b_2 \geqslant 0, \quad c_1 \leqslant 0$$

或

$$b_2 \leqslant 0, \quad c_1 \geqslant 0.$$

2. 三种群模型

设 $x(t), y(t), z(t)$ 表示 t 时刻某范围内三个种群的数量, 则它们的相对增长率分别为 $\frac{1}{x}\frac{\mathrm{d}x}{\mathrm{d}t}, \frac{1}{y}\frac{\mathrm{d}y}{\mathrm{d}t}$ 和 $\frac{1}{z}\frac{\mathrm{d}z}{\mathrm{d}t}$. 同样假设三个种群的相对增长率都是种群数量 x, y 和 z 的线性函数, 则反映三种群相互作用的沃尔泰拉模型如下:

$$\begin{cases} \dfrac{\mathrm{d}x}{\mathrm{d}t} = x(a_1 + b_1 x + c_1 y + d_1 z), \\[2mm] \dfrac{\mathrm{d}y}{\mathrm{d}t} = y(a_2 + b_2 x + c_2 y + d_2 z), \\[2mm] \dfrac{\mathrm{d}z}{\mathrm{d}t} = z(a_3 + b_3 x + c_3 y + d_3 z), \\[2mm] x(t_0) = x_0, y(t_0) = y_0, z(t_0) = y_0. \end{cases} \tag{9.12}$$

理论研究和定性分析

下面通过讨论单种群模型和多种群模型来分析和掌握物种数量的变化情况.

首先考察逻辑斯谛单种群模型 (9.9). 不失一般性, 设 $t_0 = 0$. 则解表达式 (9.10) 退化为

$$x(t) = \frac{k}{1 + \left(\dfrac{k}{x_0} - 1\right)\mathrm{e}^{-rt}}, t \geqslant 0. \tag{9.13}$$

固定种群数量最大容纳值 k 和自然增长率 r, 我们考察初值 x_0 对鱼群数量演化的影响. 为此, 设 $k = 10\,000, r = 0.9$, 分别取 $x_0 = 100, 500, 1\,000, 5\,000$, 对应的解见图 9.5. 由图 9.5 可以看出, 对所有 x_0, 鱼群数量都随着时间的推移而不断增加, 不断逼近最大容纳值. 随着鱼群数量的增加, 其增长速度先不断加速, 然后逐渐减速为 0. 令 $x''(t) = 0$ 可得增长速度的拐点时刻 $t = \frac{1}{r}\ln\left(\frac{k}{x_0} - 1\right)$. 因而当 $\frac{k}{x_0} > 1$ 时, 增长速度会出现先加快后变慢的拐点.

类似地, 固定 k 和初值 x_0, 可以考察自然增长率 r 对鱼群数量演化的影响. 为此, 设 $k = 10\,000, x_0 = 100$, 分别取 $r = 0.1, 0.3, 0.5, 0.7, 0.9$, 对应解的动力学行为见图 9.6. 容易看出, r 越大, 鱼群数量的增长也越快.

图 9.5 和图 9.6 的 MATLAB 程序如下:

```
t = linspace(0,10,1000);
k = 10000;
```

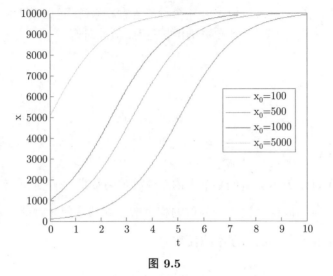

图 **9.5**

图 9.5 原图

图 9.6 原图

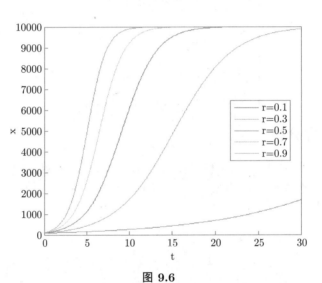

图 **9.6**

```
r = 0.9;
x0 = 100;
x1 = k./(1+(k/x0-1)*exp(-r*t));

x0 = 500;
x2 = k./(1+(k/x0-1)*exp(-r*t));

x0 = 1000;
x3 = k./(1+(k/x0-1)*exp(-r*t));

x0 = 5000;
x4 = k./(1+(k/x0-1)*exp(-r*t));
```

```
figure(1)
plot(t,x1,'b-',t,x2,'r-',t,x3,'k-',t,x4,'g-')
xlabel('t')
ylabel('x')
legend('x_0=100','x_0=500','x_0=1000','x_0=5000','Location','best')

t = linspace(0,30,1000);
k = 10000;
x0 = 100;
r = 0.1;
x1 = k./(1+(k/x0-1)*exp(-r*t));

r = 0.3;
x2 = k./(1+(k/x0-1)*exp(-r*t));

r = 0.5;
x3 = k./(1+(k/x0-1)*exp(-r*t));

r = 0.7;
x4 = k./(1+(k/x0-1)*exp(-r*t));

r = 0.9;
x5 = k./(1+(k/x0-1)*exp(-r*t));

figure(2)
plot(t,x1,'b-',t,x2,'r-',t,x3,'k-',t,x4,'g-',t,x5,'m-')
xlabel('t')
ylabel('x')
legend('r=0.1','r=0.3','r=0.5','r=0.7','r=0.9','Location','best')
```

下面考察两种群沃尔泰拉模型解的性态. 在相互竞争型中, 模型 (9.11) 退化为

$$
\begin{cases}
\dfrac{\mathrm{d}x}{\mathrm{d}t} = r_1 x \left(1 - \dfrac{x}{k_1} - \sigma_1 \dfrac{y}{k_2}\right), \\
\dfrac{\mathrm{d}y}{\mathrm{d}t} = r_2 y \left(1 - \sigma_2 \dfrac{x}{k_1} - \dfrac{y}{k_2}\right), \\
x(t_0) = x_0, y(t_0) = y_0,
\end{cases}
\tag{9.14}
$$

其中参数 r_1, r_2 为两种群各自的固有增长率, k_1, k_2 为各自的最大容量, σ_1 表示单位数量 y 消耗供养 x 的食物量是单位数量 x 自身消耗的 σ_1 倍, σ_2 表示单位数量 x 消耗供养 y 的食物量是单位数量 y 自身消耗的 σ_2 倍, 它们反映了两种群的竞争能力.

令

$$\begin{cases} r_1 x \left(1 - \dfrac{x}{k_1} - \sigma_1 \dfrac{y}{k_2} \right) = 0, \\ r_2 y \left(1 - \sigma_2 \dfrac{x}{k_1} - \dfrac{y}{k_2} \right) = 0, \end{cases}$$

解得平衡点为

$$P_1(0,0), \quad P_2(k_1,0), \quad P_3(0,k_2), \quad P_4 \left(\frac{k_1(1-\sigma_1)}{1-\sigma_1\sigma_2}, \frac{k_2(1-\sigma_2)}{1-\sigma_1\sigma_2} \right).$$

下面讨论四个平衡点的稳定性. 为此记

$$z = \begin{pmatrix} x \\ y \end{pmatrix}, \quad z_0 = \begin{pmatrix} x_0 \\ y_0 \end{pmatrix}.$$

则方程可表示为

$$\frac{\mathrm{d}z}{\mathrm{d}t} = A_1 z + R_1(z), \tag{9.15}$$

其中

$$A_1 = \begin{pmatrix} r_1 & 0 \\ 0 & r_2 \end{pmatrix}, \quad R_1(z) = - \begin{pmatrix} \dfrac{r_1}{k_1}x^2 + \dfrac{r_1\sigma_1}{k_2}xy \\ \dfrac{r_2\sigma_2}{k_1}xy + \dfrac{r_2}{k_2}y^2 \end{pmatrix}.$$

对平衡点 $P_1(0,0)$, 容易验证

$$\lim_{\|z\| \to 0} \frac{\|R_1(z)\|}{\|z\|} = 0.$$

满足稳定性定理的条件. 显然, A_1 的特征根为 r_1, r_2, 且都大于零. 故方程组 (9.15) 的平衡点 $P_1(0,0)$ 是不稳定的.

对平衡点 $P_2(k_1,0)$, 作变换

$$w = z - \begin{pmatrix} k_1 \\ 0 \end{pmatrix}.$$

则模型 (9.14) 转化为

$$\frac{\mathrm{d}w}{\mathrm{d}t} = A_2 w + R_2(w), \tag{9.16}$$

其中

$$A_2 = \begin{pmatrix} -r_1 & -\dfrac{r_1 k_1 \sigma_1}{k_2} \\ 0 & r_2(1-\sigma_2) \end{pmatrix}, \quad R_2(w) = - \begin{pmatrix} \dfrac{r_1}{k_1}w_1^2 + \dfrac{r_1\sigma_1}{k_2}w_1 w_2 \\ \dfrac{r_2\sigma_2}{k_1}w_1 w_2 + \dfrac{r_2}{k_2}w_2^2 \end{pmatrix}.$$

同样, 有

$$\lim_{\|w\| \to 0} \frac{\|R_2(w)\|}{\|w\|} = 0.$$

可以验证, 零解是方程组 (9.16) 的平衡点. 计算得 A_2 的特征根分别为 $-r_1(<0)$, $r_2(1-\sigma_2)$. 由稳定性定理知: 当 $\sigma_2 > 1$ 时, A_2 的两个特征根都为负数, $w=0$ 或 $P_2(k_1,0)$ 为渐近稳定的; 当 $\sigma_2 < 1$ 时, A_2 的特征根 $r_2(1-\sigma_2) > 0$, 平衡点 $P_2(k_1,0)$ 不稳定; 当 $\sigma_2 = 1$ 时, A_2 的第二个特征根为零, 由于其重数为 1, 因而平衡点 $w=0$ 或 $P_2(k_1,0)$ 为渐近稳定的.

对平衡点 $P_3(0,k_2)$, $P_4\left(\dfrac{k_1(1-\sigma_1)}{1-\sigma_1\sigma_2},\dfrac{k_2(1-\sigma_2)}{1-\sigma_1\sigma_2}\right)$, 可以作类似的讨论.

在捕食与被捕食型的两种群中, 不妨假设种群 x 为捕食者, 种群 y 为被捕食者, 则两种群沃尔泰拉模型 (9.11) 退化为

$$\begin{cases} \dfrac{dx}{dt} = x(r_1 - \lambda_1 y), \\ \dfrac{dy}{dt} = y(-r_2 + \lambda_2 x), \\ x(t_0) = x_0, y(t_0) = y_0, \end{cases} \tag{9.17}$$

其中参数 r_1, r_2 为两种群各自的固有增长率, λ_1 反映捕食者 x 的捕食能力、λ_2 反映食饵 y 对捕食者的供养能力, 这些参数都大于零. 令

$$\begin{cases} x(r_1 - \lambda_1 y) = 0, \\ y(-r_2 + \lambda_2 x) = 0, \end{cases}$$

解得平衡点为

$$P_1(0,0), \quad P_2\left(\dfrac{r_2}{\lambda_2},\dfrac{r_1}{\lambda_1}\right).$$

类似地, 将方程组 (9.17) 表示为矩阵、向量形式:

$$\dfrac{dz}{dt} = A_3 z + R_3(z), \tag{9.18}$$

其中

$$A_3 = \begin{pmatrix} r_1 & 0 \\ 0 & -r_2 \end{pmatrix}, \quad R_3(z) = \begin{pmatrix} -\lambda_1 xy \\ \lambda_2 xy \end{pmatrix}.$$

对平衡点 $P_1(0,0)$, 容易验证

$$\lim_{\|z\|\to 0} \dfrac{\|R_3(z)\|}{\|z\|} = 0.$$

满足稳定性定理的条件. 由于 A_3 的特征根为 r_1, 且大于零, 平衡点 $P_1(0,0)$ 不是方程组 (9.18) 的稳定点.

对平衡点 $P_2\left(\dfrac{r_2}{\lambda_2},\dfrac{r_1}{\lambda_1}\right)$, 作变换

$$w = z - \begin{pmatrix} \dfrac{r_2}{\lambda_2} \\ \dfrac{r_1}{\lambda_1} \end{pmatrix}.$$

则方程组 (9.18) 可转化为

$$\frac{\mathrm{d}w}{\mathrm{d}t} = A_4 w + R_4(w), \tag{9.19}$$

其中

$$A_4 = \begin{pmatrix} 0 & -\dfrac{r_2 \lambda_1}{\lambda_2} \\ \dfrac{r_1 \lambda_2}{\lambda_1} & 0 \end{pmatrix}, \quad R_4(w) = \begin{pmatrix} -\lambda_1 w_1 w_2 \\ \lambda_2 w_1 w_2 \end{pmatrix}.$$

同样, 有

$$\lim_{\|w\| \to 0} \frac{\|R_4(w)\|}{\|w\|} = 0.$$

可以验证, 零解是方程组 (9.19) 的平衡点. 计算得 A_4 的特征根为 $\pm \mathrm{i}\sqrt{r_1 r_2}$, 即特征根都是零实部的虚根, 且重数都为 1. 因此, 由稳定性定理知平衡点 $P_2 \left(\dfrac{r_2}{\lambda_2}, \dfrac{r_1}{\lambda_1} \right)$ 为渐近稳定的.

我们还可以对两种群的互惠共存型和三种群沃尔泰拉模型展开讨论. 由于三种群的两两关系不同的各种组合会产生许多不同类型的数学模型, 其相互作用的情况要比两种群作用的情况复杂.

沃尔泰拉模型的数值解法

沃尔泰拉模型 (9.11) 和 (9.12) 是非线性方程组. 当方程组中的参数已知时, 可以用第八章的数值方法求出它们的近似解. 下面以相互竞争型和捕食与被捕食型两种群模型 (9.14) 和 (9.17) 为例, 利用 MATLAB 中的 ode45 命令求解其数值解. ode45 表示采用四阶和五阶组合龙格–库塔算法, 它用四阶方法提供候选解, 并用五阶方法来控制误差. 四阶和五阶组合龙格–库塔算法是一种自适应变步长的常微分方程数值解法, 具有五阶精度, 是求解非刚性常微分方程的首选算法.

例 9.5. 给定两种群相互竞争型沃尔泰拉方程组

$$\begin{cases} \dfrac{\mathrm{d}x}{\mathrm{d}t} = r_1 x \left(1 - \dfrac{x}{k_1} - \sigma_1 \dfrac{y}{k_2} \right), \\ \dfrac{\mathrm{d}y}{\mathrm{d}t} = r_2 y \left(1 - \sigma_2 \dfrac{x}{k_1} - \dfrac{y}{k_2} \right), \\ x(t_0) = x_0, y(t_0) = y_0. \end{cases} \tag{9.20}$$

固定 $k_1 = k_2 = 10\,000$, $\sigma_1 = 2$, 分三种情况: $\sigma_2 = 2 > 1$, $\sigma_2 = 1$ 和 $\sigma_2 = 0.6 < 1$, 分别考察方程组的解关于自然增长率 r_1, r_2 和初值 x_0, y_0 的依赖情况.

解: 一般来讲, 方程组 (9.20) 没有显式的解析解. 方程组的四个平衡点为

$$P_1(0,0), \quad P_2(10\,000, 0), \quad P_3(0, 10\,000), \quad P_4 \left(\frac{-10\,000}{1 - 2\sigma_2}, \frac{10\,000(1 - \sigma_2)}{1 - 2\sigma_2} \right).$$

当 $\sigma_2 = 2 > 1$ 时, 有 $P_4\left(\dfrac{10\,000}{3}, \dfrac{10\,000}{3}\right)$, 不同自然增长率和不同初值下方程组 (9.20) 数值解的演化情况见图 9.7.

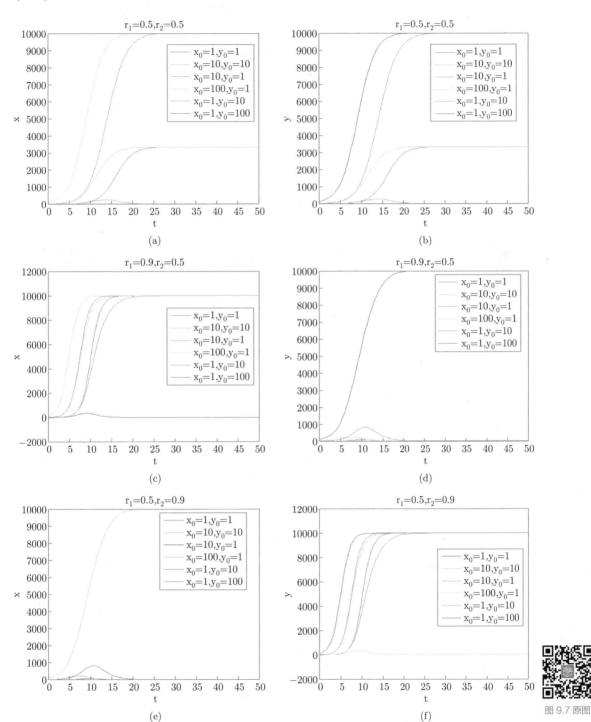

图 **9.7**

由该图可以看出, 当 $\sigma_2 > 1$ 时, 对给定的不同参数值, 两种群相互竞争型沃尔泰拉方程组的解都收敛到方程组的平衡点

$$P_2(10\,000, 0), \quad P_3(0, 10\,000), \quad P_4\left(\frac{10\,000}{3}, \frac{10\,000}{3}\right).$$

因而, P_2, P_3, P_4 都是稳定点. 同时, 图 9.7 也表明, 点 $P_1(0,0)$ 不是方程组的稳定点.

当 $\sigma_2 = 1$ 时, 有 $P_4(10\,000, 0)$, 与 P_2 相同. 图 9.8 是不同自然增长率和不同初值下方程组 (9.20) 数值解的演化情况.

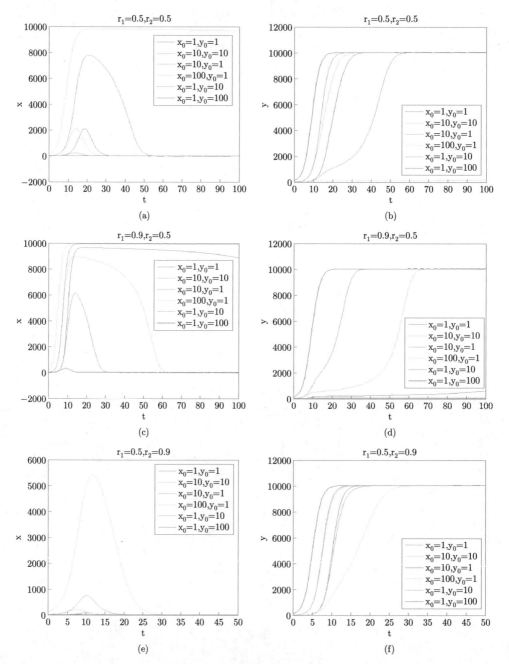

图 9.8 原图

图 9.8

由该图可以看出, 当 $\sigma_2 = 1$ 时, 对给定的不同参数值, 两种群相互竞争型沃尔泰拉方程组的解都收敛到方程组的平衡点 $P_2(10\,000, 0)$, $P_3(0, 10\,000)$. 因而, P_2, P_3 都是稳定点. 同时, 图 9.8 也表明, 点 $P_1(0, 0)$ 不是方程组的稳定点.

当 $\sigma_2 = 0.6 < 1$ 时, 有 $P_4(50\,000, -20\,000)$, 该平衡点不是一个符合实际情况的点. 不同自然增长率和不同初值下方程组 (9.20) 数值解的演化情况见图 9.9. 由该图可以看出, 当 $\sigma_2 < 1$ 时, 对给定的不同参数值, 两种群相互竞争型沃尔泰拉方程组的解都收敛到方程组的平衡点 $P_3(0, 10\,000)$. 因而, P_3 是稳定点.

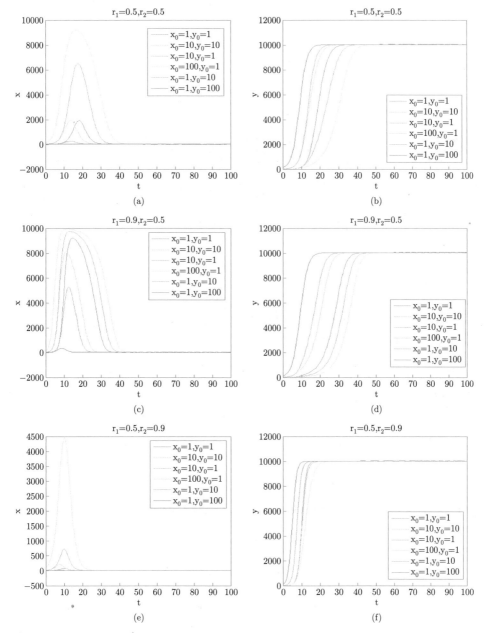

图 9.9

图 9.9 原图

图 9.9(e),(f) 的程序如下, 图 9.7 和图 9.8 以及图 9.9(a)—(d) 的程序类似, 只需改变 σ_2, r_1 和 r_2 的值.

先建立 m 函数 fun931 来描述方程组 (9.20).

```
function dz = fun931(t,z,sigma2,r1,r2)
dz=zeros(2,1);
k1 = 10000;
k2 = k1;
sigma1 = 2;
dz(1)= r1*z(1)*(1-z(1)/k1-sigma1*z(2)/k2);
dz(2)= r2*z(2)*(1-sigma2*z(1)/k1-z(2)/k2);
```

调用 ode45 对方程组 (9.20) 进行求解, 程序如下:

```
clc
sigma2 = 0.6;
r1 = 0.5;
r2 = 0.9;
T = 100;

inits = [1;1];
[t1,y45] = ode45(@(t,z) fun931(t,z,sigma2,r1,r2),[0 T],inits);
x1 = y45(:,1);
y1 = y45(:,2);

inits = [10;10];
[t2,y45] = ode45(@(t,z) fun931(t,z,sigma2,r1,r2),[0 T],inits);
x2 = y45(:,1);
y2 = y45(:,2);

inits = [10;1];
[t3,y45] = ode45(@(t,z) fun931(t,z,sigma2,r1,r2),[0 T],inits);
x3 = y45(:,1);
y3 = y45(:,2);

inits = [100;1];
[t4,y45] = ode45(@(t,z) fun931(t,z,sigma2,r1,r2),[0 T],inits);
x4 = y45(:,1);
y4 = y45(:,2);

inits = [1;10];
[t5,y45] = ode45(@(t,z) fun931(t,z,sigma2,r1,r2),[0 T],inits);
x5 = y45(:,1);
y5 = y45(:,2);
```

```
inits = [1;100];
[t6,y45] = ode45(@(t,z) fun931(t,z,sigma2,r1,r2),[0 T],inits);
x6 = y45(:,1);
y6 = y45(:,2);

figure(1)
plot(t1,x1,'b-',t2,x2,'g-',t3,x3,'r-',t4,x4,'c-',t5,x5,'m-',t6,x6,'k-');
xlabel('t'); ylabel('x');
legend('x_0=1,y_0=1','x_0=10,y_0=10','x_0=10,y_0=1',...
       'x_0=100,y_0=1','x_0=1,y_0=10','x_0=1,y_0=100','Location','best')
title('r_1=0.5,r_2=0.9')

figure(2)
plot(t1,y1,'b-',t2,y2,'g-',t3,y3,'r-',t4,y4,'c-',t5,y5,'m-',t6,y6,'k-');
xlabel('t'); ylabel('y');
legend('x_0=1,y_0=1','x_0=10,y_0=10','x_0=10,y_0=1',...
       'x_0=100,y_0=1','x_0=1,y_0=10','x_0=1,y_0=100','Location','best')
title('r_1=0.5,r_2=0.9')
```

例 9.6. 给定两种群捕食与被捕食型沃尔泰拉方程组

$$\begin{cases} \dfrac{\mathrm{d}x}{\mathrm{d}t} = x(r_1 - \lambda_1 y), \\[2mm] \dfrac{\mathrm{d}y}{\mathrm{d}t} = y(-r_2 + \lambda_2 x), \\[2mm] x(t_0) = x_0, y(t_0) = y_0. \end{cases} \tag{9.21}$$

分别考察方程组的解关于自然增长率 r_1, r_2 和初值 x_0, y_0 的依赖情况.

解: 与相互竞争型类似, 方程组 (9.21) 一般也没有显式的解析解. 方程的两个平衡点为

$$P_1(0,0), \quad P_2\left(\frac{r_2}{\lambda_2}, \frac{r_1}{\lambda_1}\right).$$

固定捕食能力参数 $\lambda_1 = 0.1$、供养能力参数 $\lambda_2 = 0.5$, 不同自然增长率和不同初值下方程组 (9.21) 数值解的演化情况见图 9.10. 由该图可以看出, 对给定的不同参数值, 两种群捕食与被捕食型沃尔泰拉方程组的解表现出振荡性. 这与 $x(t), y(t)$ 都是振荡的周期函数的理论结果是一致的.

需要指出的是, 虽然方程的解对任意给定的参数表现出振荡性质, 然而两种群个体数量在一个周期内的平均值却分别保持为常数. 设 T 为周期, 则

$$\frac{1}{T}\int_0^T x(t)\mathrm{d}t = \frac{r_2}{\lambda_2}, \quad \frac{1}{T}\int_0^T y(t)\mathrm{d}t = \frac{r_1}{\lambda_1}.$$

下面分别取 $\lambda_1 = 0.001$, $\lambda_2 = 0.005$ 和 $\lambda_1 = 0.005$, $\lambda_2 = 0.001$, 计算

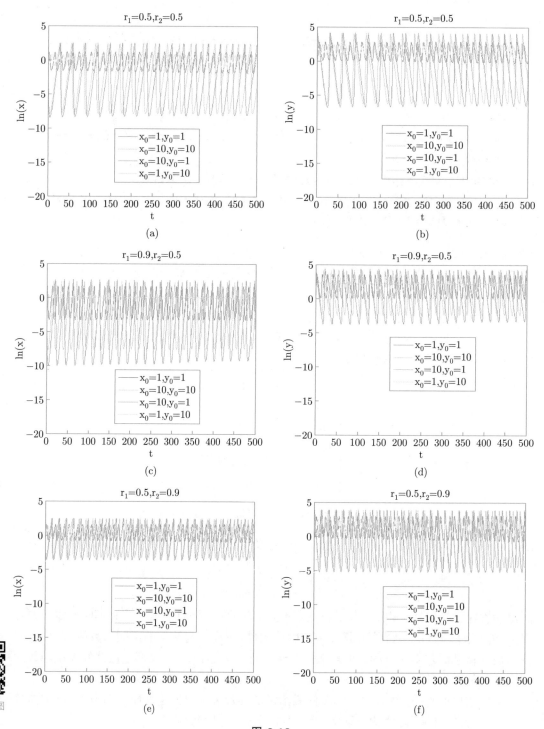

图 9.10

$$\left(\frac{1}{T}\int_0^T x(t)\mathrm{d}t, \frac{1}{T}\int_0^T y(t)\mathrm{d}t\right)$$

的近似值 $(\bar{x}, \bar{y})$, 计算结果见表 9.1 和表 9.2.

表 9.1 数值解的平均值 ($\lambda_1 = 0.001, \lambda_2 = 0.005$)

(x_0, y_0)	$(\bar{x}, \bar{y})$		
	$r_1 = 0.5, r_2 = 0.5$	$r_1 = 0.9, r_2 = 0.5$	$r_1 = 0.5, r_2 = 0.9$
(1,1)	(103, 495)	(103, 891)	(184, 494)
(10,10)	(103, 495)	(103, 890)	(184, 495)
(10,1)	(103, 495)	(103, 891)	(184, 495)
(1,10)	(102, 494)	(103, 891)	(184, 494)
$\left(\dfrac{r_2}{\lambda_2}, \dfrac{r_1}{\lambda_1}\right)$	(100, 500)	(100, 900)	(180, 500)

表 9.2 数值解的平均值 ($\lambda_1 = 0.005, \lambda_2 = 0.001$)

(x_0, y_0)	$(\bar{x}, \bar{y})$		
	$r_1 = 0.5, r_2 = 0.5$	$r_1 = 0.9, r_2 = 0.5$	$r_1 = 0.5, r_2 = 0.9$
(1,1)	(513, 99)	(513, 178)	(920, 99)
(10,10)	(512, 99)	(516, 178)	(919, 99)
(10,1)	(513, 99)	(514, 178)	(920, 99)
(1,10)	(513, 99)	(514, 178)	(918, 99)
$\left(\dfrac{r_2}{\lambda_2}, \dfrac{r_1}{\lambda_1}\right)$	(500, 100)	(500, 180)	(900, 100)

我们可以通过利用更小的时间步长和更准确的周期来改善近似值 $(\bar{x}, \bar{y})$ 的精度. 另外, 我们也可以对方程中参数取其他的值进行讨论.

图 9.10(e),(f) 的程序如下, 图 9.10(a)—(d) 的程序类似, 只需改变 r_1 和 r_2 的值.

先建立 m 函数 fun932 来描述方程组 (9.21).

```
function dz = fun932(t,z,r1,r2,lamda1,lamda2)
dz=zeros(2,1);
dz(1)= z(1)*(r1-lamda1*z(2));
dz(2)= z(2)*(-r2+lamda2*z(1));
```

下面调用 ode45 对方程组 (9.21) 进行求解.

```
clc
lamda1= 0.1;
lamda2 = 0.5;
T = 500;
r1 = 0.5;
r2 = 0.9;

inits = [1;1];
[t1,y45] = ode45(@(t,z) fun932(t,z,r1,r2,lamda1,lamda2),[0 T],inits);
x1 = y45(:,1);
```

```
x1 = log(x1);
y1 = y45(:,2);
y1 = log(y1);

inits = [10;10];
[t2,y45] = ode45(@(t,z) fun932(t,z,r1,r2,lamda1,lamda2),[0 T],inits);
x2 = y45(:,1);
x2 = log(x2);
y2 = y45(:,2);
y2 = log(y2);

inits = [10;1];
[t3,y45] = ode45(@(t,z) fun932(t,z,r1,r2,lamda1,lamda2),[0 T],inits);
x3 = y45(:,1);
x3 = log(x3);
y3 = y45(:,2);
y3 = log(y3);

inits = [1;10];
[t4,y45] = ode45(@(t,z) fun932(t,z,r1,r2,lamda1,lamda2),[0 T],inits);
x4 = y45(:,1);
x4 = log(x4);
y4 = y45(:,2);
y4 = log(y4);

figure(1)
plot(t1,x1,'b-',t2,x2,'g-',t3,x3,'r-',t4,x4,'c-');
xlabel('t'); ylabel('ln(x)');
legend('x_0=1,y_0=1','x_0=10,y_0=10','x_0=10,y_0=1',...
    'x_0=1,y_0=10','Location','best')
title('r_1=0.5, r_2=0.9')
axis([0 T -20 5])

figure(2)
plot(t1,y1,'b-',t2,y2,'g-',t3,y3,'r-',t4,y4,'c-');
xlabel('t'); ylabel('ln(y)');
legend('x_0=1,y_0=1','x_0=10,y_0=10','x_0=10,y_0=1',...
    'x_0=1,y_0=10','Location','best')
title('r_1=0.5, r_2=0.9')
axis([0 T -20 5])
```

9.3 传染病中的常微分方程

传染病模型

医学科学的发展已经能有效地预防和控制许多传染病, 天花在世界范围内被消灭, 鼠疫、霍乱等传染病得到控制. 然而, 仍然有一些传染病暴发或流行, 严重危害着人类的健康和生命. 通过研究传染病在人群中的传播规律能够帮助我们更好地对疾病进行控制和治疗. 利用数学模型对传染病进行理论的定量研究是研究传染病的一种重要方法. 数学模型把传染病的主要特征通过参数、变量以及它们之间的依赖关系清晰地刻画出来, 为揭露传染病传播机制、预测疾病发展趋势提供强有力的理论基础.

影响传染病传播的因素很多, 包含社会、经济、文化和风俗习惯等各种因素. 最直接的因素包括传染者的数量及其在人群中的分布、被传染者的数量、传播形式、传播能力、免疫能力等. 在建立数学模型时, 往往需要作合理的假设, 聚焦假设下的关键因素, 建立尽可能符合实际情况的实用模型.

为了建立传染病的传播模型, 通常将传染病流行范围内的人群分为三类: S 类 (易感者, Susceptible); I 类 (感染者, Infective); R 类 (移出者, Removal). S 类指未被感染, 但缺乏免疫能力, 与感染者接触后易受到感染的人. I 类指染上传染病, 同时可以传播给 S 类的人. R 类指被隔离或者因病愈而具有免疫力的人. 若传染者有潜伏期, 还要增加第四类人: E 类 (感染而未发病者, Exposed). 为陈述简单起见, 本节我们只讨论两类模型: SIS 模型和 SIR 模型.

1. SIS 模型

在 SIS 模型中, 我们只将人群分成易感染的 S 类和已经感染的 I 类, 患者病愈后, 并未产生免疫能力, 仍然为 S 类人员. 设 $S(t)$ 和 $I(t)$ 分别表示 t 时刻两类人员占人口总数 N 的比例. 当 N 足够大时, 可以看作是常数. SIS 模型的形式如下:

$$\begin{cases} \dfrac{\mathrm{d}I}{\mathrm{d}t} = (\lambda - (\nu + \mu))I - \lambda I^2, \\ I(0) = I_0 > 0, \end{cases} \tag{9.22}$$

其中参数 λ 为单位时间内一个传染者与他人的接触数或传染率, μ 为平均出生率, ν 为传染者的恢复率, $I_0 > 0$ 为初始感染人数的占比. 一旦解方程 (9.22) 得 $I(t)$, 通过 $S(t) = 1 - I(t)$ 即可知道易感染人群的占比情况.

2. SIR 模型

在 SIR 模型中, 我们将人群分成 S 类、I 类和 R 类. 设 $S(t), I(t)$ 和 $R(t)$ 分别表示 t 时刻三类人员占人口总数 N 的比例. 同样, 当 N 足够大时, 可以看作是常数. SIR 模型

的形式如下:

$$
\begin{cases}
\dfrac{\mathrm{d}S}{\mathrm{d}t} = -\lambda SI + \mu - \mu S, \\[2mm]
\dfrac{\mathrm{d}I}{\mathrm{d}t} = \lambda SI - (\mu + \nu)I, \\[2mm]
S(0) = S_0, I(0) = I_0,
\end{cases}
\tag{9.23}
$$

其中 $S_0 > 0$ 为初始易感染人数的占比.

当不考虑出生和死亡时, 平均出生率 $\mu = 0$, 模型 (9.23) 可简化为如下的 SIR 模型:

$$
\begin{cases}
\dfrac{\mathrm{d}S}{\mathrm{d}t} = -\lambda SI, \\[2mm]
\dfrac{\mathrm{d}I}{\mathrm{d}t} = \lambda SI - \nu I, \\[2mm]
S(0) = S_0, I(0) = I_0.
\end{cases}
\tag{9.24}
$$

一旦解方程组 (9.23) 或 (9.24) 得 $S(t)$ 和 $I(t)$, 通过 $R(t) = 1 - S(t) - I(t)$ 即可知道 R 类人群的占比情况.

理论研究和定性分析

方程 (9.22) 是伯努利方程初值问题, 其解可表示为

$$
I = \begin{cases}
\dfrac{I_0 \mathrm{e}^{\lambda\left(1 - \frac{1}{\sigma}\right)t}}{1 - \dfrac{\sigma}{\sigma - 1} I_0 \left(1 - \mathrm{e}^{\lambda\left(1 - \frac{1}{\sigma}\right)t}\right)}, & \sigma \neq 1, \\[6mm]
\dfrac{I_0}{I_0 \lambda t + 1}, & \sigma = 1.
\end{cases}
\tag{9.25}
$$

其中 $\sigma = \dfrac{\lambda}{\mu + \nu}$ 为一个传染者在其传染周期 $\dfrac{1}{\mu + \nu}$ 内与其他成员的接触总数, 称为接触数或基本再生数.

定理 9.1. 对 SIS 模型 (9.22), (9.25) 式定义的解有如下的渐近性质:

(1) 若 $\sigma > 1$, 有

$$
\lim_{t \to +\infty} I(t) = 1 - \frac{1}{\sigma}.
$$

(2) 若 $\sigma \leqslant 1$, 有

$$
\lim_{t \to +\infty} I(t) = 0.
$$

可以看出, 当接触数 $\sigma > 1$ 时, 传染者不会消失, 其值趋于一个固定的数 $N\left(1 - \dfrac{1}{\sigma}\right)$; 相反, 当接触数 $\sigma \leqslant 1$ 时, 传染者的数量越来越少, 并最终趋于零. 因此 $\sigma = 1$ 是决定传染病是否蔓延的阈值.

与 SIS 模型不同, 我们难以推导出 SIR 模型 (9.23) 精确解的表达式. 为此, 令

$$\begin{cases} -\lambda SI + \mu - \mu S = 0, \\ \lambda SI - (\mu + \nu)I = 0, \end{cases}$$

解得平衡点为

$$P_1(1,0), \quad P_2\left(\frac{1}{\sigma}, \frac{\mu\left(1 - \dfrac{1}{\sigma}\right)}{\lambda\dfrac{1}{\sigma}}\right) = \left(\frac{1}{\sigma}, \frac{\mu}{\lambda}(\sigma - 1)\right).$$

对平衡点 $P_1(1,0)$, 作变换

$$w = \begin{pmatrix} S \\ I \end{pmatrix} - \begin{pmatrix} 1 \\ 0 \end{pmatrix}.$$

则方程组 (9.23) 可转化为

$$\frac{\mathrm{d}w}{\mathrm{d}t} = A_1 w + R_1(w), \tag{9.26}$$

其中

$$A_1 = \begin{pmatrix} -\mu & -\lambda \\ 0 & \lambda\left(1 - \dfrac{1}{\sigma}\right) \end{pmatrix}, \quad R_1(w) = \begin{pmatrix} -\lambda w_1 w_2 \\ \lambda w_1 w_2 \end{pmatrix}.$$

容易验证,

$$\lim_{\|w\| \to 0} \frac{\|R_1(w)\|}{\|w\|} = 0.$$

A_1 的特征根为 $-\mu$ 和 $\lambda\left(1 - \dfrac{1}{\sigma}\right)$. 关于平衡点的稳定性, 有如下结论.

定理 9.2. 对 SIR 模型 (9.23), 其解 $S(t), I(t)$ 有如下的渐近性质:
(1) 若 $\sigma \leqslant 1$, 有
$$\lim_{t \to +\infty} S(t) = 1, \quad \lim_{t \to +\infty} I(t) = 0.$$

(2) 若 $\sigma > 1$, 有
$$\lim_{t \to +\infty} S(t) = \frac{1}{\sigma}, \quad \lim_{t \to +\infty} I(t) = \frac{\mu}{\lambda}(\sigma - 1).$$

由定理 9.2 可知, $\sigma \leqslant 1$ 时, 平衡点 $P_1[1,0)$ 渐近稳定; $\sigma > 1$ 时, 平衡点 $P_2\left(\dfrac{1}{\sigma},\right.$ $\left.\dfrac{\mu}{\lambda}(\sigma - 1)\right)$ 渐近稳定.

对简化 SIR 模型 (9.24), 令

$$\begin{cases} -\lambda SI = 0, \\ \lambda SI - \nu I = 0, \end{cases}$$

解得平衡点为

$$P_1(s,0), \ 0 \leqslant s \leqslant 1.$$

作变换

$$w = \begin{pmatrix} S \\ I \end{pmatrix} - \begin{pmatrix} s \\ 0 \end{pmatrix}.$$

则方程组 (9.24) 可转化为

$$\frac{\mathrm{d}w}{\mathrm{d}t} = A_2 w + R_2(w), \tag{9.27}$$

其中

$$A_2 = \begin{pmatrix} 0 & -s \\ 0 & \lambda s - \nu \end{pmatrix}, \quad R_2(w) = \begin{pmatrix} -\lambda w_1 w_2 \\ \lambda w_1 w_2 \end{pmatrix}.$$

显然,

$$\lim_{\|w\| \to 0} \frac{\|R_2(w)\|}{\|w\|} = 0.$$

A_2 的特征根为 0 和 $\lambda s - \nu$. 关于平衡点的稳定性, 有如下结论.

定理 9.3. 对 SIR 模型 (9.24), 记 $\tilde{\sigma} = \dfrac{\lambda}{\nu}$ 为接触数, 其解 $S(t), I(t)$ 有如下的渐近性质:
(1) 对 $1 \leqslant \tilde{\sigma} < +\infty$, 有

$$I(t) = S_0 + I_0 - S(t) + \frac{1}{\tilde{\sigma}} \ln \frac{S(t)}{S_0},$$

且 $S(t)$ 满足

$$\lim_{t \to +\infty} S(t) = S_\infty \in \left(0, \frac{1}{\tilde{\sigma}} \right),$$

其中 S_∞ 为方程

$$S_0 + I_0 - x + \frac{1}{\tilde{\sigma}} \ln \frac{x}{S_0} = 0$$

在 $\left(0, \dfrac{1}{\tilde{\sigma}} \right)$ 内的唯一根.
(2) 若 $\tilde{\sigma} S_0 > 1$, $I(t)$ 先单调增加, 然后单调减少并趋于零.
(3) 若 $\tilde{\sigma} S_0 \leqslant 1$, 有

$$\lim_{t \to +\infty} I(t) = 0.$$

SIS 模型和 SIR 模型的数值解法

对 SIS 模型, 我们有 (9.25) 式给出的精确解的表达式. 下面举例验证定理 9.1 中解的渐近行为.

例 9.7. 固定 $\mu = 4\%, \nu = 0.1$, 分别取 $\lambda = 0.07, 0.14, 0.21$ 和 0.28, 考察 SIS 模型 (9.22) 在不同范围 σ 和不同初值 I_0 下解的性态和渐近行为.

解: 计算可知 $\mu + \nu = 0.14$, 对 $\lambda = 0.07, 0.14, 0.21$ 和 0.28, $\sigma = \dfrac{\lambda}{\mu + \nu}$ 分别等于 $0.5, 1,$ 1.5 和 2. 利用 MATLAB 直接求解方程 (9.22), 计算出近似解, 在不同初值下解的演化过

程见图 9.11. 从该图可以看出, 数值解与解析解 (9.25) 相吻合. 特别地, 当 $\sigma \leqslant 1$ 时, 感染率 I 单调下降并趋于 0, 且接触数 σ 越大, 感染率 I 下降越缓慢; 当 $\sigma > 1$ 时, 感染率单调增加并趋于 $1 - \dfrac{1}{\sigma}$, 且接触数 σ 越大, 感染率 I 增加越快. 从图 9.11 还可以看出, I_0 的值并不影响解的演化趋势, 但影响解在不同时刻的值.

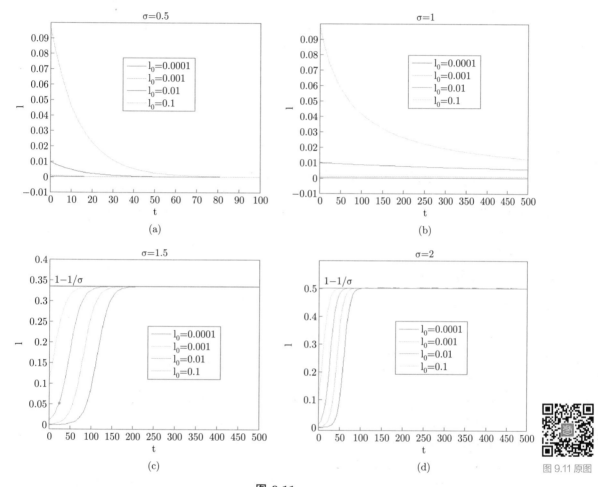

图 9.11

下面给出图 9.11(d) 的 MATLAB 程序, 图 9.11(a)—(c) 的程序通过修改 σ 的值即可得到. 首先为 SIS 模型 (9.22) 建立 m 函数 fun941, 程序如下:

```
function dI = fun941(t,I,lambda,I0)
nu = 0.1;
mu = 0.04;
dI= (lambda-nu-mu)*I-lambda*I*I;
```

调用 ode45 函数进行求解.

```
clc
lambda = 0.07*4;
```

```
nu = 0.1;
mu = 0.04;
sigma = lambda /(nu+mu);

I0 = 0.0001;
T = 500;
[t1,y45] = ode45(@(t,I) fun941(t,I,lambda,I0),[0 T],I0);
I1 = y45;

I0 = 0.001;
[t2,y45] = ode45(@(t,I) fun941(t,I,lambda,I0),[0 T],I0);
I2 = y45;

I0 = 0.01;
[t3,y45] = ode45(@(t,I) fun941(t,I,lambda,I0),[0 T],I0);
I3 = y45;

I0 = 0.1;
[t4,y45] = ode45(@(t,I) fun941(t,I,lambda,I0),[0 T],I0);
I4 = y45;

Iinfty = 1-1/sigma+0.*t4;

figure(1)
plot(t1,I1,'b-',t2,I2,'g-',t3,I3,'r-',t4,I4,'c-',t4,Iinfty,'k-');
xlabel('t'); ylabel('I');
legend('I_0=0.0001','I_0=0.001','I_0=0.01','I_0=0.1','Location','best')
title('\sigma=2')
axis([0 T -0.01 0.6])
text(10,0.52,'1-1/\sigma')
```
和 SIS 模型不同, SIR 模型一般没有显式的解析解. 我们利用 MATLAB 求其数值解.

例 9.8. 固定 $\mu = 4\%, \nu = 0.1$, 分别取 $\lambda = 0.07, 0.14, 0.21$ 和 0.28, 考察 SIR 模型 (9.23) 在不同范围 σ 下解的性态和渐近行为. 由于初值不影响解的演化趋势, 我们固定 $I_0 = 0.001, S_0 = 0.999$.

解: 与例 9.7 类似, 对 $\lambda = 0.07, 0.14, 0.21$ 和 0.28, 计算 $\sigma = \dfrac{\lambda}{\mu + \nu}$ 可分别得 $0.5, 1$, 1.5 和 2. 共同的平衡点为 $(1, 0)$, 另一个平衡点分别取值 $(2, -2/7), (1, 0), (2/3, 2/21)$ 和 $(0.5, 1/7)$. 利用 MATLAB 求解方程 (9.23), 计算出近似解, 三类人群在不同接触数 σ 下的演化过程见图 9.12. 从该图可以看出, 当 $\sigma \leqslant 1$ 时, 方程组的解 $(S(t), I(t))$ 收敛到平衡点 $(1, 0)$; 当 $\sigma > 1$ 时, 方程组的解 $(S(t), I(t))$ 收敛到平衡点 $\left(\dfrac{1}{\sigma}, \dfrac{\mu}{\lambda}(\sigma - 1)\right)$. 数值结果验证了定理的结论.

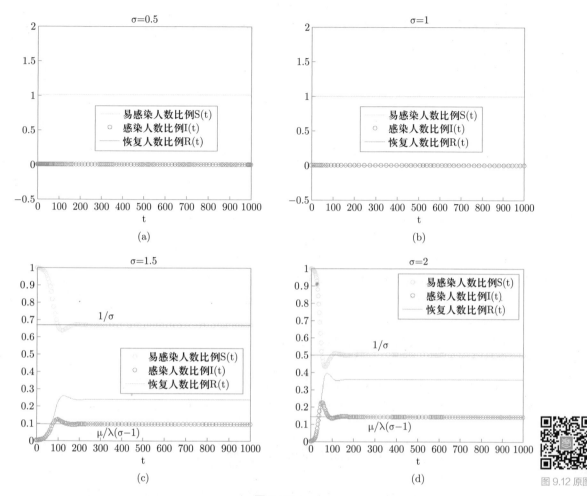

图 9.12

图 9.12 原图

下面给出图 9.12(d) 的 MATLAB 程序, 图 9.12(a)——(c) 的程序通过修改 σ 的值即可得到. 首先为 SIR 模型 (9.23) 建立 m 函数 fun942, 程序如下:

```
function dz = fun942(t,z,lambda,mu,nu)
dz=zeros(2,1);
dz(1)= -lambda*z(1)*z(2)+mu*(1-z(1));
dz(2)= lambda*z(1)*z(2)-(mu+nu)*z(2);
```

调用 ode45 函数进行求解.

```
clc
nu = 0.1;
mu = 0.04;
inits = [0.999;0.001];
T = 1000;
```

```
lambda = 0.21;

[t1,y45] = ode45(@(t,z) fun942(t,z,lambda,mu,nu),[0 T],inits);
S1 = y45(:,1);
I1 = y45(:,2);
R1 = (1-S1-I1);

sigma = lambda /(nu+mu);
Iinfty1 = 1/sigma+0.*t1;
Iinfty2 = mu*(1-1/sigma)/(lambda*1/sigma)+0.*t1;

figure(1)
plot(t1,S1,'co',t1,I1,'bo',t1,R1,'m-',t1,Iinfty1,'k-',t1,Iinfty2,'k-');
xlabel('t');
legend('易感染人数比例 S(t)','感染人数比例 I(t)','恢复人数比例
      R(t)','Location','best')
title('\sigma=2')
text(300,0.7,'1/\sigma')
text(300,0.05,'\mu/\lambda(\sigma-1)')
axis([0 T -0.5 2])
```

与 SIR 模型 (9.23) 类似, 简化后的 SIR 模型 (9.24) 因其仍然为非线性方程, 其解析解的求解非常困难. 我们也可以利用数值方法来求其近似解, 这部分的例子留作练习.

9.4 经济数学中的常微分方程

微分方程在经济学中有着广泛的应用, 有关经济量的变化、变化率问题常转化为微分方程的定解问题. 一般应先根据某个经济法则或某种经济假说建立一个数学模型, 即以所研究的经济量为未知函数, 时间 t 为自变量的微分方程模型, 然后求解微分方程, 通过求得的解来解释相应经济量的意义或规律, 最后作出预测或决策.[29]

经济增长微分方程模型

设 $x(t), y(t), z(t)$ 分别表示 t 时刻的国民收入、资本存量和劳动力, 索洛 (Solow) 提出如下的经济增长模型:

$$
\begin{cases}
x = zf\left(\dfrac{y}{z}, 1\right) = zf(r,1), \\
\dfrac{\mathrm{d}y}{\mathrm{d}t} = sx, \\
z = z_0 \mathrm{e}^{\lambda t},
\end{cases}
\tag{9.28}
$$

其中 $s > 0$ 为储蓄率, $\lambda > 0$ 为劳动力增长率, $z_0 > 0$ 表示初始劳动力, $r = \dfrac{y}{z}$ 称为资本–劳动比率, 表示单位劳动力平均占有的资本数量.

将 $y = rz$ 两边对 t 求导并由模型 (9.28) 的第三个方程得

$$\frac{\mathrm{d}y}{\mathrm{d}t} = z\frac{\mathrm{d}r}{\mathrm{d}t} + r\frac{\mathrm{d}z}{\mathrm{d}t} = z\frac{\mathrm{d}r}{\mathrm{d}t} + r\lambda z. \tag{9.29}$$

由模型 (9.28) 的前两个方程得

$$\frac{\mathrm{d}y}{\mathrm{d}t} = sx = szf(r,1).$$

将其代入 (9.29) 式得

$$\frac{\mathrm{d}r}{\mathrm{d}t} + \lambda r = sf(r,1). \tag{9.30}$$

若取生产函数 f 为柯布–道格拉斯 (Cobb-Douglas) 函数:

$$f(r,1) = A_0 r^\alpha,$$

代入方程 (9.30) 得

$$\frac{\mathrm{d}r}{\mathrm{d}t} + \lambda r = sA_0 r^\alpha, \tag{9.31}$$

其中 $A_0 > 0, 0 < \alpha < 1$ 均为常数.

预测产品的销售量

记 $x(t)$ 为某种产品在时刻 t 的销售量, 设 $x(t)$ 的增长率 $\dfrac{\mathrm{d}x}{\mathrm{d}t}$ 与销售量 x 和销售量接近饱和水平 $N - x$ 的乘积成正比, 即

$$\frac{\mathrm{d}x}{\mathrm{d}t} = kx(N-x),$$

其中 $k > 0$ 为比例常数, N 为饱和水平. 又设 $x(0) = x_0$, 则得如下的产品预测销售模型

$$\begin{cases} \dfrac{\mathrm{d}x}{\mathrm{d}t} = kx(N-x), \\ x(0) = x_0. \end{cases} \tag{9.32}$$

方程 (9.32) 称为逻辑斯谛方程, 其解曲线称为逻辑斯谛曲线.

理论研究和定性分析

资本–劳动比率 r 满足的 (9.31) 式为一阶非线性伯努利方程, 利用变量代换化为一阶线性非齐次方程后可求得方程的通解

$$r(t) = \left(Ce^{-\lambda(1-\alpha)t} + \frac{sA_0}{\lambda} \right)^{\frac{1}{1-\alpha}}.$$

若 $r(0) = r_0$, 可得特解

$$r(t) = \left((r_0^{1-\alpha} - \frac{s}{\lambda} A_0) e^{-\lambda(1-\alpha)t} + \frac{sA_0}{\lambda} \right)^{\frac{1}{1-\alpha}}.$$

令 $t \to +\infty$ 可得均衡值

$$\lim_{t \to +\infty} r(t) = \left(\frac{sA_0}{\lambda} \right)^{\frac{1}{1-\alpha}}.$$

一旦 r 被算出, 可通过关系式 $y = rz$ 和模型 (9.28) 的第三个方程得资本存量

$$y = z_0 e^{\lambda t} \left((r_0^{1-\alpha} - \frac{s}{\lambda} A_0) e^{-\lambda(1-\alpha)t} + \frac{sA_0}{\lambda} \right)^{\frac{1}{1-\alpha}}.$$

将 r, z 和 f 的表达式代入模型 (9.28) 的第一个方程得

$$x = z_0 e^{\lambda t} A_0 \left((r_0^{1-\alpha} - \frac{s}{\lambda} A_0) e^{-\lambda(1-\alpha)t} + \frac{sA_0}{\lambda} \right)^{\frac{\alpha}{1-\alpha}}.$$

关于逻辑斯谛方程, 容易看出其为变量分离方程. 求解得

$$x(t) = \frac{N}{1 + \left(\dfrac{N}{x_0} - 1 \right) e^{-Nkt}}, \tag{9.33}$$

且有

$$\lim_{t \to +\infty} x(t) = N.$$

由于方程 (9.32) 第一个等式的右边当 $x = N/2$ 时取得最大值, 可得最大销售量增长率为 $kN^2/2$. 将 $x = N/2$ 代入 (9.33) 式的左边, 可得最大销售量增长率的时刻为

$$t_* = \frac{1}{kN} \ln \left(\frac{N}{x_0} - 1 \right), \quad 0 < x_0 \leqslant \frac{N}{2}, \tag{9.34}$$

表达式 (9.34) 给出了初始销售量较小 $\left(0 < x_0 \leqslant \dfrac{N}{2} \right)$ 时销售量增长率达到最大值的时间. 这意味着在此时刻之前, 市场规模处在快速扩大阶段. 当 $x_0 > \dfrac{N}{2}$ $(\leqslant N)$ 时, 表达式 (9.34) 给出的值为负, 说明当销售量超过饱和水平的一半时, 虽然销售量仍在增加, 但市场已经处在萎靡阶段. 企业需要减少产能或进行产品升级.

9.5 科学计算中的常微分方程

在进行科学计算时, 有时为了构造全局收敛和收敛速度快的迭代算法, 引入人工时间, 转为求解一个常微分方程或者方程组. 通过对人工时间进行离散, 获得了各种迭代算法.

科学计算中经常会遇到计算一元函数数值积分问题, 即给定区间 $[a, b]$ 上的连续函数,

计算

$$I(a,b,f) = \int_a^b f(x)\mathrm{d}x.$$

利用变限函数求导, 该问题可以转化为常微分方程初值问题

$$\begin{cases} y' = f(x), \ a < x \leqslant b, \\ y(0) = 0. \end{cases}$$

一旦利用某种数值方法求得 $y(b)$, 就得到了所要积分的近似值.

求解线性方程组的梯度流方法

许多的实际问题, 如医学成像、图像处理、地球物理勘探等, 在完全离散后, 都退化为求解线性方程组. 考虑线性方程组

$$Ax = b, \tag{9.35}$$

其中 A 是一个 $m \times n$ 矩阵, b 是一个 m 维向量. 方程组的解 x 是一个 n 维向量.

一般来讲, 方程组 (9.35) 的解有可能不存在, 也有可能存在但不唯一. 定义 $J(x) = \frac{1}{2}\|Ax - b\|^2$ 并考虑如下的优化问题:

$$\min_{x \in \mathbb{R}^n} J(x). \tag{9.36}$$

记 S 是问题 (9.36) 所有解组成的集合, $x^\dagger$ 是 S 中范数最小的解, 即

$$x^\dagger = \arg \min_{x \in S} \|x\|_2.$$

实际中, 我们只需求得 $x^\dagger$. 虽然方程组 (9.35) 不一定有解或有解但不唯一, 但是 $x^\dagger$ 总是存在且唯一. 当方程组的规模很大时, 往往用迭代法求 $x^\dagger$ 的近似.

求解方程组 (9.35) 最经典的迭代算法是如下兰德韦伯 (Landweber) 迭代[22]:

$$x_{k+1} = x_k - \Delta t \nabla J(x_k), k = 0, 1, 2, \cdots, \tag{9.37}$$

其中 $\nabla J(x_k) = A^{\mathrm{T}}(Ax_k - b), 0 < \Delta t < 2/\|A\|_2$. 兰德韦伯迭代收敛速度极慢, 因此需要建立加速的迭代格式.

迭代格式 (9.37) 可以看做如下一阶演化方程的欧拉离散形式:

$$\begin{cases} \dot{x}(t) = -\nabla J(x(t)) = -A^{\mathrm{T}}(Ax - b), \\ x(0) = x_0 \end{cases}$$

或

$$\begin{cases} \dot{x}(t) + A^{\mathrm{T}}Ax = A^{\mathrm{T}}b, \\ x(0) = x_0, \end{cases} \tag{9.38}$$

其中 t 是引入的人工时间, x_0 是 $x^\dagger$ 的初始猜测.

研究结果表明, 在方程组 (9.38) 中引入二阶导数的惯性项, 能起到加速效果. 包含惯性项的二阶演化方程如下:

$$\begin{cases} \ddot{x}(t) + \eta\dot{x}(t) + A^{\mathrm{T}}Ax = A^{\mathrm{T}}b, \\ x(0) = x_0, \dot{x}(0) = \dot{x}_0, \end{cases} \tag{9.39}$$

其中 η 称为摩擦系数, 它可能是常数也可能是 t 的函数.

定理 9.4. 常微分方程组 (9.38) 或 (9.39) 的解 $x(t)$ 存在唯一, 且连续依赖于右端数据 b.

定理 9.5. 设 $x(t)$ 是方程组 (9.38) 或 (9.39) 的解, 则下列收敛性结果成立:

(1) $\lim\limits_{t \to +\infty} x(t) = x^{\dagger}$.

(2) 方程组 (9.38) 的解 $x(t)$ 满足

$$J(x(t)) - J(x^{\dagger}) = O(t^{-1}).$$

(3) 当 $\eta > 0$ 为常数时, 方程组 (9.39) 的解 $x(t)$ 满足

$$J(x(t)) - J(x^{\dagger}) = o(t^{-1}).$$

(4) 当 $\eta = \dfrac{r}{1+t}, r \geqslant 3$ 时, 方程组 (9.39) 的解 $x(t)$ 满足

$$J(x(t)) - J(x^{\dagger}) = O(t^{-2}).$$

由定理 9.5 可知, 二阶系统比一阶系统产生的解让残量目标泛函 J 下降得更快. 因此对二阶系统 (9.39) 进行离散, 有可能建立起比兰德韦伯更快的迭代算法.

下面考虑对方程组 (9.39) 进行离散, 建立收敛于 $x^{\dagger}$ 的加速迭代算法. 令 $y = \dfrac{\mathrm{d}x}{\mathrm{d}t}$. 则二阶微分方程组 (9.39) 转化为一阶方程组

$$\begin{cases} \dot{x}(t) = y(t), \\ \dot{y}(t) = -\eta(t)y(t) + \Lambda^{\mathrm{T}}(b - Ax(t)), \\ x(0) = x_0, y(0) = \dot{x}_0. \end{cases} \tag{9.40}$$

对方程组 (9.40) 应用辛欧拉方法, 得如下的迭代算法:

$$\begin{cases} y^{k+1} = y^k + \Delta t\left(A^{\mathrm{T}}(b - Ax^k) - \eta(t_k)y^k\right), \\ x^{k+1} = x^k + \Delta t y^{k+1}, \\ x^0 = x_0, y^0 = \dot{x}_0. \end{cases} \tag{9.41}$$

对方程组 (9.40), 可建立如下的斯特默-维莱特 (Störmer-Verlet) 迭代, 它是一个高阶辛方法:

$$\begin{cases} y^{k+\frac{1}{2}} = y^k - \dfrac{\Delta t}{2}\eta(t_k)y^{k+\frac{1}{2}} + \dfrac{\Delta t}{2}A^{\mathrm{T}}(b - Ax^k), \\ x^{k+1} = x^k + \Delta t y^{k+\frac{1}{2}}, \\ y^{k+1} = y^{k+\frac{1}{2}} - \dfrac{\Delta t}{2}\eta(t_{k+1})y^{k+\frac{1}{2}} + \dfrac{\Delta t}{2}A^{\mathrm{T}}(b - Ax^{k+1}), \\ x^0 = x_0, y^0 = \dot{x}_0. \end{cases} \tag{9.42}$$

对方程组 (9.40), 还可以建立更高阶的迭代格式, 如四阶的龙格–库塔法:

$$\begin{cases} y^{k+\frac{1}{2}} = y^k - \dfrac{\Delta t}{2}\eta(t_k)y^{k+\frac{1}{2}} + \dfrac{\Delta t}{2}A^{\mathrm{T}}(b - Ax^k), \\[2mm] x^{k+1} = x^k + \Delta t y^{k+\frac{1}{2}}, \\[2mm] v^{k+1} = x^{k+1} + 2\Delta t a_{k+1}y^{k+\frac{1}{2}}, \\[2mm] y^{k+1} = y^{k+\frac{1}{2}} - \dfrac{\Delta t}{2}\eta(t_{k+1})y^{k+\frac{1}{2}} + \dfrac{\Delta t}{2}A^{\mathrm{T}}(b - Av^{k+1}), \\[2mm] x^0 = x_0, y^0 = \dot{x}_0. \end{cases} \tag{9.43}$$

例 9.9. 给定 $n = 100$ 和希尔伯特 (Hilbert) 矩阵

$$A = \begin{pmatrix} 1 & \dfrac{1}{2} & \cdots & \dfrac{1}{n} \\[2mm] \dfrac{1}{2} & \dfrac{1}{3} & \cdots & \dfrac{1}{n+1} \\[2mm] \vdots & \vdots & & \vdots \\[2mm] \dfrac{1}{n} & \dfrac{1}{n+1} & \cdots & \dfrac{1}{2n-1} \end{pmatrix}.$$

设 $x^* = (1, 1, \cdots, 1)^{\mathrm{T}} \in \mathbb{R}^n$ 为精确解, 通过计算得右端项 $b = Ax$. 分别用兰德韦伯方法 (9.37)、辛欧拉方法 (9.41) 和斯特默–维莱特方法 (9.42) 求解 x^* 的近似值并考察三种方法在不同时间步长 Δt、摩擦系数 η 和初值下的精度和收敛速度.

解: 记 x^h 为近似解, 定义其相对误差为

$$\mathrm{L2Err} = \frac{\|x^h - x^*\|}{\|x^*\|}.$$

在本例中, 为了叙述简洁, 用 $x_0 = a$ 表示 $x_0 = (a, a, \cdots, a)^{\mathrm{T}} \in \mathbb{R}^n$. 设在下面所有的讨论中 $\dot{x}_0 = 0$.

首先, 考察初值对三种方法解的精确性的影响. 为此固定 $\Delta t = 0.4$, 并对辛欧拉方法和斯特默–维莱特方法固定摩擦系数 $\eta = 0.2$, 分别取初值 $x_0 = -10, -5, 0, 5, 10$, 三种方法在不同初值下近似解误差的演化过程见图 9.13 的 (a), (c), (e). 由图可以看出, 三种方法对不同的初值都收敛, 且初值越好, 在同样的迭代步数下, 近似解的精度越高.

其次, 考察离散时间步长对数值解的影响. 固定初值 $x_0 = 0$ 并同样对辛欧拉方法和斯特默–维莱特方法固定摩擦系数 $\eta = 0.2$. 对兰德韦伯方法, 分别取步长 $\Delta t = 0.05, 0.1, 0.2, 0.3$ 和 0.4; 对辛欧拉方法, 分别取步长 $\Delta t = 0.05, 0.2, 0.4, 0.6$ 和 0.8; 对斯特默–维莱特方法, 分别取步长 $\Delta t = 0.1, 0.3, 0.5, 0.7$ 和 0.9. 三种方法在不同迭代步长下近似解误差的演化过程见图 9.13 的 (b), (d), (f). 图 9.13 表明, 对所有的方法, 步长越大, 迭代收敛越快, 近似解精度越高. 然而, 在利用三种方法进行数值求解时, 离散步长不能过大, 否则迭代会发散. 比如, 在本例中, 对兰德韦伯方法, 最大 $\Delta t \approx 0.4$; 对辛欧拉方法, 最大 $\Delta t \approx 0.8$; 对斯特默–维莱特方法, 最大 $\Delta t \approx 0.9$.

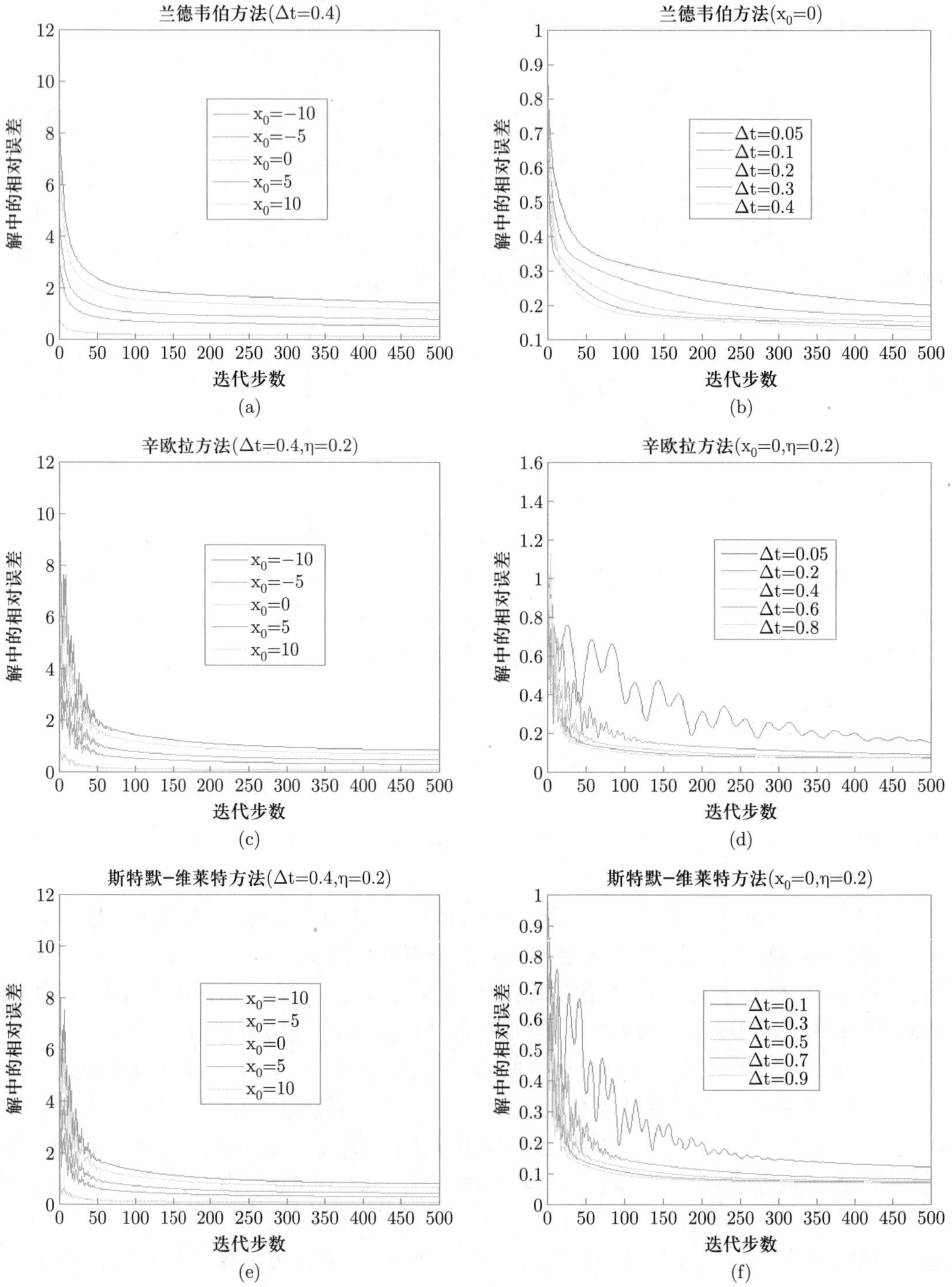
兰德韦伯方法(Δt=0.4)
x0=−10
x0=−5
x0=0
x0=5
x0=10
解中的相对误差
迭代步数
(a)
兰德韦伯方法(x0=0)
Δt=0.05
Δt=0.1
Δt=0.2
Δt=0.3
Δt=0.4
解中的相对误差
迭代步数
(b)
辛欧拉方法(Δt=0.4,η=0.2)
x0=−10
x0=−5
x0=0
x0=5
x0=10
解中的相对误差
迭代步数
(c)
辛欧拉方法(x0=0,η=0.2)
Δt=0.05
Δt=0.2
Δt=0.4
Δt=0.6
Δt=0.8
解中的相对误差
迭代步数
(d)
斯特默–维莱特方法(Δt=0.4,η=0.2)
x0=−10
x0=−5
x0=0
x0=5
x0=10
解中的相对误差
迭代步数
(e)
斯特默–维莱特方法(x0=0,η=0.2)
Δt=0.1
Δt=0.3
Δt=0.5
Δt=0.7
Δt=0.9
解中的相对误差
迭代步数
(f)

图 9.13 原图

图 9.13

图 9.13(a) 兰德韦伯方法的 MATLAB 程序如下, 调整程序中的参数值即可得图 9.13(b) 的程序.

```
clc
clear
format long
A = hilb(100);
n = size(A,1);
xt = ones(n,1);
b = A*xt;
N = 500;
tol = 1e-6;
dt = 0.4;

x0 = -10*ones(n,1);
iternum = 1;
r = norm(A*x0-b);
L2Err1(iternum) = norm(x0-xt)/norm(xt);
while r > tol & iternum <= N
x1 = x0-dt*A'*(A*x0-b);
L2Err1(iternum+1) = norm(x1-xt)/norm(xt);
r = norm(A*x1-b);
x0 = x1;
iternum = iternum+1;
end
xh1 = x1;
L2Err1 = L2Err1';
t1 = (0:1:iternum-1);
t1 = t1';
修改 x0 = -5*ones(n,1), 重复上面的程序得 L2Err2 和 t2.
修改 x0 = 0*ones(n,1), 重复上面的程序得 L2Err3 和 t3.
修改 x0 = 5*ones(n,1), 重复上面的程序得 L2Err4 和 t4.
修改 x0 = 10*ones(n,1), 重复上面的程序得 L2Err5 和 t5.
figure(1)
plot(t1,L2Err1,'b-',t2,L2Err2,'r-',t3,L2Err3,'g-',...
    t4,L2Err4,'m-',t5,L2Err5,'c-')
xlabel('迭代步数');
ylabel('解中的相对误差')
legend('x_0=-10','x_0=-5','x_0=0','x_0=5','x_0=10','Location','best')
title('兰德韦伯方法 (\Delta t=0.4)')
```

图 9.13(c) 辛欧拉方法的 MATLAB 程序如下, 调整程序中的参数值即可得图 9.13(d) 的程序.

```
clc
clear
format long
A = hilb(100);
n = size(A,1);
xt = ones(n,1);
b = A*xt;
N = 500;
tol = 1e-6;
dt = 0.4;
eta = 0.2;

x0 = -10*ones(n,1);
iternum = 1;
r = norm(A*x0-b);
L2Err1(iternum) = norm(x0-xt)/norm(xt);
q0 = 0;
while r > tol & iternum <= N
q1 = q0+dt*(A'*(b-A*x0)-eta*q0);
x1 = x0+dt*q1;
L2Err1(iternum+1) = norm(x1-xt)/norm(xt);
r = norm(A*x1-b);
x0 = x1;
q0 = q1;
iternum = iternum+1;
end
xh1 = x1;
L2Err1 = L2Err1';
t1 = (0:1:iternum-1);
t1 = t1';
修改 x0 = -5*ones(n,1), 重复上面的程序得 L2Err2 和 t2.
修改 x0 = 0*ones(n,1), 重复上面的程序得 L2Err3 和 t3.
修改 x0 = 5*ones(n,1), 重复上面的程序得 L2Err4 和 t4.
修改 x0 = 10*ones(n,1), 重复上面的程序得 L2Err5 和 t5.
figure(1)
plot(t1,L2Err1,'b-',t2,L2Err2,'r-',t3,L2Err3,'g-',...
    t4,L2Err4,'m-',t5,L2Err5,'c-')
```

```
xlabel('迭代步数');
ylabel('解中的相对误差')
legend('x_0=-10','x_0=-5','x_0=0','x_0=5','x_0=10','Location','best')
title(' 辛欧拉方法 (\Delta t=0.4, \eta=0.2)')
```

图 9.13(e) 斯特默 – 维莱特方法的 MATLAB 程序如下, 调整程序中的参数值即可得图 9.13(f) 的程序.

```
clc
clear
format long
A = hilb(100);
n = size(A,1);
xt = ones(n,1);
b = A*xt;
N = 500;
tol = 1e-6;
dt = 0.5;
eta = 0.2;
x0 = -10*ones(n,1);
iternum = 1;
r = norm(A*x0-b);
L2Err1(iternum) = norm(x0-xt)/norm(xt);
q0 = 0;
while r > tol & iternum <= N
q1 = (q0+dt*A'*(b-A*x0)/2)/(1+dt*eta/2);
x1 = x0+dt*q1;
q1 = q1-dt*eta*q1/2+dt*A'*(b-A*x1)/2;
L2Err1(iternum+1) = norm(x1-xt)/norm(xt);
r = norm(A*x1-b);
q0 = q1;
x0 = x1;
iternum = iternum+1;
end
xh1 = x1;
L2Err1 = L2Err1';
t1 = (0:1:iternum-1);
t1= t1';
```

修改 x0 = -5*ones(n,1), 重复上面的程序得 L2Err2 和 t2.

修改 x0 = 0*ones(n,1), 重复上面的程序得 L2Err3 和 t3.

修改 x0 = 5*ones(n,1)，重复上面的程序得 L2Err4 和 t4.

修改 x0 = 10*ones(n,1)，重复上面的程序得 L2Err5 和 t5.

```
figure(1)
plot(t1,L2Err1,'b-',t2,L2Err2,'r-',t3,L2Err3,'g-',...
    t4,L2Err4,'m-',t5,L2Err5,'c-')
xlabel('迭代步数');
ylabel('解中的相对误差')
legend('x_0=-10','x_0=-5','x_0=0','x_0=5','x_0=10','Location','best')
title('斯特默-维莱特方法 (\Delta t=0.5, \eta=0.2))')
```

再次，考察二阶系统中摩擦系数对动态解行为的影响. 为此固定初值 $x_0 = 0$. 在辛欧拉方法中，固定 $\Delta t = 0.1$；在斯特默–维莱特方法中固定 $\Delta t = 0.9$. 分别取两种结构的摩擦系数：常数 η 和动态的 $\eta(t) = m/(1+t)$，其中 $m > 0$ 为常数. 运行格式 (9.41) 和 (9.42) 在不同摩擦系数下数值解误差的演化情况见图 9.14. 由图可以看出，无论对辛欧拉方法还是斯特默–维莱特方法，采用过大或过小的摩擦系数都不合适. 特别地，过小的参数值会引起解精度的振荡；过大的参数值会使得迭代收敛较慢或精度不高，甚至会使迭代发散. 对两种方法，当 η 为常数时，其值在 0.1 附近较为合适；当 $\eta(t) = m/(1+t)$ 时，m 取值在 5 附近较为合适. 需要指出的是，η 越大，有可能使保证迭代收敛下最大的 Δt 越小. 在上面给出的辛欧拉方法和斯特默–维莱特方法的 MATLAB 程序中分别取 $\eta = 0.001, 0.01, 0.1, 1, 10$ 即可得图 9.14(a) 和 (c) 的程序.

图 9.14(b) 辛欧拉方法 $\eta(t) = m/(1+t)$ 时的 MATLAB 程序如下：

```
clc
clear
format long
A = hilb(100);
n = size(A,1);
xt = ones(n,1);
b = A*xt;
N = 1000;
tol = 1e-6;
dt = 0.1;

m = 0.01;
x0 = zeros(n,1);
iternum = 1;
r = norm(A*x0-b);
L2Err1(iternum) = norm(x0-xt)/norm(xt);
q0 = 0;
while r > tol & iternum <= N
```

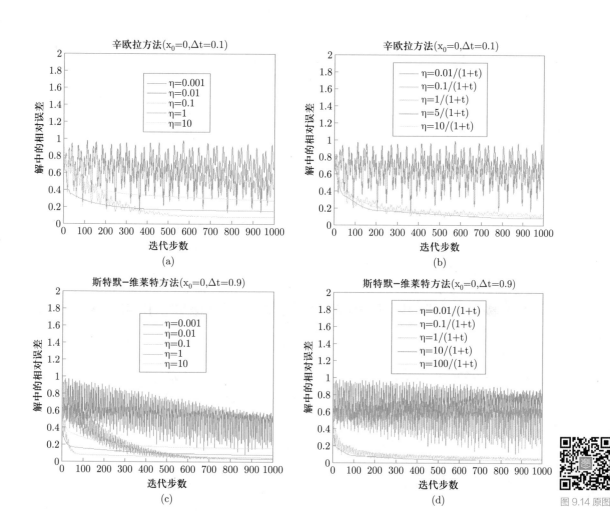

图 9.14

图 9.14 原图

```
eta = m/(1+iternum*dt);
q1 = q0+dt*(A'*(b-A*x0)-eta*q0);
x1 = x0+dt*q1;
L2Err1(iternum+1) = norm(x1-xt)/norm(xt);
r = norm(A*x1-b);
x0 = x1;
q0 = q1;
iternum = iternum+1;
end
xh1 = x1;
L2Err1 = L2Err1';
t1 = (0:1:iternum-1);
```

```
t1 = t1';
```
修改 m = 0.1, 重复上面的程序得 L2Err2 和 t2.
修改 m = 1, 重复上面的程序得 L2Err3 和 t3.
修改 m = 5, 重复上面的程序得 L2Err4 和 t4.
修改 m = 10, 重复上面的程序得 L2Err5 和 t5.
```
figure(1)
plot(t1,L2Err1,'b-',t2,L2Err2,'r-',t3,L2Err3,'g-',...
    t4,L2Err4,'m-',t5,L2Err5,'c-')
xlabel('迭代步数');
ylabel('解中的相对误差')
legend('\eta= 0.01/(1+t)','\eta= 0.1/(1+t)','\eta= 1/(1+t)',...
    '\eta= 5/(1+t)','\eta= 10/(1+t)','Location','best')
title('辛欧拉方法 (x_0=0, \Delta t =0.1)')
axis([0 N 0 2])
```
图 9.14(d) 斯特默 – 维莱特方法 $\eta(t) = m/(1+t)$ 时的 MATLAB 程序如下:
```
clc
clear
format long
A = hilb(100);
n = size(A,1);
xt = ones(n,1);
b = A*xt;
N = 1000;
tol = 1e-6;
dt = 0.9;

m = 0.01;
x0 = zeros(n,1);
iternum = 1;
r = norm(A*x0-b);
L2Err1(iternum) = norm(x0-xt)/norm(xt);
q0 = 0;
while r > tol & iternum <= N
eta = m/(1+iternum*dt);
q1 = (q0+dt*A'*(b-A*x0)/2)/(1+dt*eta/2);
x1 = x0+dt*q1;
eta = m/(1+(iternum+1)*dt);
q1 = q1-dt*eta*q1/2+dt*A'*(b-A*x1)/2;
L2Err1(iternum+1) = norm(x1-xt)/norm(xt);
```

```
r = norm(A*x1-b);
q0 = q1;
x0 = x1;
iternum = iternum+1;
end
xh1 = x1;
L2Err1 = L2Err1';
t1 = (0:1:iternum-1);
t1= t1';
```

修改 m = 0.1, 重复上面的程序得 L2Err2 和 t2.
修改 m = 1, 重复上面的程序得 L2Err3 和 t3.
修改 m = 10, 重复上面的程序得 L2Err4 和 t4.
修改 m = 100, 重复上面的程序得 L2Err5 和 t5.

```
figure(1)
plot(t1,L2Err1,'b-',t2,L2Err2,'r-',t3,L2Err3,'g-',...
    t4,L2Err4,'m-',t5,L2Err5,'c-')
xlabel('迭代步数');
ylabel('解中的相对误差')
legend('\eta= 0.01/(1+t)','\eta= 0.1/(1+t)','\eta= 1/(1+t)',...
    '\eta= 10/(1+t)','\eta= 100/(1+t)','Location','best')
title('斯特默-维莱特方法 (x_0=0, \Delta t =0.9)')
axis([0 N 0 2])
```

最后, 我们比较三种方法的精度和收敛速度. 为此, 固定 $x_0 = 0$ 并对每个方法选择近似最佳的迭代步长. 具体来讲, 对兰德韦伯方法, 取 $\Delta t = 0.4$; 对辛欧拉方法, 取 $\Delta t = 0.8$; 对斯特默–维莱特方法, 取 $\Delta t = 0.9$. 同样, 无论是对静态摩擦系数还是动态摩擦系数, 我们取近似最佳值. 具体来讲, 对辛欧拉方法, 分别取 $\eta = 0.1$ 和 $\eta = 5/(1 + t)$; 对斯特默–维莱特方法, 分别取 $\eta = 0.1$ 和 $\eta = 10/(1 + t)$. 三种方法的精度比较及近似解误差的演化过程见图 9.15. 近似解关于迭代步数的依赖情况见图 9.15(a). 该图表明, 选择恰当的参数值, 二阶常微分方程系统提供的解比一阶系统更准确, 收敛速度更快. 另外, 我们给出了这些方法在不同迭代步数的近似解, 见图 9.15(b)—(f). 可以看出, 随着迭代次数的增大, 三种方法算出的近似解都越来越好. 修改本例前面程序的参数值即可得图 9.15 的 MATLAB 程序.

在实际应用中, 由于右端数据 b 来源于测量或者离散, 因此不可避免地包含噪声. 这时上面的迭代格式需要提前终止. 一般来讲, 噪声水平越大, 越要提前终止.

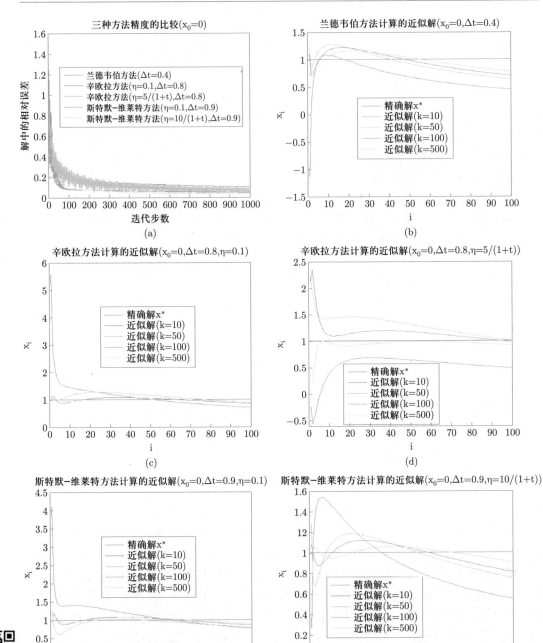

图 9.15 原图

图 **9.15**

非线性方程 (组) 的同伦算法 (homotopy algorithms)

考虑非线性方程

$$F(x) = 0, \tag{9.44}$$

其中 $F : \mathbb{R}^n \to \mathbb{R}^n$ 是向量值函数. 根据后文讨论的需要, 假设 F 具有足够的光滑性. 同伦算法的基本思想是引入参数 t, 构造一族含参数的函数 $H(x(t), t)$, 使得当 t 取某个值或在其某种趋势下, 函数族 H 恰好等于或无限逼近 F. 从而求解方程 (9.44) 就转化为同伦方程

$$H(x, t) = 0. \tag{9.45}$$

常用的函数族有

$$H(x, t) = tF(x) + (1-t)G(x), \quad t \in [0, 1], \tag{9.46}$$

其中方程 $G(x) = 0$ 非常容易求解. 显然,

$$H(x, 0) = G(x), \quad H(x, 1) = F(x).$$

如果取

$$H(x, t) = (1 - e^{-t})F(x) + e^{-t}G(x), \ t \geqslant 0, \tag{9.47}$$

则有

$$H(x, 0) = G(x), \quad \lim_{t \to +\infty} H(x, t) = F(x).$$

通常取

$$G(x) = x - x_0, \tag{9.48}$$

$x_0 \in \mathbb{R}^n$ 为任一给定的点.

假设对 t 的每个取值, 方程 (9.45) 都有解 $x = x(t)$ 且它是 t 的连续可导函数, 则利用隐函数求导法则, 得

$$\begin{cases} \dfrac{\mathrm{d}x}{\mathrm{d}t} = -(H_x(x, t))^{-1} H_t(x, t), \\ x(0) = x_0. \end{cases} \tag{9.49}$$

设 $x(t)$ 为微分方程组 (9.49) 的解, 则非线性方程 (9.44) 的根可以通过极限

$$\lim_{t \to 1^-} x(t) = x^*$$

或

$$\lim_{t \to +\infty} x(t) = x^*$$

得到.

命题 9.1. 设 x^* 是非线性方程 (9.44) 的任一根并假定 F 有足够的光滑性. 则存在 x^* 的邻域 $D(x^*) \subset \mathbb{R}^n$, 使得对任意的 $x_0 \in D(x^*)$, 微分方程组 (9.49) 的解 $x(t)$ 收敛到 x^*.

例 9.10. 利用初值问题 (9.49) 求解非线性方程

$$x^2 + x - 6 = 0. \tag{9.50}$$

解: 将 $F(x) = x^2 + x - 6$, (9.48) 式中的 G 和 (9.46) 式中的 H 代入方程 (9.49), 得如下的初值问题:

$$\begin{cases} \dfrac{\mathrm{d}x}{\mathrm{d}t} = -\dfrac{1}{2xt + 1}(x^2 + x_0 - 6), \ 0 < t \leqslant 1, \\ x(0) = x_0. \end{cases} \tag{9.51}$$

将 $F(x) = x^2 + x - 6$, (9.48) 式中的 G 和 (9.47) 式中的 H 代入方程 (9.49), 得如下的初值问题:

$$\begin{cases} \dfrac{\mathrm{d}x}{\mathrm{d}t} = -\dfrac{1}{2x(\mathrm{e}^t - 1) + 1}(x^2 + x_0 - 6), \ 0 < t \leqslant T, \\ x(0) = x_0. \end{cases} \tag{9.52}$$

注意到, 虽然理论上初值问题 (9.52) 中的 $t \in (0, +\infty)$, 但在实际计算时, 只在有限区间 $]0, T]$ 上求解该方程. 一般来说, 很难求出初值问题 (9.51) 或 (9.52) 的精确解. 即使能够求出, 其解析表达式也往往非常复杂. 我们将借助 MATLAB 中的 ode45 函数进行迭代求解.

选择不同的初值 x_0, 对初值问题 (9.51) 和 (9.52) 运用四阶和五阶组合龙格–库塔算法, 初值问题 (9.51) 和 (9.52) (取 $T = 1$) 对应不同初值的数值解的计算结果分别见图 9.16 和图 9.17. 特别地, 对初值问题 (9.52), 我们选取了不同的终止时刻 T. 取 $x^* \approx x(1)$ 或 $x^* \approx x(T)$ 即得方程根的近似值. 数值解的相对误差见表 9.3. 注意到非线性方程 (9.50) 的精确根为 $x_1^* = 2, x_2^* = -3$. 从这些图和表可以看出:

(1) 利用同伦算法导出的初值问题求解非线性方程的根是可行的.

(2) 初值越好, 收敛越快, 计算精度一般也越高.

(3) 当非线性方程有多个根时, 不同根的初值的收敛区域 $D(x^*)$ 大小并不相同, 就本例而言 $D(2)$ 大于 $D(-3)$.

(4) 总体而言, 初值问题 (9.51) 产生的近似解比初值问题 (9.52) 产生的近似解精度更高.

(5) 对同伦算子 H 的选择 (9.47), 适当增大初值问题 (9.52) 中终止时刻 T 的值能改进近似解的精度. 然而, 由于离散误差和舍入误差的存在, 选用过大的 T 并不明智. 就本例而言 $T < 10$ 足够给出合理的近似解.

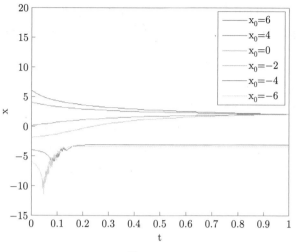

图 **9.16**

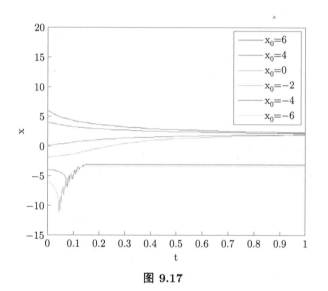

图 **9.17**

表 **9.3**　数值解的相对误差

x_0	$x(1)$ 的相对误差	$x(T)$ 的相对误差			
		$T=1$	$T=10$	$T=100$	$T=1000$
6	4.8158×10^{-5}	1.1446×10^{-1}	1.0177×10^{-1}	1.0183×10^{-1}	1.0183×10^{-1}
4	4.1146×10^{-6}	5.5486×10^{-2}	5.1812×10^{-2}	5.1852×10^{-2}	5.1852×10^{-2}
0	3.0549×10^{-8}	4.8326×10^{-2}	5.4947×10^{-2}	5.4979×10^{-2}	5.4980×10^{-2}
-2	3.3613×10^{-7}	8.0185×10^{-2}	1.1743×10^{-1}	1.1747×10^{-1}	1.1747×10^{-1}
-4	5.5446×10^{-2}	5.4224×10^{-2}	9.5252×10^{-2}	9.5232×10^{-2}	9.5232×10^{-2}
-6	1.5493×10^{-1}	1.5505×10^{-1}	1.5491×10^{-1}	1.5491×10^{-1}	1.5491×10^{-1}

图 9.16 的 MATLAB 程序如下.

先建立非线性方程 (9.50) 和初值问题 (9.51) 的 m 文件.

```
function y=myfun1(x)
y = x^2+x-6;

function dxdt = odefun11(t,x,x0)
dxdt = -(x^2+x0-6)/(2*x*t+1);
```

调用 fsolve 函数求非线性方程的精确解, 调用 ode45 函数求初值问题的近似解.

```
xstar1 = fsolve('myfun1',0,optimset('Display','off'));
xstar2 = fsolve('myfun1',-5,optimset('Display','off'));
relerr = zeros(6,1);
tspan = [0 1];

x0 = 6;
[t1,x1] = ode45(@(t,x) odefun11(t,x,x0),tspan,x0);
relerr(1) = abs(x1(end)-xstar1)/abs(xstar1);

x0 = 4;
[t2,x2] = ode45(@(t,x) odefun11(t,x,x0),tspan,x0);
relerr(2) = abs(x2(end)-xstar1)/abs(xstar1);

x0 = 0;
[t3,x3] = ode45(@(t,x) odefun11(t,x,x0),tspan,x0);
relerr(3) = abs(x3(end)-xstar1)/abs(xstar1);

x0 = -2;
[t4,x4] = ode45(@(t,x) odefun11(t,x,x0),tspan,x0);
relerr(4) = abs(x4(end)-xstar1)/abs(xstar1);

x0 = -4;
[t5,x5] = ode45(@(t,x) odefun11(t,x,x0),tspan,x0);
relerr(5) = abs(x5(end)-xstar2)/abs(xstar2);

x0 = -6;
[t6,x6] = ode45(@(t,x) odefun11(t,x,x0),tspan,x0);
relerr(6) = abs(x6(end)-xstar2)/abs(xstar2);

plot(t1,x1,t2,x2,t3,x3,t4,x4,t5,x5,t6,x6)
xlabel('t')
ylabel('x')
legend('x_0=6','x_0=4','x_0=0','x_0=-2','x_0=-4','x_0=-6')
axis([0 1 -15 20])
```

图 9.17 的 MATLAB 程序只需将上面程序中的 odefun11 函数替换为如下的 odefun12 函数:

```
function dxdt = odefun12(t,x,x0)
dxdt = -(x^2+x0-6)/(2*x*(exp(t)-1)+1);
```

例 9.11. 利用初值问题 (9.49) 求解非线性方程

$$e^x - x^2 + 3x - 2 = 0. \tag{9.53}$$

解: 将 $F(x) = e^x - x^2 + 3x - 2$, (9.48) 式中的 G 和 (9.46) 式中的 H 代入方程 (9.49), 得如下的初值问题:

$$\begin{cases} \dfrac{dx}{dt} = -\dfrac{1}{(e^x - 2x + 2)t + 1}(e^x - x^2 + 2x + x_0 - 2), \ 0 < t \leqslant 1, \\ x(0) = x_0. \end{cases} \tag{9.54}$$

将 $F(x) = e^x - x^2 + 3x - 2$, (9.48) 式中的 G 和 (9.47) 式中的 H 代入方程 (9.49), 得如下的初值问题:

$$\begin{cases} \dfrac{dx}{dt} = -\dfrac{1}{(e^t - 1)(e^x - 2x + 3) + 1}(e^x - x^2 + 2x + x_0 - 2), \ 0 < t \leqslant T, \\ x(0) = x_0. \end{cases} \tag{9.55}$$

选择不同的初值 x_0, 对初值问题 (9.54) 和 (9.55) 运用四阶和五阶组合龙格–库塔算法, 初值问题 (9.54) 和 (9.55) (取 $T = 1$) 对应不同初值的数值解的计算结果分别见图 9.18 和图 9.19, 数值解的相对误差见表 9.4. 非线性方程 (9.53) 的唯一精确根 $x^* \approx 0.257\,530\,285\,437\,227$. 从这些图和表可得出与例 9.10 类似解结论, 包括初值越好, 收敛越快, 计算精度越高; 初值问题 (9.55) 中终止时刻 T 选择要适中, 选用过大的 T 不仅不能改进近似解的精度, 还增加了迭代次数.

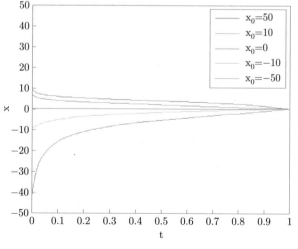

图 **9.18**

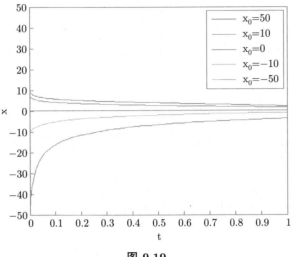

图 9.19 原图

图 9.19

表 9.4　数值解的相对误差

x_0	$x(1)$ 的相对误差	$x(T)$ 的相对误差			
		$T=1$	$T=10$	$T=100$	$T=1000$
50	$2.396\,0\times10^{-1}$	$7.246\,2$	$9.067\,9$	$9.069\,2$	$9.069\,2$
10	$5.559\,7\times10^{-2}$	$5.051\,7$	$5.492\,3\times10^{-2}$	$5.414\,5\times10^{-2}$	$5.414\,4\times10^{-2}$
0	$4.380\,0\times10^{-10}$	$1.330\,8\times10^{-1}$	$1.209\,5\times10^{-6}$	$4.722\,3\times10^{-5}$	$4.738\,6\times10^{-5}$
-10	$1.256\,0\times10^{-3}$	$4.624\,3$	$1.365\,3\times10^{-3}$	$7.091\,7\times10^{-4}$	$7.091\,1\times10^{-4}$
-50	$8.954\,2\times10^{-3}$	$1.543\,5\times10$	$1.185\,8\times10^{-2}$	$9.091\,8\times10^{-3}$	$9.091\,8\times10^{-3}$

最后给出图 9.18 的 MATLAB 程序. 为此, 先建立非线性方程 (9.53) 和初值问题 (9.54) 的 m 文件.

```
function y=myfun2(x)
y = exp(x)-x^2+3*x-2;

function dxdt = odefun21(t,x,x0)
dxdt = -(exp(x)-x^2+2*x+x0-2)/((exp(x)-2*x+2)*t+1);
```

调用 fsolve 函数求非线性方程的精确解, 调用 ode45 函数求初值问题的近似解.

```
xstar = fsolve('myfun2',0,optimset('Display','off'));
relerr = zeros(5,1);
tspan = [0 1];

x0 = 50;
[t1,x1] = ode45(@(t,x) odefun21(t,x,x0),tspan,x0);
relerr(1) = abs(x1(end)-xstar)/abs(xstar);
```

```
x0 = 10;
[t2,x2] = ode45(@(t,x) odefun21(t,x,x0),tspan,x0);
relerr(2) = abs(x2(end)-xstar)/abs(xstar);

x0 = 0;
[t3,x3] = ode45(@(t,x) odefun21(t,x,x0),tspan,x0);
relerr(3) = abs(x3(end)-xstar)/abs(xstar);

x0 = -10;
[t4,x4] = ode45(@(t,x) odefun21(t,x,x0),tspan,x0);
relerr(4) = abs(x4(end)-xstar)/abs(xstar);

x0 = -50;
[t5,x5] = ode45(@(t,x) odefun21(t,x,x0),tspan,x0);
relerr(5) = abs(x5(end)-xstar)/abs(xstar);

plot(t1,x1,t2,x2,t3,x3,t4,x4,t5,x5)
xlabel('t')
ylabel('x')
legend('x_0=50','x_0=10','x_0=0','x_0=-10','x_0=-50')
axis([0 1 -50 50])
```

类似地, 图 9.19 的 MATLAB 程序只需将上面程序中的 odefun21 函数替换为如下的 odefun22 函数:

```
function dxdt = odefun22(t,x,x0)
dxdt = -(exp(x)-x^2+2*x+x0-2)/((exp(t)-1)*(exp(x)-2*x+3)+1).
```

9.6 小结和评注

　　本章主要介绍了几类不同类型的反映应用问题规律的微分方程模型. 这些微分方程模型有线性方程也有非线性方程. 内容侧重利用理论知识分析模型的解析解和利用数值方法计算问题的近似解. 通过分析和观察微分方程的解的行为来理解相应问题的解的实际状态和变化趋势. 除了本章介绍的几类模型, 常微分方程模型还在火箭发射、混沌、动力系统、商品定价等科技、工程和生活的各个领域有广泛的应用. 通过微分方程的刻画, 可以将许多问题的研究由定性转化为定量. 此外, 微分方程模型也是数学建模竞赛中的一个非常重要的类别.

第九章小结

9.7 练 习 题

1. 固定等效质量 $m = 100$ 和等效刚度 $k = 1\,600$, 初始位移和初始速度为 $x_0 = 10, \dot{x}_0 = 4$. 求无阻尼振动系统

$$
\begin{cases}
m\dfrac{\mathrm{d}^2 x}{\mathrm{d}t^2} + kx = 0, \\[2mm]
x(0) = x_0, \dfrac{\mathrm{d}x}{\mathrm{d}t}(0) = \dot{x}_0
\end{cases}
$$

的解, 利用 MATLAB 画图并分析解在 $t \to +\infty$ 时的极限行为.

2. 固定等效质量 $m = 100$ 和等效刚度 $k = 1\,600$, 初始位移和初始速度为 $x_0 = 0, \dot{x}_0 = 24$. 分别对 $c = 400, 800$ 和 $1\,600$ 求方程

$$
\begin{cases}
m\dfrac{\mathrm{d}^2 x}{\mathrm{d}t^2} + c\dfrac{\mathrm{d}x}{\mathrm{d}t} + kx = 0, \\[2mm]
x(0) = x_0, \dfrac{\mathrm{d}x}{\mathrm{d}t}(0) = \dot{x}_0
\end{cases}
$$

的解, 利用 MATLAB 画图并分析解在 $t \to +\infty$ 时的极限行为.

3. 固定等效质量 $m = 100$、等效刚度 $k = 1\,600$ 和等效阻尼 $c = 400$, 初始位移和初始速度为 $x_0 = 0, \dot{x}_0 = 1$. 分别对激振力 $f(t) = 100$ 和 $f(t) = 100\mathrm{e}^{-t}\cos t$, 求方程

$$
\begin{cases}
m\dfrac{\mathrm{d}^2 x}{\mathrm{d}t^2} + c\dfrac{\mathrm{d}x}{\mathrm{d}t} + kx = f, \\[2mm]
x(0) = x_0, \dfrac{\mathrm{d}x}{\mathrm{d}t}(0) = \dot{x}_0
\end{cases}
$$

的解, 利用 MATLAB 画图并分析和比较两种激振力下解在 $t \to +\infty$ 时的极限行为.

4. 给定两种群相互竞争型沃尔泰拉方程组

$$
\begin{cases}
\dfrac{\mathrm{d}x}{\mathrm{d}t} = r_1 x \left(1 - \dfrac{x}{k_1} - \sigma_1 \dfrac{y}{k_2}\right), \\[3mm]
\dfrac{\mathrm{d}y}{\mathrm{d}t} = r_2 y \left(1 - \sigma_2 \dfrac{x}{k_1} - \dfrac{y}{k_2}\right), \\[3mm]
x(t_0) = x_0, y(t_0) = y_0,
\end{cases}
$$

其中种群数量最大容量 $k_1 = k_2 = k = 1\,000$, 初始数量 $x_0 = y_0 = 100$, 种群固有增长率 $r_1 = r_2 = 1$. 固定竞争能力 $\sigma_1 = 0.5$, 分别取 $\sigma_2 = 0.1, 0.5, 1$; 固定竞争能力 $\sigma_1 = 2$, 分别取 $\sigma_2 = 1, 5, 10$. 利用 MATLAB 求方程组的数值解并讨论解关于 σ_1 和 σ_2 的依赖情况.

5. 考虑三种群相互作用的沃尔泰拉模型 (9.12). 设 z 为捕食者, x, y 为 z 的食饵, x, y 种群不存在时, z 种群会逐渐灭绝. 假定 z 种群捕食为密度制约的, 而种群 x, y 不靠本系统 (x, y, z 组成的系统) 为生且为密度制约和相互竞争的. 则模型 (9.12) 有如下

形式:

$$
\begin{cases}
\dfrac{\mathrm{d}x}{\mathrm{d}t} = x(a_1 - b_1 x - c_1 y - d_1 z), \\[2mm]
\dfrac{\mathrm{d}y}{\mathrm{d}t} = y(a_2 - b_2 x - c_2 y - d_2 z), \\[2mm]
\dfrac{\mathrm{d}z}{\mathrm{d}t} = z(-a_3 - b_3 x - c_3 y), \\[2mm]
x(t_0) = x_0, y(t_0) = y_0, z(t_0) = z_0,
\end{cases}
$$

其中系数都大于零. 试讨论该模型在点 $(0,0,0)$ 处的渐近稳定性.

6. 给定简化的 SIR 模型

$$
\begin{cases}
\dfrac{\mathrm{d}S}{\mathrm{d}t} = -\lambda SI, \\[2mm]
\dfrac{\mathrm{d}I}{\mathrm{d}t} = \lambda SI - \nu I, \\[2mm]
S(0) = S_0, I(0) = I_0,
\end{cases}
$$

固定 $\nu = 0.2$, $S_0 = 0.8$, $I_0 = 0.2$. 分别取 $\lambda = 0.04, 0.2$ 和 0.4, 利用 MATLAB 数值求解该简化 SIR 模型, 并讨论解的渐近行为.

7. 给定 $n = 100$ 和希尔伯特矩阵

$$
A = \begin{pmatrix}
1 & \dfrac{1}{2} & \cdots & \dfrac{1}{n} \\[2mm]
\dfrac{1}{2} & \dfrac{1}{3} & \cdots & \dfrac{1}{n+1} \\[2mm]
\vdots & \vdots & & \vdots \\[2mm]
\dfrac{1}{n} & \dfrac{1}{n+1} & \cdots & \dfrac{1}{2n-1}
\end{pmatrix}.
$$

设 $x^* = \left(1, \dfrac{1}{2}, \cdots, \dfrac{1}{n}\right)^{\mathrm{T}} \in \mathbb{R}^n$ 为精确解, 记 $b = Ax^*$. 写出一阶常微分方程组

$$
\begin{cases}
\dot{x}(t) = y(t), \\[1mm]
\dot{y}(t) = -\eta y(t) + A^{\mathrm{T}}(b - Ax(t)), \\[1mm]
x(0) = x_0, y(0) = \dot{x}_0
\end{cases}
$$

的欧拉格式和辛欧拉格式; 固定初值 $x_0 = \dot{x}_0 = 0$, 离散步长 $\Delta t = 0.1$, 分别取阻尼参数 $\eta = 0.5$ 和 $\eta = 1/(1+t)$, 利用两个迭代格式计算方程组 $Ax = b$ 的近似解, 其中当残量 $\|Ax - b\| \leqslant 10^{-5}$ 或迭代步数达到 $N = 200$ 时迭代法终止; 将所有近似解与精确解以及用直接法求得的解进行比较, 计算近似解的相对误差.

9.7 练习题
部分参考答案

8. 给定非线性方程

$$
F(x) = 1 - x + 0.5 \ln(1.25x) = 0.
$$

取 $G(x) = x - 1$ 和同伦函数 $H(x, t) = (1 - \mathrm{e}^{-t})F(x) + \mathrm{e}^{-t}G(x), t \in [0, T]$. 根据隐

函数求导法则, 写出对应的常微分方程. 选择不同的 T 值, 分别调用 MATLAB 中的 ode113、ode23 和 ode45 函数命令求常微分方程的数值解, 计算 F 在数值解的值, 并对所得结果进行比较和分析.

作 业 九

本作业的目的是对实际问题, 通过建立微分方程和求解方程, 抓住事件的特征, 掌握事物发展的规律. 为此, 考虑一个含有某类污染物 P 的地下蓄水池, 其容积为 V, 现有该类污染物浓度为 a 的溶液以给定速度 r 流入蓄水池. 设溶液被充分搅和后同样以速度 r 从蓄水池中排出.

设 t 时刻蓄水池中污染物 P 的总质量为 $q(t)$, 记 $c(t)$ 为 t 时刻污染物 P 的浓度.

1. 验证 $q(t)$ 满足微分方程

$$q'(t) + \frac{r}{V}q(t) = ar. \tag{9.56}$$

2. 根据方程 (9.56), 建立溶质 P 的浓度函数 $c(t)$ 满足的微分方程.

3. 设 $c_0 = c(0)$ 为蓄水池中 P 的初始浓度 $(c_0 \leqslant a)$, 流入速度 r 为常数. 求解题 2 中建立的方程, 推导任意时刻溶液的浓度函数; 考察浓度对时间 t 的依赖情况; 固定 $a = 1.5, V = 1\,000, c_0 = 1$, 分别取流入速度 $r = 1, 5, 10, 50, 100$, 分析浓度函数 $c(t)$ 的渐近行为.

4. 假设初始无污染, 即 $c_0 = 0$, 流入速度是时间的函数, 即 $r = r(t)$. 分别选取 $r(t) = t$ 和 $r(t) = \dfrac{10}{t+1}$, 求解题 2 中建立的方程, 推导任意时刻溶液的浓度函数 $c(t)$. 考察 $c(t)$ 的演化情况并与流入速度 $r = 10$ 的常数情况进行比较.

作业九部分参考答案

5. 假设 V 已知, $c_0 = 0$, 流入速度 r 为常数. 证明两个不同时刻的浓度能唯一决定流入速度 r 和流入物质的浓度 a.

6. 设容积 V、污染物初始浓度 c_0 和流入速度 r 已知, 污染物浓度为 a 的溶液渗入容器经充分混合后以同样的速度流出. 假设经过 T_1 时刻后, 污染物源被清除, 但不含污染物的溶液仍然以相同的速度流入和流出, 问要经过多长时间, 容器中污染物的浓度才能回到初始浓度? 记 T_2 表示容器中污染物的浓度回到初始浓度的时刻. 取 $V = 1\,000, c_0 = 0.1, a = 2, r = 10$, 分别对 $T_1 = 2^n, n = 0, 1, \cdots, 10$, 计算对应的 T_2 值, 并对结果进行分析.

第十章　附录

10.1　线性空间

线性空间是线性代数最基本的概念之一. 设 V 是一个非空集合, $\mathbb{P}$ 是一个数域, 通常为实数域 $\mathbb{R}$ 或复数域 $\mathbb{C}$.

在集合 V 的元素之间定义一种代数运算, 叫做加法: $\forall u, v \in V$, 都有唯一的元素 $w \in V$ 与它们对应, 称为 u 和 v 的和, 记做 $w = u + v$.

在数域 $\mathbb{P}$ 与集合 V 的元素之间还定义另一种运算, 叫做数乘: $\forall k \in \mathbb{P}, v \in V$, 都有唯一的元素 $u \in V$ 与它们对应, 称为 k 和 v 的数量乘积, 记做 $u = kv$.

定义 10.1. 设 V 是一个非空集合, $\mathbb{P}$ 是一个数域. 如果上面定义的加法和数乘运算满足如下规则, 则称集合 V 为数域 $\mathbb{P}$ 上的线性空间.

1. 加法满足下面四条规则:

(1) 交换律: $u + v = v + u$.

(2) 结合律: $(u + v) + w = u + (v + w)$.

(3) 零元素: 在 V 中有一个元素, 记做 0, 使得 $\forall v \in V$ 有 $v + 0 = v$.

(4) 负元素: 对于 V 中的每个元素 u, 都有 $v \in V$ 使得 $u + v = 0$, 记 u 的负元素为 $-u$.

2. 数乘满足下面两条规则:

(5) $1v = v$.

(6) $\alpha(\beta v) = (\alpha\beta)v$.

3. 加法与数乘满足下面两条规则:

(7) $(\alpha + \beta)v = \alpha v + \beta v$.

(8) $\alpha(u + v) = \alpha u + \alpha v$.

以上规则中的 u, v, w 等表示集合 V 中的任意元素, α, β 等表示数域 $\mathbb{P}$ 中的任意数.

定义 10.2. 设 V 是数域 $\mathbb{P}$ 上的线性空间, $v_1, v_2, \cdots, v_n (n \geqslant 1)$ 是 V 中一组向量, $k_1, k_2, \cdots, k_n$ 是数域 $\mathbb{P}$ 中的数, 则向量 $v = k_1 v_1 + k_2 v_2 + \cdots + k_n v_n$ 称为向量组 $v_1, v_2, \cdots, v_n$ 的一个线性组合, 也说向量 v 可由向量组 $v_1, v_2, \cdots, v_n$ 线性表出.

定义 10.3. 线性空间 V 中向量 $v_1, v_2, \cdots, v_n (n \geqslant 1)$ 称为线性相关, 是指在数域 $\mathbb{P}$ 中

存在 n 个不全为零的数 $k_1, k_2, \cdots, k_n$, 使得 $k_1 v_1 + k_2 v_2 + \cdots + k_n v_n = 0$. 如果上式只在 $k_1 = k_2 = \cdots = k_n = 0$ 时成立, 则称向量组 $v_1, v_2, \cdots, v_n$ 线性无关.

定义 10.4. 如果在线性空间 V 中有 n 个线性无关的向量, 但没有更多数目的线性无关的向量, 则称 V 为 n 维线性空间; 称 n 维线性空间的 n 个线性无关的向量为一个基底. 如果在 V 中可以找到任意多个线性无关的向量, 则 V 称为无限维的.

10.2 矩 阵

矩阵和向量是数学中极为重要且应用广泛的概念, 是代数特别是线性代数或者高等代数的主要研究对象. 大量各种问题的研究常常反映或退化为关于矩阵和向量的研究. 为叙述简洁, 下面限制数域 $\mathbb{P}$ 为实数域 $\mathbb{R}$, 但绝大多数概念和性质对 $\mathbb{P}$ 为复数域 $\mathbb{C}$ 时也适用.

给定 4 个实数 $a_{11}, a_{12}, a_{21}, a_{22} \in \mathbb{R}$, 将形如

$$\begin{pmatrix} a_{11} & a_{12} \\ a_{21} & a_{22} \end{pmatrix}$$

的结构称为 2×2 矩阵或二阶矩阵. 类似地, 给定 9 个数 $a_{ij} \in \mathbb{R}, i, j = 1, 2, 3$, 将形如

$$\begin{pmatrix} a_{11} & a_{12} & a_{13} \\ a_{21} & a_{22} & a_{23} \\ a_{31} & a_{32} & a_{33} \end{pmatrix}$$

的结构称为 3×3 矩阵或三阶矩阵. 一般地, $n \times n$ 个数组成的如下形式

$$\begin{pmatrix} a_{11} & a_{12} & \cdots & a_{1n} \\ a_{21} & a_{22} & \cdots & a_{2n} \\ \vdots & \vdots & & \vdots \\ a_{n1} & a_{n2} & \cdots & a_{nn} \end{pmatrix}$$

的结构称为 $n \times n$ 矩阵或 n 阶矩阵. n 阶矩阵为方阵, 其行数和列数相同.

也可以定义一般的行数与列数不相等的矩阵.

$$A = (a_{ij})_{m \times n} = \begin{pmatrix} a_{11} & a_{12} & \cdots & a_{1n} \\ a_{21} & a_{22} & \cdots & a_{2n} \\ \vdots & \vdots & & \vdots \\ a_{m1} & a_{m2} & \cdots & a_{mn} \end{pmatrix}$$

称为 $m \times n$ 矩阵, 其由 $m \times n$ 个数组成, 每个数 a_{ij} 称为矩阵的元素.

n 维行向量可以看做 $1 \times n$ 矩阵, 而 n 维列向量可以看做 $n \times 1$ 矩阵. 两个矩阵相等表示它们有完全相同的行与相同的列, 以及对应位置的元素都相等.

记 $\mathcal{M}_{m\times n}$ 表示 $\mathbb{R}$ 上全体 $m\times n$ 矩阵形成的集合. 可以在 $\mathcal{M}_{m\times n}$ 中定义加法和数乘.

定义 10.5. 设

$$A = (a_{ij})_{m\times n} = \begin{pmatrix} a_{11} & a_{12} & \cdots & a_{1n} \\ a_{21} & a_{22} & \cdots & a_{2n} \\ \vdots & \vdots & & \vdots \\ a_{m1} & a_{m2} & \cdots & a_{mn} \end{pmatrix},$$

$$B = (b_{ij})_{m\times n} = \begin{pmatrix} b_{11} & b_{12} & \cdots & b_{1n} \\ b_{21} & b_{22} & \cdots & b_{2n} \\ \vdots & \vdots & & \vdots \\ b_{m1} & b_{m2} & \cdots & b_{mn} \end{pmatrix}$$

是两个 $m\times n$ 矩阵, 则 $m\times n$ 矩阵

$$C = (c_{ij})_{m\times n} = (a_{ij}+b_{ij})_{m\times n} = \begin{pmatrix} a_{11}+b_{11} & a_{12}+b_{12} & \cdots & a_{1n}+b_{1n} \\ a_{21}+b_{21} & a_{22}+b_{22} & \cdots & a_{2n}+b_{2n} \\ \vdots & \vdots & & \vdots \\ a_{m1}+b_{m1} & a_{m2}+b_{m2} & \cdots & a_{mn}+b_{mn} \end{pmatrix}$$

称为矩阵 A 和 B 的和, 记做

$$C = A + B.$$

矩阵的加法满足下面四条规则:

(1) 交换律: $A+B = B+A$.

(2) 结合律: $(A+B)+C = A+(B+C)$.

(3) 零元素: 在 $\mathcal{M}_{m\times n}$ 中有一个所有元素都为零的零矩阵, 记作 $0_{m\times n}$ 或简记为 0, 使得 $\forall A \in \mathcal{M}_{m\times n}$ 有 $A+0 = A$.

(4) 负元素: 对于 $\mathcal{M}_{m\times n}$ 中的每个矩阵 $A = (a_{ij})_{m\times n}$, 都有 $B \in \mathcal{M}_{m\times n}$ 使得 $A+B = 0$, 称 B 为 A 的负矩阵, 记做 $-A$. 由矩阵加法的定义知

$$-A = (-a_{ij})_{m\times n} = \begin{pmatrix} -a_{11} & -a_{12} & \cdots & -a_{1n} \\ -a_{21} & -a_{22} & \cdots & -a_{2n} \\ \vdots & \vdots & & \vdots \\ -a_{m1} & -a_{m2} & \cdots & -a_{mn} \end{pmatrix}.$$

定义 10.6. 称矩阵

$$kA = (ka_{ij})_{m\times n} = \begin{pmatrix} ka_{11} & ka_{12} & \cdots & ka_{1n} \\ ka_{21} & ka_{22} & \cdots & ka_{2n} \\ \vdots & \vdots & & \vdots \\ ka_{m1} & ka_{m2} & \cdots & ka_{mn} \end{pmatrix}$$

为矩阵 $A = (a_{ij})_{m \times n} \in \mathcal{M}_{m \times n}$ 与数 $k \in \mathbb{R}$ 的数乘, 记做 kA.

矩阵的数乘满足下面四条规则:

(5) $1A = A$.

(6) $\alpha(\beta A) = (\alpha\beta)A$.

(7) $(\alpha + \beta)A = \alpha A + \beta A$.

(8) $\alpha(A + B) = \alpha A + \alpha B$.

根据线性空间的定义可知, 定义了上面加法和数乘的矩阵集合 $\mathcal{M}_{m \times n}$ 形成一个线性空间. 此外, 矩阵之间还能定义一个叫做乘法的运算.

定义 10.7. 设

$$A = (a_{ik})_{m \times s} \in \mathcal{M}_{m \times s}, \quad B = (b_{kj})_{s \times n} \in \mathcal{M}_{s \times n},$$

则矩阵

$$C = (c_{ij})_{m \times n} \in \mathcal{M}_{m \times n}, \quad c_{ij} = \sum_{k=1}^{s} a_{ik}b_{kj}$$

称为矩阵 A 和 B 的乘积, 记为

$$C = AB.$$

矩阵的乘法具有结合律, 即设

$$A = (a_{ik})_{m \times p}, \quad B = (b_{kl})_{p \times q}, \quad C = (b_{lj})_{q \times n},$$

则

$$(AB)C = A(BC).$$

称对角元素全为 1, 非对角元素全为 0 的 $n \times n$ 矩阵为单位矩阵. n 阶单位矩阵记为 E_n, 或在不致混淆时简记为 E, 即

$$E = \begin{pmatrix} 1 & 0 & \cdots & 0 \\ 0 & 1 & \cdots & 0 \\ \vdots & \vdots & & \vdots \\ 0 & 0 & \cdots & 1 \end{pmatrix}.$$

矩阵的加法、数乘和乘法还满足关系式:

$$A(B + C) = AB + AC,$$
$$(B + C)A = BA + CA,$$
$$k(AB) = (kA)B = A(kB).$$

矩阵乘法一般不满足交换律, 即一般来说,

$$AB \neq BA.$$

设 A 是 n 阶矩阵, 定义 A 的幂

$$A^0 = E,$$
$$A^1 = A,$$
$$A^{k+1} = A^k A.$$

幂只能对方阵来定义. 由乘法的结合律, 得

$$A^k A^l = A^{k+l},$$
$$(A^k)^l = A^{kl}.$$

由于矩阵的乘法不满足交换律, 故一般地,

$$(AB)^k \neq A^k B^k.$$

对矩阵还可以定义如下称为转置的运算.

定义 10.8. 设

$$A = (a_{ij})_{m \times n} \in \mathcal{M}_{m \times n},$$

则矩阵

$$A^{\mathrm{T}} = (a_{ji})_{n \times m} \in \mathcal{M}_{n \times m}$$

称为矩阵 A 的转置, 即将矩阵 A 的行、列互换, 得到其转置矩阵.

矩阵加法、数乘、乘法和转置具有如下关系式:

$$(A^{\mathrm{T}})^{\mathrm{T}} = A,$$
$$(A + B)^{\mathrm{T}} = A^{\mathrm{T}} + B^{\mathrm{T}},$$
$$(kA)^{\mathrm{T}} = kA^{\mathrm{T}},$$
$$(AB)^{\mathrm{T}} = B^{\mathrm{T}} A^{\mathrm{T}}.$$

下面给出矩阵的秩的概念.

定义 10.9. 设

$$A = (a_{ij})_{m \times n} \in \mathcal{M}_{m \times n},$$

则 A 的 m 个 n 维行向量的极大线性无关组的个数称为矩阵的行秩, A 的 n 个 m 维列向量的极大线性无关组的个数称为矩阵的列秩, 行秩和列秩的最小值称为矩阵的秩, 记作 $r(A)$. 若

$$r(A) = \min\{m, n\},$$

则称 A 是满秩的.

矩阵的乘法和秩满足性质

$$r(AB) \leqslant \min\{r(A), r(B)\}.$$

给定一个 n 阶方阵 A, 若 A 是满秩的, 即 $r(A) = n$, 则称 A 为可逆矩阵.

定义 10.10. 设 $A \in \mathcal{M}_{n \times n}$, 如果有 n 阶方阵 B, 使得

$$AB = BA = E,$$

则称 B 为 A 的逆矩阵, 记做 A^{-1}.

矩阵的逆与转置、乘法有如下关系式:

$$(A^{\mathrm{T}})^{-1} = (A^{-1})^{\mathrm{T}},$$
$$(AB)^{-1} = B^{-1}A^{-1}.$$

可以通过计算伴随矩阵或对矩阵进行初等变换求矩阵的逆, 在下一节中将通过行列式的概念定义伴随矩阵.

上述概念都是关于实系数的矩阵, 完全类似地也可以取复系数 $a_{kj} \in \mathbb{C}$, 从而定义复值矩阵.

10.3 行 列 式

下面给出矩阵行列式、伴随矩阵以及初等变换的定义.

定义 10.11. 给定 n 阶方阵 $A = (a_{ij})_{n \times n} \in \mathcal{M}_{n \times n}$, 称

$$\begin{vmatrix} a_{11} & a_{12} & \cdots & a_{1n} \\ a_{21} & a_{22} & \cdots & a_{2n} \\ \vdots & \vdots & & \vdots \\ a_{n1} & a_{n2} & \cdots & a_{nn} \end{vmatrix} = \sum_{j_1 j_2 \cdots j_n} (-1)^{\tau(j_1 j_2 \cdots j_n)} a_{1j_1} a_{2j_2} \cdots a_{nj_n}$$

为 A 的行列式, 其中 $\tau(j_1 j_2 \cdots j_n)$ 为排列 $j_1 j_2 \cdots j_n$ 的逆序数, $\sum\limits_{j_1 j_2 \cdots j_n}$ 表示对所有 n 级排列求和.

在实际计算行列式时, 一般不使用上面的抽象定义, 下面是所谓的降阶法: 在 n 阶行列式中, 把元素 a_{ij} 所在的第 i 行和第 j 列划去后, 留下来的 $n-1$ 阶行列式叫做元素 a_{ij} 的余子式, 记做 M_{ij}, 将余子式 M_{ij} 再乘 $(-1)^{i+j}$ 记为 A_{ij}, 称 A_{ij} 为元素 a_{ij} 的代数余子式.

因此有下面行列式的计算公式: 将 n 阶行列式的计算转化为 $n-1$ 阶行列式的计算.

(1) 按第 k 列展开:

$$\begin{vmatrix} a_{11} & a_{12} & \cdots & a_{1n} \\ a_{21} & a_{22} & \cdots & a_{2n} \\ \vdots & \vdots & & \vdots \\ a_{n1} & a_{n2} & \cdots & a_{nn} \end{vmatrix} = \sum_{j=1}^{n} a_{jk} A_{jk}.$$

(2) 按第 j 行展开:

$$\begin{vmatrix} a_{11} & a_{12} & \cdots & a_{1n} \\ a_{21} & a_{22} & \cdots & a_{2n} \\ \vdots & \vdots & & \vdots \\ a_{n1} & a_{n2} & \cdots & a_{nn} \end{vmatrix} = \sum_{k=1}^{n} a_{jk}A_{jk}.$$

例 10.1. 二阶行列式的计算:

$$\begin{vmatrix} a_{11} & a_{12} \\ a_{21} & a_{22} \end{vmatrix} = a_{11}a_{22} - a_{12}a_{21}.$$

三阶行列式的计算 (按第一行展开):

$$\begin{vmatrix} a_{11} & a_{12} & a_{13} \\ a_{21} & a_{22} & a_{23} \\ a_{31} & a_{32} & a_{33} \end{vmatrix} = a_{11}M_{11} + (-1)^{1+2}a_{12}M_{12} + (-1)^{1+3}a_{13}M_{13}$$

$$= a_{11}\begin{vmatrix} a_{22} & a_{23} \\ a_{32} & a_{33} \end{vmatrix} - a_{12}\begin{vmatrix} a_{21} & a_{23} \\ a_{31} & a_{33} \end{vmatrix} + a_{13}\begin{vmatrix} a_{21} & a_{22} \\ a_{31} & a_{32} \end{vmatrix}.$$

定义 10.12. 给定 n 阶方阵

$$A = \begin{pmatrix} a_{11} & a_{12} & \cdots & a_{1n} \\ a_{21} & a_{22} & \cdots & a_{2n} \\ \vdots & \vdots & & \vdots \\ a_{n1} & a_{n2} & \cdots & a_{nn} \end{pmatrix}.$$

设 A_{ij} 为元素 a_{ij} 的代数余子式, 则称矩阵

$$A^* = \begin{pmatrix} A_{11} & A_{21} & \cdots & A_{n1} \\ A_{12} & A_{22} & \cdots & A_{n2} \\ \vdots & \vdots & & \vdots \\ A_{1n} & A_{2n} & \cdots & A_{nn} \end{pmatrix}$$

为 A 的伴随矩阵.

利用伴随矩阵, 可以给出可逆矩阵 A 的逆矩阵

$$A^{-1} = \frac{A^*}{\det A}.$$

通过行列式和伴随矩阵计算矩阵的逆时计算量非常大. 通常利用初等行变换来求矩阵的逆.

定义 10.13. 数域 $\mathbb{R}$ 上矩阵的初等行变换是指如下三种变换:

(1) 以 $\mathbb{R}$ 中的一个非零常数乘矩阵的某一行.

(2) 把矩阵某一行乘 $\mathbb{R}$ 中的非零常数加到另一行.

(3) 互换矩阵两行的位置.

　　类似地, 可以定义矩阵的初等列变换. 利用初等行变换, 可以给出求解矩阵的逆的第二个方法.

定理 10.1. 设 A 为 n 阶可逆矩阵, E 为 n 阶单位矩阵, 若利用初等行变换将 $n \times 2n$ 矩阵 $[A\ E]$ 化为矩阵 $[E\ B]$, 则矩阵 B 即为 A 的逆矩阵.

10.4　特征值和特征向量

　　下面给出矩阵的零空间的概念.

定义 10.14. 给定矩阵 $A \in \mathcal{M}_{m \times n}, x \in \mathbb{R}^n$, 称齐次线性方程组

$$Ax = 0$$

的全部解形成的集合为矩阵 A 的零空间, 记做 $\mathcal{N}(A)$, 它是 $\mathbb{R}^n$ 的一个子空间.

定义 10.15. 给定矩阵 $A \in \mathcal{M}_{m \times n}$, 齐次线性方程组 $Ax = 0$ 的一组解 $x_1, x_2, \cdots, x_t \in \mathbb{R}^n$ 称为一个基础解系, 是指

(1) $x_1, x_2, \cdots, x_t$ 线性无关.

(2) $\forall x \in \mathcal{N}(A), x$ 能表示为 $x_1, x_2, \cdots, x_t$ 的线性组合.

　　下面给出 n 阶方阵的特征值和特征向量的概念.

定义 10.16. 给定矩阵 $A \in \mathcal{M}_{n \times n}$, 若存在数 (实数或复数) λ 和非零向量 x, 使得

$$Ax = \lambda x,$$

则称 λ 是 A 的一个特征值, x 是对应于 λ 的一个特征向量.

　　$Ax = \lambda x$ 可改写为齐次线性方程组 $(\lambda E - A)x = 0$. 为计算 A 的特征值, 给出特征多项式的定义.

定义 10.17. 给定 n 阶矩阵 A, 称矩阵 $\lambda E - A$ 的行列式

$$\det(\lambda E - A) = \begin{vmatrix} \lambda - a_{11} & -a_{12} & -\cdots & -a_{1n} \\ -a_{21} & \lambda - a_{22} & \cdots & -a_{2n} \\ \vdots & \vdots & & \vdots \\ -a_{n1} & -a_{n2} & \cdots & \lambda - a_{nn} \end{vmatrix}$$

为 A 的特征多项式. n 次多项式方程

$$\det(\lambda E - A) = 0$$

的 n 个根 $\lambda_1, \lambda_2, \cdots, \lambda_n$ 称为 A 的特征根.

定义

$$\rho(A) = \max_{1 \leqslant j \leqslant n} |\lambda_j|$$

为 n 阶方阵 A 的谱半径, 这里 $\lambda_j, j = 1, 2, \cdots, n$ 为 A 的特征值.

求出特征多项式的全部根即可得矩阵 A 的全部特征值. 将每个特征值 λ 代入方程组

$$(\lambda E - A)x = 0,$$

求出一组基础解系即可得每个特征值的全部线性无关的特征向量.

10.5 度 量 空 间

除了对矩阵定义各种运算, 还可以定义矩阵空间 $\mathcal{M}_{m \times n}$ 中的度量, 即范数. 范数是矩阵论中的重要概念.

首先给出向量范数的定义, 它是复数 $z \in \mathbb{C}$ 的模的概念的推广.

定义 10.18. 给定向量空间 $\mathbb{R}^n$, 设 f 是 $\mathbb{R}^n$ 到实数集 $\mathbb{R}$ 上的一个泛函, 如果对任意的 $x, y \in \mathbb{R}^n, \lambda \in \mathbb{R}$, 成立:

(1) $f(x) \geqslant 0$, 且 $f(x) = 0 \Leftrightarrow x = 0$ (正定性).

(2) $f(\lambda x) = |\lambda| f(x)$ (齐次性).

(3) $f(x + y) \leqslant f(x) + f(y)$ (三角不等式性),

则称 f 为 $\mathbb{R}^n$ 上的范数, 通常用 $\| \cdot \|$ 表示范数.

向量空间 $\mathbb{R}^n$ 上可以定义不同的范数, 常用的范数有 $\| \cdot \|_1$, $\| \cdot \|_2$ 和 $\| \cdot \|_\infty$, 其定义如下: $\forall x = (x_1, x_2, \cdots, x_n)^{\mathrm{T}} \in \mathbb{R}^n$,

$$\|x\|_1 = \sum_{i=1}^{n} |x_i|, \quad \|x\|_2 = \left(\sum_{i=1}^{n} |x_i|^2 \right)^{\frac{1}{2}}, \quad \|x\|_\infty = \max_{1 \leqslant i \leqslant n} \{|x_i|\}.$$

2 范数 $\| \cdot \|_2$ 也称向量的欧几里得 (Euclid) 范数, 且可由其诱导出 $\mathbb{R}^n$ 上的度量, 即 $\forall x = (x_1, x_2, \cdots, x_n)^{\mathrm{T}}, y = (y_1, y_2, \cdots, y_n)^{\mathrm{T}} \in \mathbb{R}^n$, 用

$$\|x - y\|_2 = \left(\sum_{i=1}^{n} |x_i - y_i|^2 \right)^{\frac{1}{2}}$$

作为向量之间的距离.

定理 10.2. 向量空间 $\mathbb{R}^n$ 上的任意两种范数等价, 且所有范数都是 $\mathbb{R}^n$ 上的连续泛函.

这里说的范数等价是指: 对 $\mathbb{R}^n$ 上的两个范数 f 和 g, 存在仅与 f 和 g 有关的正常数 c_1 和 c_2, 使得

$$c_1 g(x) \leqslant f(x) \leqslant c_2 g(x), \quad x \in \mathbb{R}^n.$$

例如

$$\|x\|_\infty \leqslant \|x\|_1 \leqslant n\|x\|_\infty,$$

$$\frac{1}{\sqrt{n}}\|x\|_1 \leqslant \|x\|_2 \leqslant n\|x\|_1,$$

$$\frac{1}{\sqrt{n}}\|x\|_2 \leqslant \|x\|_\infty \leqslant n\|x\|_2.$$

$\mathbb{R}^n$ 上的范数概念可以推广到矩阵空间 $\mathcal{M}_{m \times n}$.

定义 10.19. 设 f 是 $\mathcal{M}_{m \times n}$ 到实数集 $\mathbb{R}$ 上的一个泛函, 如果对任意的 $A, B \in \mathcal{M}_{m \times n}, \lambda \in \mathbb{R}$, 成立:

(1) $f(A) \geqslant 0$, 且 $f(A) = 0 \Leftrightarrow A = 0$ (正定性).

(2) $f(\lambda A) = |\lambda| f(A)$ (齐次性).

(3) $f(A + B) \leqslant f(A) + f(B)$ (三角不等式性),

则称 f 为 $\mathcal{M}_{m \times n}$ 上的范数, 记做 $\|\cdot\|$.

同样, 也可以在 $\mathcal{M}_{m \times n}$ 上定义不同的范数, 常用的矩阵范数有 $\|\cdot\|_1, \|\cdot\|_2, \|\cdot\|_\infty$ 和 $\|\cdot\|_F$, 其定义如下: $\forall A = (a_{ij})_{m \times n} \in \mathcal{M}_{m \times n}$,

$$\|A\|_1 = \max_{1 \leqslant j \leqslant n} \left\{ \sum_{i=1}^m |a_{ij}| \right\}, \quad \|A\|_2 = \sqrt{\rho(A^{\mathrm{T}} A)},$$

$$\|A\|_\infty = \max_{1 \leqslant i \leqslant m} \left\{ \sum_{j=1}^n |a_{ij}| \right\}, \quad \|A\|_F = \sqrt{\sum_{i=1}^m \sum_{j=1}^n |a_{ij}|^2}.$$

类似于向量范数, $\mathcal{M}_{m \times n}$ 上的任意两种范数等价且都是 $\mathcal{M}_{m \times n}$ 上的连续泛函. 另外, 矩阵范数的相容性能给计算带来方便.

定义 10.20. 设 $\|\cdot\|$ 为 $\mathcal{M}_{n \times n}$ 上的一种范数, 若 $\forall A, B \in \mathcal{M}_{n \times n}$, 成立

$$\|AB\| \leqslant \|A\| \|B\|,$$

则称 $\|\cdot\|$ 与矩阵乘积相容.

上面提到的四种矩阵范数都是相容的. 作为相容范数的一个性质, 有如下的结论.

定理 10.3. 设 $\|\cdot\|$ 为 $\mathcal{M}_{n \times n}$ 上的任一相容范数, 则 $\forall A \in \mathcal{M}_{n \times n}$, 有

$$\rho(A) \leqslant \|A\|.$$

作为特征多项式的一个重要性质, 有如下哈密顿–凯莱定理.

定理 10.4. 给定矩阵 $A \in \mathcal{M}_{n \times n}$, 记 $f(\lambda) = |\lambda E - A|$ 为 A 的特征多项式, 则

$$f(A) = A^n - (a_{11} + a_{22} + \cdots + a_{nn})A^{n-1} + \cdots + (-1)^n |A| E = 0.$$

附录代数部分的主要参考文献为 [30–32].

参考文献

[1] 王柔怀, 伍卓群. 常微分方程讲义. 北京: 人民教育出版社, 1963.

[2] 伍卓群, 李勇. 常微分方程. 北京: 高等教育出版社, 2004.

[3] 王高雄, 周之铭, 朱思铭, 等. 常微分方程. 4 版. 北京: 高等教育出版社, 2020.

[4] 阿诺尔德. 常微分方程. 沈家骐, 周宝熙, 卢亭鹤, 译. 北京: 科学出版社, 1985.

[5] 丁同仁, 李承治. 常微分方程教程. 3 版. 北京: 高等教育出版社, 2022.

[6] 叶彦谦. 常微分方程讲义. 2 版. 北京: 高等教育出版社, 1982.

[7] 高素志, 马遵路, 曾昭著, 等. 常微分方程. 北京: 北京师范大学出版社, 1988.

[8] 金福临, 李训经. 常微分方程. 上海: 上海科学技术出版社, 1984.

[9] 陈恕行. 偏微分方程概论. 北京: 人民教育出版社, 1981.

[10] 柯朗, 希尔伯特. 数学物理方法 I. 钱敏, 郭敦仁, 译. 北京: 科学出版社, 2011.

[11] 柯朗, 希尔伯特. 数学物理方法 II. 熊振翔, 杨应辰, 译. 北京: 科学出版社, 2012.

[12] SMOLLER J. Shock Waves and Reaction-Diffusion Equations. New York: Springer-Verlag, 1982.

[13] LAX P. Development of singularities of solutions of nonlinear hyperbolic partial differential equations. J. Math. Phys., 1964, 5:611–614.

[14] 戴嘉尊, 邱建贤. 微分方程数值解法. 2 版. 南京: 东南大学出版社, 2012.

[15] HOLMES M. Introduction to Numerical Methods in Differential Equations, Volume 52 in Texts in Applied Mathematics. New York: Springer-Verlag, 2007.

[16] 胡晓冬, 董辰辉. MATLAB 从入门到精通. 2 版. 北京: 人民邮电出版社, 2018.

[17] 张学敏, 倪虹霞. MATLAB 基础及应用. 3 版. 北京: 中国电力出版社, 2018.

[18] 曹弋. MATLAB 教程及实训. 3 版. 北京: 机械工业出版社, 2018.

[19] MARTELLI A. Python 技术手册. 程胜, 杨萍, 译. 2 版. 北京: 人民邮电出版社, 2010.

[20] ROGEL-SALAZAR J. Data Science and Analytics with Python. New York: CRC Press, 2017.

[21] KINDER J M, NELSON P. A Student's Guide to Python for Physical Modeling. 2nd ed. Princeton: Princeton University Press, 2021.

[22] KALTENBACHER B, NEUBAUER A, SCHERZER O. Iterative Regularization Methods for Nonlinear Ill-posed Problems. Berlin: De Gruyter, 2008.

[23] 张晗方. Maple 与数学实验. 北京: 中国矿业大学出版社, 2013.

[24] 吴珞, 徐俊林. 用 Maple 学大学数学. 北京: 机械工业出版社, 2014.

[25] 孙以材, 孟庆浩, 孙冰. Maple 软件在工程计算中的应用. 天津: 天津大学出版社, 2017.

[26] 高淑英, 沈火明. 振动力学. 2 版. 北京: 中国铁道出版社, 2016.

[27] 苗同臣. 振动力学习题精解与 MATLAB 应用. 北京: 中国建筑工业出版社, 2019.

[28] 寿纪麟. 数学建模 —— 方法与范例. 西安: 西安交通大学出版社, 1993.

[29] 吴传生. 经济数学: 微积分. 4 版. 北京: 高等教育出版社, 2021.

[30] 姚慕生, 吴泉水, 谢启鸿. 高等代数学. 3 版. 上海: 复旦大学出版社, 2014.

[31] 北京大学数学系前代数小组. 高等代数. 5 版. 北京: 高等教育出版社, 2019.

[32] 丘维声. 高等代数: 上册. 2 版. 北京: 清华大学出版社, 2019.

索引

Γ 函数, 114, 115
n 阶线性方程, 94

A
阿斯科利–阿尔泽拉定理, 133
阿斯科利–佩亚诺定理, 133

B
饱和解, 135
饱和解的判别准则, 136
贝塞尔方程, 113
比较系数法, 103
比较原理, 146
变量分离方程, 16
伯格斯方程, 185, 186
伯努利方程, 27

C
常数变易法, 24, 67, 96

D
单步法, 205
等度连续, 133
定解条件, 4

E
二次型 V 函数, 165

F
反函数定理, 14

分组凑微法, 33

G
高阶常系数齐次线性方程, 99
格朗沃尔不等式, 131, 144–146, 148, 149

H
赫尔维茨判别法, 161

J
基本解矩阵, 69
基本解组, 64
积分因子, 27, 28, 34
降阶法, 47, 106
解对参数的可微性, 140
解对参数的连续性, 140
解对初值的可微性, 142
解对初值的连续性, 142
局部柯西–利普希茨定理, 128, 135
局部利普希茨条件, 127
矩阵指数, 69

K
柯西问题的求解公式, 25
柯西问题的通解公式, 68
柯西–利普希茨定理, 128
可压缩流体欧拉方程, 187, 189

L
莱布尼茨公式, 14

朗斯基行列式, 64, 95
黎曼不变量, 190, 195
李雅普诺夫 V 函数, 163
李雅普诺夫稳定性, 158
利普希茨条件, 127
两点边值问题, 116
刘维尔定理, 65, 95
龙格–库塔法, 205, 206

M

幂级数解法, 111

O

欧恩法, 204
欧拉法, 196
欧拉方程, 102
欧拉公式, 196

P

佩亚诺定理, 59
皮卡迭代法, 60, 128
平面曲线, 15
平面曲线的参数形式, 15
平面曲线的隐式形式, 15

Q

齐次方程, 19
恰当方程, 28
全微分, 28

R

扰动对于解的敏感程度, 147

S

施图姆–刘维尔定理, 125

T

泰勒公式, 126
特征方程, 99, 175
特征根, 99
特征线, 180
特征线法, 178, 180, 183, 185
特征向量, 72
特征值, 72
梯形法, 202

W

微分方程, 2
微分方程的阶, 2
微分方程的解, 3
微分方程的通解, 4
微分方程的隐式解, 3
微分方程组, 4
微分方程组的标准形式, 5

X

线性方程, 3

Y

一阶半线性偏微分方程, 174
一阶拟线性偏微分方程, 174
一阶偏微分方程, 174
一阶齐次线性微分方程组, 62
一阶线性偏微分方程, 174
一阶线性微分方程, 23
一阶线性微分方程组, 57
一阶隐式方程, 40
隐函数定理, 14
隐式格式, 202